张景中／主编

"十一五"国家重点图书出版规划项目

走进教育数学

Go to Educational Mathematics

直来直去的微积分

张景中／著

科学出版社
北京

内 容 简 介

本书从常识性的平凡道理出发，不用极限概念也不用无穷小概念，直截了当地定义了函数的导数，证明了导数的常用性质；定义了定积分，推出了微积分基本定理．严谨而不失直观的推理，颠覆了微积分必须以极限概念为基础的传统观点．全书共18章，前10章用作者发现的新方法构建了一元微积分的逻辑框架；后8章阐述新方法与传统体系的关系和接轨的方案，以及一些重要的微积分知识．本书化解了传统微积分教学的若干最大难点，为建立高中和大学的微积分新体系描绘了蓝图．

本书可启迪读者的思维，开阔读者的视野，供中学以上文化程度的学生和教师、科技工作者和数学爱好者参考．

图书在版编目(CIP)数据

直来直去的微积分/张景中著．—北京：科学出版社，2010.5
（走进教育数学/张景中主编）

ISBN 978-7-03-027363-5

Ⅰ．直…　Ⅱ．张…　Ⅲ．微积分－普及读物　Ⅳ．O172-4

中国版本图书馆 CIP 数据核字（2010）第076135号

丛书策划：李　敏

责任编辑：李　敏／责任校对：韩　杨

责任印制：赵　博／整体设计：黄华斌

科学出版社出版

北京东黄城根北街16号

邮政编码：100717

http://www.sciencep.com

北京中石油彩色印刷有限责任公司印刷

科学出版社发行　各地新华书店经销

*

2010年5月第　一　版　开本：720×1000　1/16

2025年3月第十一次印刷　印张：17 3/4

字数：240 000

定价：68.00 元

（如有印装质量问题，我社负责调换）

总 序

看到本丛书，多数人会问这样的问题：

“什么是教育数学?”

“教育数学和数学教育有何不同?”

简单说，改造数学使之更适宜于教学和学习，是教育数学为自己提出的任务.

把学数学比作吃核桃. 核桃仁美味而富有营养，但要砸开核桃壳才能吃到它. 有些核桃，外壳与核仁紧密相依，成都人形象地叫它们“夹米子核桃”，如若砸不得法，砸开了还很难吃到. 数学教育要研究的，就是如何砸核桃吃核桃. 教育数学呢，则要研究改良核桃的品种，让核桃更美味、更有营养、更容易砸开吃净.

“教育数学”的提法，是笔者 1989 年在《从数学教育到教育数学》一书中杜撰的. 其实，教育数学的活动早已有之，如欧几里得著《几何原本》、柯西写《分析教程》，都是教育数学的经典之作.

数学教育有很多世界公认的难点，如初等数学里的几何学和三角函数，高等数学里面的微积分，都比较难学. 为了对付这些难点，很多数学老师、数学教育专家前赴后继，做了大量的研究，写了很多的著作，进行了广泛的教学实践. 多年实践，几番改革，还是觉得太难，不得不“忍痛割爱”，少学或者不学. 教育数学则从另一个角度看问题：这些难点的产生，是不是因为前人留下来的知识组织得不够好，不适于数学的教与学？能不能优化数学，改良数学，让数学知识变得更容易学习呢？

知识的组织方式和学习的难易有密切的联系. 英语中 12 个月的名字：January，February，…. 背单词要花点工夫吧！如果改良一下：一月就叫 Monthone，二月就叫 Monthtwo，等等，马上就能理解，就能记住，学起来就容易多了. 生活的语言如此，科学的语言——数学——何尝不是这样呢？

很多人认为，现在小学、中学到大学里所学的数学，从算术、几何、代数、三角函数到微积分，都是几百年前甚至几千年前创造出来的. 这些数学的最基本的部分，普遍认为是经过千锤百炼，相当成熟了. 对于这样的数学内容，除了选择取舍，除了教学法的加工之外，还有优化改革的余地吗？

但事情还可以换个角度看. 这些进入了课堂的数学，是在不同的年代、不同的地方、由不同的人、为不同的目的而创造出来的，而且其中很多不是为了教学的目的而创造出来的. 难道它们会自然而然地配合默契，适宜于教学和学习吗？

看来，这主要不是一个理论问题，而是一个实践问题.

走进教育数学，看看教育数学在做什么，有助于回答这类问题.

随便翻翻这几本书，就能了解教育数学领域里近 20 年来做了哪些工作. 从已有的结果看到，教育数学有事可做，而且能做更多的事情.

比如微积分教学的改革，这是在世界范围内被广为关注的事. 丛书中有两本专讲微积分，主要还不是讲教学方法，而是讲改革微积分本身.

由牛顿和莱布尼茨创建的微积分，是第一代微积分. 这是说不清楚的微积分. 创建者说不清楚，使用微积分解决问题的数学家也说不清楚. 原理虽然说不清楚，应用仍然在蓬勃发展. 微积分在说不清楚的情形下发展了 130 多年.

柯西和魏尔斯特拉斯等，建立了严谨的极限理论，巩固了微积分的基础，形成了第二代微积分. 数学家把微积分说清楚了. 但是由于概念和推理烦琐迂回，对于绝大多数学习高等数学的人来说，是听不明白的微积分. 微积分在多数学习者听不明白的情形下，又发展了 170 多年，直到今天.

第三代微积分，是正在创建发展的新一代的微积分. 人们希望微积分不但严谨，而且直观易懂，简易明快. 让学习者用较少的时间和精力就能够明白其原理，不但知其然而且知其所以然. 不但数学家说得清楚，而且非数学专业的多数学子也能听得明白.

第一代微积分和第二代微积分，在具体计算方法上基本相同；不同的是对原理的说明，前者说不清楚，后者说清楚了.

第三代微积分和前两代微积分，在具体计算方法上也没有不同；不同的仍是对原理的说明.

几十年来，国内外都有人从事第三代微积分的研究以至教学实践. 这方面的努力，已经有了显著的成效. 在我国，林群院士近 10 年来在此方向做了大量的工作. 本丛书中的《微积分快餐》，就是他在此领域的代表作.

古今中外，通俗地介绍微积分的读物极多，但能够兼顾严谨与浅显直观的几乎没有.《微积分快餐》做到了. 一张图，一个不等式，几行文字，浓缩了微积分的精华. 作者将微积分讲得轻松活泼、简单明了，而且严谨、自洽，让读者在品尝快餐的过程中进入了高等数学的殿堂.

丛书中还有一本《直来直去的微积分》，是笔者学习微积分的心得. 书中从“瞬时速度有时比平均速度大，有时比平均速度小”这个平凡的陈述出发，不用极限概念和实数理论，“微分不微，积分不积”，直截了当地建立了微积分基础理论. 书中概念与《微积分快餐》中的逻辑等价，呈现形式不尽相同，殊途同归，显示出第三代微积分的丰富多彩.

回顾历史，牛顿和拉格朗日都曾撰写著作，致力于建立不用极限也不用无穷小的微积分，或证明微积分的方法，但没有成功. 我国数学大师华罗庚所撰写的《高等数学引论》中，也曾刻意求新，不用中值定理或实数理论而寻求直接证明“导数正则函数增”这个具有广泛应用的微积分基本命题，可惜也没有达到目的.

前辈泰斗是我们的先驱. 教育数学的进展实现了先驱们简化微积分理论的愿望.

丛书中两本关于微积分的书，都专注于基本思想和基本概念的变革. 基本思想、基本概念，以及在此基础上建立的基本定理和公式，是这门数学的筋骨. 数学不能只有筋骨，还要有血有肉. 中国高等教育学会教育数学专业委员会理事长、全国名师李尚志教授的最新力作《数学的神韵》，是有血有肉、丰满生动的教育数学. 书中的大量精彩实例可能是你我熟悉的老故事，而作者却能推陈出新，用新的视角和方法处理老问题，找出事物之间的联系，发现不同中的相同，揭示隐藏的规律. 幽默的场景，诙谐的语言，使人在轻松阅读中领略神韵，识破玄机. 看看这些标题，“简单见神韵”、“无招胜有招”、“茅台换矿泉”、“凌波微步微积分”，可见作者的功力非同一般！特别值得一提的是，书中对微积分的精辟见解，如用代数观点演绎无穷小等，适用于第一代、第二代和第三代微积分的教学与学习，望读者留意体味.

练武功的上乘境界是“无招胜有招”，但武功仍要从一招一式入门. 解数学题也是如此. 著名数学家和数学教育家项武义先生说，教数学要教给学生“大巧”，要教学生“运用之妙，存乎一心”，以不变应万变，不讲或少讲只能对付一个或几个题目的“小巧”. 我想所谓“无招胜有招”的境界，就是“大巧”吧！但是，小巧固不足取，大巧也确实太难. 对于大多数学子而言，还要重视有章可循的招式，由小到大，以小御大，小题做大，小中见大. 朱华伟教授和钱展望教授的《数学解题策略》，踏踏实实地从一招、一式、一题、一法着手，探秘发微，系统地阐述数学解题法门，是引领读者登堂入室之作. 作者是数学奥林匹克领域的专家. 数学奥林匹克讲究题目出新，不落老套. 我看了这本书里的不少例题，看不出有哪些似曾相识，真不知道他是从哪里搜罗来的！

朱华伟教授还为本丛书写了一本《从数学竞赛到竞赛数学》. 竞赛数学当然就是奥林匹克数学. 华伟教授认为，竞赛数学是教育数学的一部分. 这个看法是言之成理的. 数学要解题，要发现问题、创造方法. 年复一年进行的数学竞赛活动，不断地为数学问题的宝库注入新鲜血液，常常把学术形态的数学成果转化为可能用于教学的形态. 早期的国际数学奥林匹克试题，有不少进入了数学教材，成为例题和习题. 竞赛数学与教育数学的关系，于此可见一斑.

写到这里，忍不住要为数学竞赛说几句话. 有一阵子，媒体上面出现不少讨伐数学竞赛的声音，有的教育专家甚至认为数学竞赛之害甚于黄、赌、毒. 我看了有关报道后第一个想法是，中国现在值得反对的事情不少，论轻重缓急还远远轮不到反对数学竞赛吧. 再仔细读这些反对数学竞赛的意见，可以看出来，他们反对的实际上是某些为牟利而又误人子弟的数学竞赛培训机构. 就数学竞赛本身而言，是面向青少年中很小一部分数学爱好者而组织的活动. 这些热心参与数学竞赛的数学爱好者（还有不少数学爱好者参与其他活动，例如，青少年创新发明活动、数学建模活动、近年来设立的丘成桐中学数学奖），估计不超过两亿中小学生的百分之五. 从一方面讲，数学竞赛培训活动过热产生的消极影响，和升学考试体制以及教育资源分配过分集中等多种因素有关，这笔账不能算在数学竞赛头上；从另一方面看，大学招生和数学竞赛挂钩，也正说明了数学竞赛活动的成功因而得到认可. 对于青少年的课外兴趣活动，积极的对策不应当是限制堵塞，而是开源分流. 发展多种课外活动，让更多的青少年各得其所，把各种活动都办得像数学竞赛这样成功并且被认可，数学竞赛培训活动过热的问题自然就化解或缓解了.

回到前面的话题. 上面说到“大巧”和“小巧”，自然想到还有“中巧”. 大巧法无定法，小巧一题一法. 中巧呢，则希望用一个方法解出一类题目. 也就是说，把数学问题分门别类，一类一类地寻求可以机械执行的方法，即算法. 中国古代的《九章算术》，就贯穿了分类解题寻求算法的思想. 中小学里学习四则算术、代数方程，大学里学习求导数，学的多是机械的算法. 但是，自古以来几何命题的证明却千变万化，法无定法. 为了找寻几何证题的一般规律，从欧几里得、笛卡儿到希尔伯特，前赴后继，孜孜以求. 我国最高科学技术奖获得者、著名数学家吴文俊院士指出，希尔伯特是第一个发现了几何证明机械化算法的人. 在《几何基础》这部名著中，希尔伯特对于只涉及关联性质的这类几何命题，给出了机械化的判定算法. 由于受时代的局限性，希尔伯特这一学术成果并不为太多人所知. 直到 1977 年，吴文俊先生提出了一个新的方法，可以机械地判定初等几何中等式型命题的真假. 这一成果在国际上被称为“吴方法”，它在几何定理机器证明领域中掀起了一个高潮，使这个自动推理中最不成功的部分变成了最成功的部分.

吴方法和后来提出的多种几何定理机器证明的算法，都不能给出人们易于检验和理解的证明，即所谓可读证明. 国内外的专家一度认为，机器证明的本质在于“用量的复杂克服质的困难”，所以不可能机械地产生可读证明.

笔者基于 1974 年在新疆教初中时指导学生解决几何问题的心得，总结出用面积关系解题的规律. 在这些规律的基础上，于 1992 年提出消点算法，和周咸青、高小山两位教授合作，创建了可构造等式型几何定理可读证明自动生成的理论和方法，并在计算机上实现. 最近在网上看到，面积消点法也多次在国外的不同的系统中实现了. 本丛书中的《几何新方法和新体系》，包括了面积消点法的通俗阐述，以及笔者提出的一个有关面积方法的公理系统，由冷拓同志协助笔者整理而成. 教育数学研究的副产品解决了机器证明领域中的难题，对笔者而言实属侥幸.

基于对数学教育的兴趣，笔者从 1974 年以来，在 30 多年间持续地探讨面积解题的规律，想把几何变容易一些. 后来发现，国内外的中学数学教材里，已经把几何证明删得差不多了. 于是"迷途知返"，把三角函数作为研究的重点. 数学教材无论如何改革，三角函数总是删不掉的吧. 本丛书中的《一线串通的初等数学》，讲的是如何在小学数学知识的基础上建立三角函数，从三角函数的发展引出代数工具并探索几何，把三者串在一起的思路.

在《一线串通的初等数学》中没有提到向量. 其实，向量早已下放到中学，与传统的初等数学为伍了. 在上海的数学教材里甚至在初中就开始讲向量. 讲了向量，自然想试试用向量解决几何问题，看看向量解题有没有优越性. 可惜在教材里和刊物上出现的许多向量例题中，方法略嫌烦琐，反而不如传统的几何方法简捷优美. 如何用向量法解几何题？能不能在大量的几何问题的解决过程中体现向量解题的优越性？这自然是教育数学应当关心的一个问题. 为此，本丛书推出一本《绕来绕去的向量法》. 书中用大量实例说明，如果掌握了向量解题的要领，在许多情形下，向量法比纯几何方法或者坐标法干得更漂亮. 这要领，除了向量的基本性质，关键就是"回路法". 绕来绕去，就是回路之意. 回路法是笔者的经验谈，没有考证前人是否已有过，更没有上升为算法. 书稿主要由彭翕成同志执笔，绝大多数例子也是他采集加工的.

谈起中国的数学科普，谈祥柏的名字几乎无人不知. 老先生年近八旬，从事数学科普创作超过半个世纪，出书 50 多种，文章逾千篇. 对于数学的执著和一生的爱，洋溢于他为本丛书所写的《数学不了情》的字里行间. 哪怕仅仅信手翻上几页，哪怕是对数学知之不多的中小学生，也会被一个个精彩算例所显示的数学之美和数学之奇深深吸引. 书中涉及的数学知识似乎不多不深，所蕴含的哲理却足以使读者掩卷遐想. 例如，书中揭示出高等代数的对称、均衡与和谐，展现了古老学科的青春；书中提到海峡两岸的数学爱好者发现了千百年来从无数学者、名人的眼皮底下滑过去的“自然数高次方的不变特性”，这些生动活泼的素材，兼有冰冷的思考与火热的激情，无论读者偏文偏理，均会有所收益.

沈文选教授长期从事中学数学研究、初等数学研究、奥林匹克数学研究和教育数学的研究. 他的《走进教育数学》和本丛书同名（丛书的命名源于此），是一本从学术理论角度探索教育数学的著作. 在书中他试图诠释“教育数学”的概念，探究“教育数学”的思想源头与内涵；提出“整合创新优化”、“返璞归真优化”等优化数学的方法和手段；并提供了丰富的案例. 笔者原来杜撰出“教育数学”的概念，虽然有些实例，但却凌乱无序，不成系统. 经过文选教授的旁征博引，诠释论证，居然有了粗具规模的体系框架，有点学科模样了. 这确是意外的收获.

本丛书中的《情真意切话数学》，是张奠宙教授和丁传松、柴俊两位先生合作完成的一本别有风味的谈数学与数学教育的力作. 作者跳出数学看数学，以全新的视角，阐述中学数学和微积分学中蕴含的人文意境；将中国古诗词等文学艺术和数学思想加以连接，既有数学的科学内涵，又有丰富的人文素养，把数学与文艺沟通，帮助读者更好地理解和亲近数学. 在这里，老子道德经中“道生一，一生二，二生三，三生万物”被看成自然数公理的本意；“前不见古人，后不见来者. 念天地之悠悠，独怆然而涕下”解读为“四维时空”的遐想；“春色满园关不住，一枝红杏出墙来”用来描述无界数列的本性；而“孤帆远影碧空尽，唯见长江天际流”则成为极限过程的传神写照. 书中把数学之美分为美观、美好、美妙和完美 4 个层次，观点新颖精辟，论述丝丝入扣. 在课堂上讲数学如能够如此情深意切，何愁学生不爱数学？

浏览着这风格不同并且内容迥异的 11 本书，教育数学领域的现状历历在目. 这是一个开放求新的园地，一个蓬勃发展的领域. 在这里耕耘劳作的人们，想的是教育，做的是数学，为教育而研究数学，通过丰富发展数学而推进教育. 在这里大家都做自己想做的事，提出新定义新概念，建立新方法新体系，发掘新问题新技巧，寻求新思路新趣味，凡此种种，无不是为教育而做数学.

为教育而做数学，做出了些结果，出了这套书，这仅仅是开始. 真正重要的是进入教材，进入课堂，产生实效，让千千万万学子受益，进而推动社会发展，造福人类. 这才是作者们和出版者的大期望. 切望海内外同道者和不同道者指正批评，相与切磋，共求真知，为数学教育的进步贡献力量.

2009 年 7 月

代序 努力掌握微积分思想的精髓

近年来，张景中和林群两位院士，以全新的方式处理微积分，被称为第三代微积分，值得我们关注.

所谓第一代微积分，是17、18世纪牛顿和莱布尼茨等先驱表述的微积分，逻辑上不严密．例如无穷小“既是0又不是0”，为人诟病．于是在19世纪末有第二代微积分产生，用$\varepsilon-\delta$语言陈述，非常严谨．然而由于其难懂被称为“大头微积分”，无法普及．现在的大学工科高等数学，也还基本上是第一代微积分，难以适应$\varepsilon-\delta$语言．至于现在《高中数学课程标准(实验稿)》采用的叙述办法，则是最不严密的那种第一代微积分，主要凭直觉进行运算．这种“难得糊涂”的办法，可以说是不得已而为之.

现在张景中先生提出的初等数学里的微积分，严格却不用$\varepsilon-\delta$语言，而且用初等数学的语言可以说清楚．大家看到，张景中先生的短短几页的文章，将微积分基本定理(牛顿－莱布尼茨公式)严谨地推导出来．这就为我们开辟了第三条道路.

为什么张景中先生的方法能够如此有效？我的理解是他巧妙

地运用不等式化解了“微分中值定理”的功能，最终将微积分初等化了．

大家知道，微分中值定理是传统微积分学的核心命题．它依靠实数理论、函数极限和连续概念，经过闭区间上连续函数性质的研究，通过导数概念和求导运算，借助罗尔定理，兜了很大的圈子，终于得到差商的一个估计：

$$\frac{F(b)-F(a)}{b-a}=F'(\xi).$$

有了这个估计，函数的有界性、单调性判定，易如反掌；由此导出牛顿－莱布尼茨公式，水到渠成．微积分全盘皆活．

但是，中值定理成立的条件是函数 $F(x)$ 在 $[a, b]$ “连续”、在 (a, b) “可导”．这涉及极限过程．于是，按照张景中先生的想法，绕过导函数的要求，直接把微分中值定理的功能，分解为“差商可控”和“差商有界”两项只用不等式表达的概念．先看乙函数的定义：

定义(甲函数和乙函数)　设函数 $F(x)$ 和 $f(x)$ 都在区间 I 上有定义，若对 I 的任意子区间 $[u, v]$，总有 $[u, v]$ 上的 p 和 q，使得不等式

$$f(p)\leqslant\frac{F(u)-F(v)}{u-v}\leqslant f(q)$$

成立，则称 $F(x)$ 是 $f(x)$ 在区间 I 上的甲函数，$f(x)$ 是 $F(x)$ 在区间 I 上的乙函数．

这就是说，乙函数无非是把中值定理中用导函数表达的等式，放宽成“差商可以控制的不等式”．事实上，如果存在 p 和 q，使得

$$F'(p)\leqslant F'(\xi)\leqslant F'(q),$$

则导函数 $F'(x)$ 可以看作是乙函数了．因此，所谓乙函数可以认为是导函数的替代物．可是，甲函数的乙函数并不唯一(导函数是唯一的)，所以要用乙函数完全取代导函数，还得加上“差商有界”的条件．把这两者合在一起，就意味着这样的乙函数既是

连续的也是可导的，也是唯一的，即其甲函数的导数．因而，对差商有界的乙函数来说，乙函数就是导函数，微分中值定理实际上也是成立的．可贵的是，我们这里没有绕大圈子，而是直接用不等式定义了两个概念，却具有与微分中值定理同样的功能．

那么，对第三代的微积分，对我们的中学微积分教学有什么帮助呢？

首先，第三代微积分限制在初等数学范围内，避免了说不清道不明的“极限过程”，便于我们把握和理解．

其次，函数的“差商可控”和“差商有界”概念的提出，指明了一元微积分学思想体系的精髓所在，把微分中值定理的思想和价值梳理得更加清楚了．

最后，我们不妨试验一下，在中学里索性只讲初等数学范围内的微积分，干脆不讲极限、无穷小量之类的内容，把它们归到大学去学习．这样可以避免中学微积分和大学微积分之间的重复，避免烧成夹生饭．

俗话说：“给学生一杯水，教师得有一桶水．”多角度地考察、多元化地思考微积分，应该成为新时代教师的数学修养．

张奠宙

2010 年 4 月

前言　微积分发展过程回顾与展望

微积分学的重要，众所周知，世界上每年都有数千万人学习微积分．我国高中数学新课程中，也增加了微积分初步的一些内容．

微积分的基本原理很难说得清楚．牛顿（图 0-1）和莱布尼茨（图 0-2）是微积分的主要创建人，他们对自己创建的微积分就说不清楚，当时和后来的许多杰出数学家也说不清楚．数学家使用原理说不清楚的方法来解决问题，引来了怀疑和批评（李心灿，2007），甚至一些数学家也反对新生的微积分．例如，罗尔曾拒绝使用微积分方法，说“微积分是巧妙谬论的汇集”（李心灿，2007）．

微积分能做什么？为何说不清楚？看一个例子．

如何作曲线上的切线，是促使微积分诞生的问题之一．

如果把抛物线的切线，看成是和抛物线只有一个公共点的直线，只要学过二次方程，又懂得一些解析几何，不难做出来．

最简单的情形，抛物线的方程是 $y=x^2$．在抛物线上取一个点 $P(u, u^2)$，过点 P 作抛物线的切线．如果切线的斜率为 k，切

图 0-1 牛顿(1643～1727)

图 0-2 莱布尼茨(1646～1716)

线方程就是

$$y-u^2=k(x-u).$$

把这个带有未知斜率 k 的方程和抛物线的方程 $y=x^2$ 联立，可以得到 x 的方程

$$k(x-u)+u^2=x^2;$$

整理后为

$$x^2-kx+(ku-u^2)=0.$$

解这个二次方程，可得抛物线和切线的公共点的 x 坐标．但是因为公共点只有一个，所以这个方程有重根，判别式应当为 0，也就是 $k^2-4ku+4u^2=0$，解得 $k=2u$. 取 u 的一些具体数值，例如 $u=1$，画出来看看(图 0-3)，可以验证所得结果是对的．

但是，过点 P 而平行于 y 轴的直线(图 0-3 中的虚线)，它和抛物线也只有一个公共点．直观上，很难承认这条平行于 y 轴的直线是抛物线的切线．这就发现，把抛物线的切线看作和抛物线只有一个公共点的直线未必妥当．

如何定义曲线的切线？是研究切线作图时面临的基本难题．

想想圆的切线，它除了和圆只有一个公共点之外，还有什么

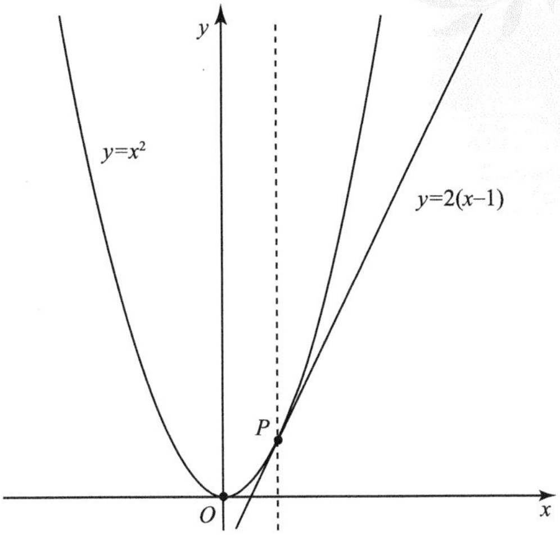

图 0-3　抛物线的切线

可说的？圆的切线动一动，一不小心会变成割线，它和圆的一个公共点就一分为二，变成两个交点．反过来，割线和圆的两个交点如果慢慢接近，直到合二而一，割线也就变成了切线！用这个眼光看，看出一个定义抛物线切线的新思路：过抛物线上一点 P 和另一点 Q 作割线，再让 Q 向 P 靠拢，当 Q 和 P 重合的时候，割线就成为切线．

别以为这个思路简单．笛卡儿当年在研究抛物线的切线作图方法时，就没有想到这点（李心灿，2007）．又过了几十年，数学家想到了这一点，微分法就呼之欲出了．

沿着割线变切线的思路，在抛物线 $y=x^2$ 上取一定点 $P=(u,u^2)$，再取一个动点 $Q=(u+h,(u+h)^2)$，则割线 PQ 的斜率为

$$\frac{(u+h)^2-u^2}{(u+h)-u}=\frac{2uh+h^2}{h}=2u+h.$$

当动点 Q 向定点 P 靠拢时，h 的绝对值越来越小，割线的斜率 $2u+h$ 越来越接近切线的斜率．当 P 和 Q 重合时，也就是 h 变为 0 时，就得到了切线的斜率 $2u$（图 0-4）．

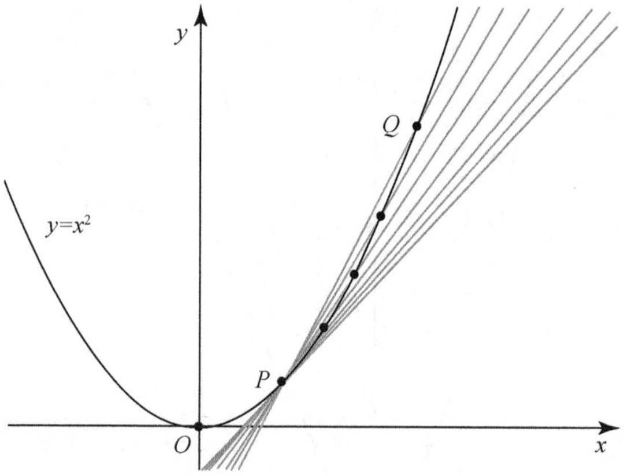

图 0-4 割线逼近切线

这个方法更简单、更一般，能用来计算许多其他的曲线的切线的斜率.

设曲线是函数 $y=F(x)$ 的图像. 要计算曲线上一点 $P=(u, F(u))$ 处的切线的斜率，就再取一个动点 $Q=(u+h, F(u+h))$，则割线 PQ 的斜率为 $\dfrac{F(u+h)-F(u)}{h}$. 在这个表达式中设法把分母上的 h 约掉，再让 h 的绝对值变为 0，也就是让 P 和 Q 重合，所得到的表达式的值就是点 P 处的切线的斜率. 这个斜率，在数学上叫做函数 $F(x)$ 在 $x=u$ 处的导数，也叫做微商，这是微积分学的最重要的基本概念.

这样一来，也解决了有很多实际应用的求函数的最大值和最小值的问题. 这是因为，函数曲线在高峰点或低谷点的切线总是水平的(图 0-5)，其斜率为 0；能写出切线斜率的表达式，也就能列出高峰点或低谷点的横坐标满足的方程了.

德国哲学家和数学家莱布尼茨用这种新思想深入地研究了曲线的切线和函数的最大、最小值有关的问题. 用简捷的方法，一举解决了大量过去认为很难的问题. 这非同小可的发现，使数学家兴高采烈. 但是，人们很快看出，新方法在逻辑上有一个漏洞.

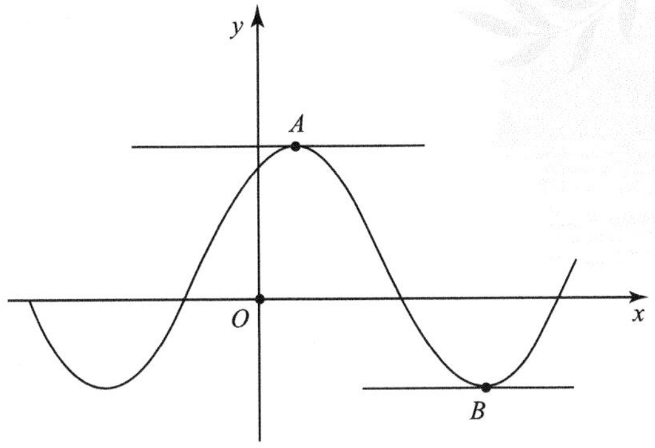

图 0-5　高峰点或低谷点的切线

看看前面的推导：先列出等式

$$\frac{(u+h)^2-u^2}{(u+h)-h}=\frac{2uh+h^2}{h}=2u+h,$$

再让 h 变为 0，就得到了切线的斜率 $2u$.

在推导过程中，先要假定 h 不等于 0，否则就无法把它作为分母，更无法把它约掉而得到 $2u+h$；一旦得到了表达式 $2u+h$，马上过河拆桥，出尔反尔地让 $h=0$ 来得到斜率 $2u$. 既然表达式 $2u+h$ 是在 h 不为 0 的条件下得到的，凭什么又让 h 等于 0？

微积分创始人之一的牛顿，当然不会看不出这个漏洞．他弥补漏洞的方法是：不让 h 一下子变成 0，而是让 h 变成一种“无穷小量”．什么是无穷小量呢？按牛顿的说法，它是一个数在变成 0 之前的最后形态，它不是 0，但它的绝对值比任何正数都小．因为 h 不是 0，所以可以做分母，可以约掉；又因为 h 的绝对值比任何正数都小，它在表达式 $u+h$ 中可以忽略不计，$2u+h$ 就可以当成 $2u$ 了．

“无穷小量”是什么？它如果是数，数在变成 0 之前还是数，哪有什么“绝对值比任何正数都小”的最后形态？如果不是数，有何理由能够像数一样地运算？

这个问题困扰着许多出色的数学家，达 100 多年之久．

数学家们一代接着一代地进行思考：捷克数学家波尔察诺 1817 年发表论文《纯粹分析证明》，法国数学家柯西（图 0-6）

1821 年出版《分析教程》，算是把微积分的基本概念初步说清楚了(李心灿，2007)．又过了半个世纪，德国数学家魏尔斯特拉斯（图 0-7）等确立了实数理论和极限定义的 $\varepsilon-\delta$ 语言，才完全说清楚了．

图 0-6　柯西(1789 ~ 1857)

图 0-7　魏尔斯特拉斯(1815 ~ 1897)

牛顿在 1666 年 10 月就写出了论文《流数简论》，标志着他已经发现了微积分．但直到莱布尼茨的微积分论文在 1684 年和 1686 年发表后，牛顿才于 1687 年出版了含有微积分成果的《自然哲学的数学原理》(李心灿，2007)．若认为微积分诞生于 1666 年，从微积分诞生到基本说清楚，经历了 150 多年．从莱布尼茨正式发表文章算起，也有 130 多年．

微积分当初说不清楚，主要是导数概念说不清楚．

后来是怎样把导数概念说清楚的呢?

为了名正言顺地从表达式

$$\frac{(u+h)^2-u^2}{(u+h)-h}=\frac{2uh+h^2}{h}=2u+h$$

里面把碍眼的 h 去掉而得到 $2u$，数学家想出来一个“极限”的说法：既然不好把 h 一下子变成 0，就让 h 无限地接近 0 吧．当 h 无限地接近 0 时，$2u+h$ 就会无限地接近 $2u$．

于是，就把 $2u$ 叫做“$2u+h$ 在 h 趋向于 0 的过程中的极限”.

一般地，就说：在 h 趋向于 0 的过程中，表达式 $\frac{F(u+h)-F(u)}{h}$ 的极限，就叫做函数 $F(x)$ 在 $x=u$ 处的导数.

极限概念的创立，打了一个成功的擦边球．用无限接近于 0 代替等于 0，既合理合法，又达到了同样的目的！

极限的思想，牛顿和莱布尼茨其实都有了，但概念上总是说不清楚．例如，什么叫做“无限接近”？什么叫做“h 趋向于 0 的过程”？这些都是生活中的语言，即所谓自然语言．使用自然语言难以进行严谨的数学推理，必须把自然语言翻译成严谨的数学语言．

下面的极限定义，就是基于柯西提出的思想，而由魏尔斯特拉斯最后完成的(李心灿，2007)：

函数极限的定义　设函数 $F(x)$ 在 $x=u$ 附近有定义；如果存在一个数 a，使得对于任给的正数 $\varepsilon>0$，总存在 $\delta>0$，使得当 $0<|x-u|<\delta$ 时，总有

$$|F(x)-a|<\varepsilon,$$

则说：当 x 趋于 u 时，$F(x)$ 以 a 为极限.

数列极限的定义　设 a_1，a_2，…，a_n，…是一个无穷数列．如果存在一个数 a，使得对于任给的正数 $\varepsilon>0$，总存在 $N>0$，使得当 $n\geqslant N$ 时，总有 $|a_n-a|<\varepsilon$，则说数列 $\{a_n\}$ 以 a 为极限.

如果你不理解这样拗口的定义，大可以对它不予追究，因为这丝毫不影响对本书后面内容的阅读和掌握．只要知道，有一些出色的数学家用这样拗口的定义，补上了当初的导数概念的漏洞就够了.

上面的定义，用了希腊文的小写字母 ε，所以通常称为极限概念的 ε 语言．以极限概念的 ε 语言为工具，严谨的微积分学建立起来了．从柯西时代到今天，170 多年了，大学数学系里讲授微积分至今沿用的都是柯西－魏尔斯特拉斯的 ε 语言极限概念.

但是，对于初学者，ε 语言太难理解了．美国的一套著名的《微积分》教材中告诉学生(斯皮瓦克，1980)，如果弄不懂这样的定义，“就像背一首诗那样把它背下来！这样做，至少比把它说错来得强”．

匈牙利数学家和数学教育家波利亚(1984)，在谈到工科学生的微积分教学时说：“他们没有受过弄懂 ε 证明的训练……教给他们的微积分规则就像是从天上掉下来的，硬塞给他们的教条……”

这就是说，不学极限概念的 ε 语言，就弄不懂微积分；学习极限概念的 ε 语言，确实又太难了．

恩格斯说：在一切理论成就中，未必有什么像 17 世纪下半叶微积分的发明那样，被看作是人类精神的最高胜利了．难道说，对于有机会学习高等数学的人中的大多数，注定不能理解这个标志着“人类精神的最高胜利”的成果？

由牛顿和莱布尼茨创建的微积分，是第一代微积分．第一代微积分，是说不清楚的微积分．创建者说不清楚，使用微积分解决问题的数学家也说不清楚．微积分的原理虽然说不清楚，其应用仍然在蓬蓬勃勃地发展．微积分就这样在说不清楚的情形下向前发展了 130 多年．

柯西和魏尔斯特拉斯等建立了严谨的极限理论，巩固了微积分的基础，这是第二代微积分．第二代微积分是说清楚了的，但是由于概念和推理烦琐迂回，对于绝大多数学习高等数学的学生来说，是听不明白的微积分．微积分就这样在多数学习者听不明白的情形下，又发展了 170 多年，直到今天．

近几十年来，一些数学家致力于创建发展新一代微积分，我们称之为第三代微积分．人们希望微积分不但严谨，而且直观易懂，简易明快，让学习者能用较少的时间和精力就明白其原理，不但知其然而且知其所以然，不但数学家说得清楚，而且非数学专业的人也能听得明白．

第一代微积分和第二代微积分，在具体计算方法上基本相同．不同的是对原理的说明，前者说不清楚，后者说清楚了．

第三代微积分和前两代微积分，在具体计算方法上也没有不同，不同的仍是对原理的说明．

经过几十年来的研究以至教学实践，已经有了显著的成效，文献（林群，2009，2006，1999，1997；张景中和冯勇，2009；张景中和曹培生，1989；张景中，2008，2007，2006；鲁东大学函数论研究室，2008；Livshits，2008，2004；陈文立，2005；Sparks，2005；萧治经，2004；林群和吴从炘，2002；刘宗贵，2002，1993；Dovermann，1999；Strang，1991；拉克斯，1980；华罗庚，1979；Liusternik and Sobolev，1961）按时间由近及远列出了有关微积分基础改革的研究．在我国，林群近十年间坚持不懈地做了大量的工作．

微积分最基本最重要的概念是导数．第一代微积分说不清楚，主要就是导数的概念说不清楚．第二代微积分听不明白，主要是从导数的概念推导函数的性质听不明白．例如，学过高等数学的人都会用“导数正则函数增”的定理解题，但很少有人知道其中的道理．还有泰勒公式、微积分基本定理，多数人只知其然而不知其所以然．

人们改革微积分，首先从导数概念入手．

在20世纪60年代，国外有人提出了区间上一致可导的概念（Liusternik and Sobolev，1961）：

一致可导的定义　设函数 $F(x)$ 和 $f(x)$ 都在区间 $[a, b]$ 上有定义，如果对于 $[a, b]$ 上任意的 x 和 $x+h$，一致地有

$$\lim_{h\to 0}\frac{F(x+h)-F(x)}{h}=f(x),$$

则称 $F(x)$ 在区间 $[a, b]$ 上一致可导，并称 $f(x)$ 是 $F(x)$ 的导函数，简称为 $F(x)$ 的导数，记作 $F'(x)=f(x)$ 或 $y'=f(x)$，或 $\frac{\mathrm{d}y}{\mathrm{d}x}=f(x)$.

可以证明，一致可导等价于连续可导，即 $F(x)$ 的导数存在并且在 $[a, b]$ 上连续．事实上，包括初等函数在内的大量函数都

是一致可导的．直接采用一致可导定义，给推理带来了方便．

一致可导的定义，仍然依赖于极限概念．能不能不用极限来定义导数呢?

图 0-8 拉格朗日(1736～1813)

这曾是数学泰斗牛顿、麦克劳林和拉格朗日(图 0-8)想做而没有做到的．

牛顿一共写了四部微积分的专著，其中《曲线求积术》是最后写成(1693 年)但最早出版(1704 年)的(李心灿，2007)．为何前面三部迟迟没有出版?为何《曲线求积术》写成后 11 年才出版?这是因为牛顿对自己的微积分理论不满意，希望从理论中去掉"无穷小量"．在《曲线求积术》中，他放弃了无穷小的概念，代之以"最初比和最后比"的概念．这概念也就是他在 1687 年出版的《自然哲学的数学原理》中已经提出的"极限"思想．他说:"消失量的最后比严格地说并不是最后量的比，而是这些量无限减小时它们的比所趋近的极限."当然，现在看来，极限概念和无穷小概念本质上是一回事．牛顿自己知道对极限概念也没有说清楚，所以在《自然哲学的数学原理》出版后 17 年才出版以极限思想为基础的《曲线求积术》，而且把极限叫做"最初比和最后比"．从这些历史事实可见，牛顿为从微积分中去掉涉及"无穷的运算"曾思考多年．

继牛顿之后，麦克劳林在他 1742 年出版的《流数论》中，企图建立严谨理论的微积分，他相信大多数问题不依靠极限概念就能解决．他用的是泰勒级数的方法，实际上不能避免极限(李心灿，2007)．

拉格朗日是此后曾致力于不用无穷小或极限建立微积分的大数学家．由于他的学生们感到无穷小和无穷大的概念很难掌握，拉格朗日试图不用莱布尼茨和牛顿的极限或无穷小等特殊概念来建立微积分学，为此他写成《解析函数论》一书．此书的副标题是："不用无穷小，或正在消失的量或极限与流数等概念，而归结为有限的代数分析的艺术"(李心灿，2007)．他试图把微分、无穷小和极限等概念从微积分中完全排除．他先用代数方法证明了泰勒展开式，接着定义导数(微商)是 $f(x+h)$ 的泰勒展开式中 h 的系数，他认为这样就可以克服极限理论的困难．可是无穷级数的收敛问题，仍然无法回避极限．

从拉格朗日时代至今已有200多年，不用无穷小或极限来建立微积分的想法依然徘徊在人们心头，挥之不去．例如，有人就把这个想法作为著作的标题(Sparks，2005)(图0-9)，但书中并没有真正建立不用极限的微积分，只是对微积分作了直观地阐述，因而在大标题"Calculus Without Limits"后面加了一个较小字号的说明"Almost"．图0-10～图0-13是涉及微积分不用极限的另一些教材和论文，这些材料来自网页，这里做了剪辑．

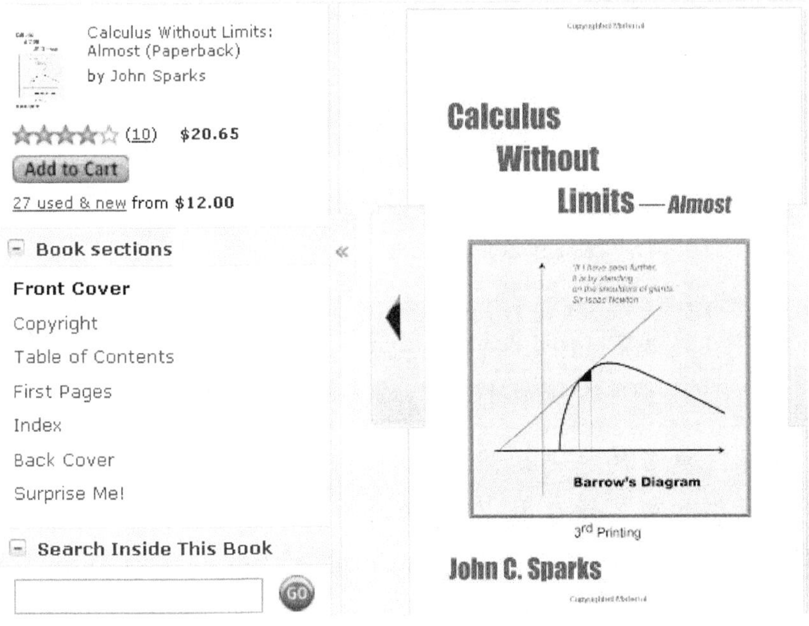

图0-9　号称微积分不用极限的书

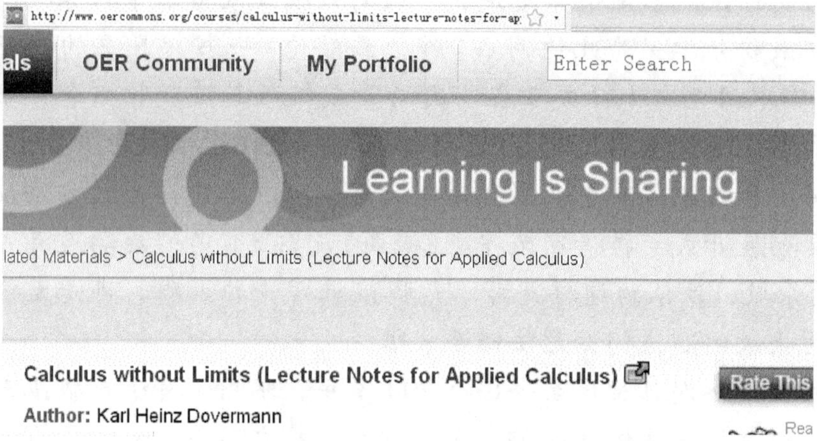

图 0-10 号称不用极限的微积分讲义

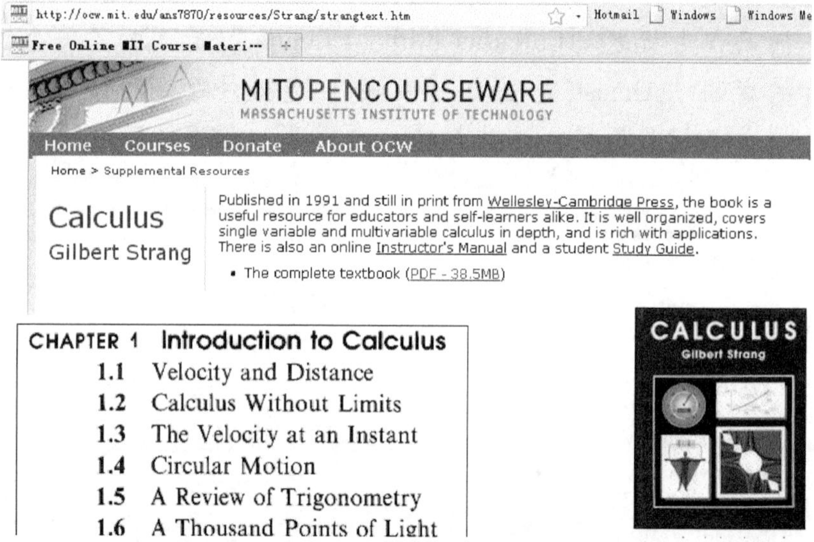

图 0-11 此教材有一节标题是不用极限的微积分

但是，更多的作者认为，离开极限或无穷小的概念就不能建立严谨的微积分．图 0-14 显示的网页上说：“微积分没有极限就像罗密欧没有朱丽叶”；图 0-15 中则更干脆：“没有极限就没有微积分”．在浩如烟海的有关微积分的教材、教辅和通俗读物中，这种看法占有绝对的统治地位．

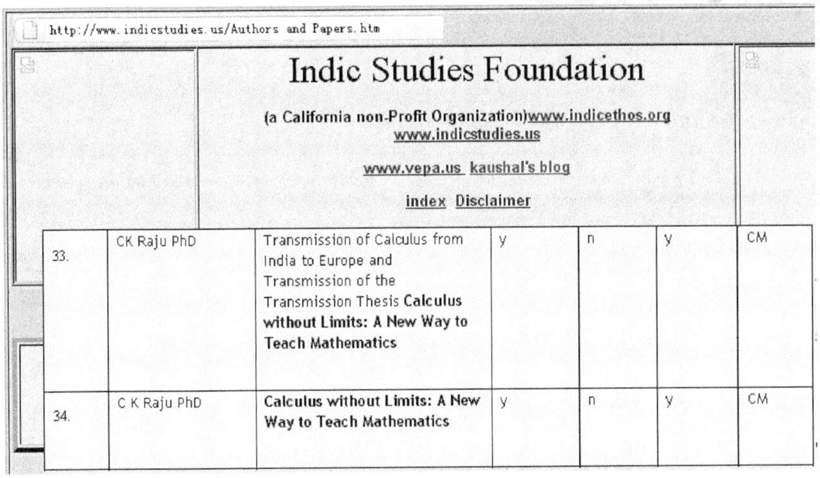
http://www.indicstudies.us/Authors and Papers.htm

Indic Studies Foundation

(a California non-Profit Organization)www.indicethos.org
www.indicstudies.us

www.vepa.us kaushal's blog

index Disclaimer

33.	CK Raju PhD	Transmission of Calculus from India to Europe and Transmission of the Transmission Thesis **Calculus without Limits: A New Way to Teach Mathematics**	y	n	y	CM
34.	C K Raju PhD	**Calculus without Limits: A New Way to Teach Mathematics**	y	n	y	CM

图 0-12　关于微积分不用极限的研究报告

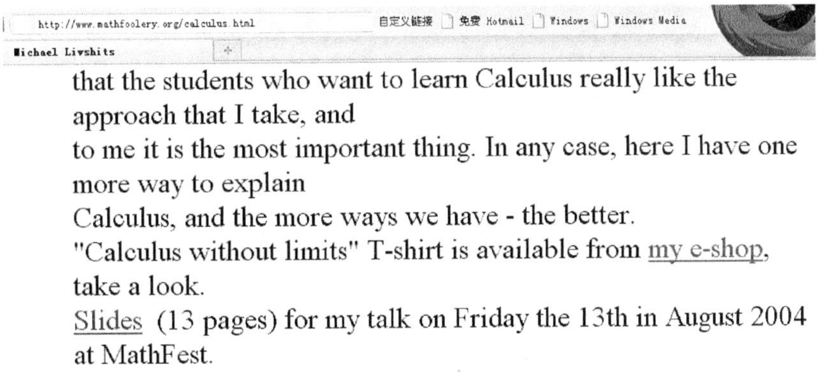
http://www.mathfoolery.org/calculus.html

Michael Livshits

that the students who want to learn Calculus really like the approach that I take, and
to me it is the most important thing. In any case, here I have one more way to explain
Calculus, and the more ways we have - the better.
"Calculus without limits" T-shirt is available from my e-shop, take a look.
Slides (13 pages) for my talk on Friday the 13th in August 2004 at MathFest.

图 0-13　网站在卖“微积分不用极限”的 T-shirt

（http：//www. mathfoolery. org/calculus. html）

离开极限或无穷小，能不能建立微积分？微积分的一些基本结果，例如导数正则函数增、泰勒定理、牛顿－莱布尼茨公式，是不是依赖极限的概念和理论？牛顿、拉格朗日等前辈没有做到的，是不可能呢，还是没有找到某条隐秘的路径？这是 300 年来没有得到澄清的疑案．现在，随着创建第三代微积分的努力，终于水落石出了．

2002 年林群指出，采用“一致微商”的定义可以大大简化微

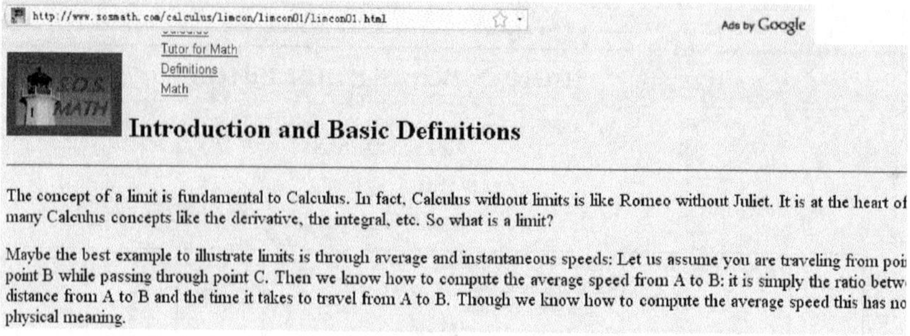
http://www.sosmath.com/calculus/limcon/limcon01/limcon01.html

Ads by Google

Tutor for Math

Definitions

Math

Introduction and Basic Definitions

The concept of a limit is fundamental to Calculus. In fact, Calculus without limits is like Romeo without Juliet. It is at the heart of many Calculus concepts like the derivative, the integral, etc. So what is a limit?

Maybe the best example to illustrate limits is through average and instantaneous speeds: Let us assume you are traveling from poi point B while passing through point C. Then we know how to compute the average speed from A to B: it is simply the ratio betw distance from A to B and the time it takes to travel from A to B. Though we know how to compute the average speed this has no physical meaning.

图 0-14 “微积分没有极限就像罗密欧没有朱丽叶”

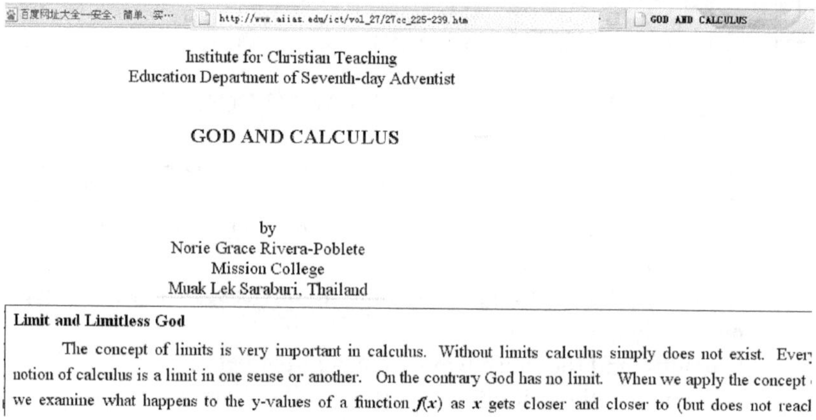
百度网址大全—安全、简单、实… http://www.aiias.edu/ict/vol_27/27cc_225-239.htm GOD AND CALCULUS

Institute for Christian Teaching
Education Department of Seventh-day Adventist

GOD AND CALCULUS

by
Norie Grace Rivera-Poblete
Mission College
Muak Lek Saraburi, Thailand

Limit and Limitless God

The concept of limits is very important in calculus. Without limits calculus simply does not exist. Ever notion of calculus is a limit in one sense or another. On the contrary God has no limit. When we apply the concept we examine what happens to the y-values of a function $f(x)$ as x gets closer and closer to (but does not reacl

图 0-15 “没有极限就没有微积分”

积分基本定理的论证．2005 年 11 月在上海的一次全国性教学研讨会上，他进一步阐述了微积分改革的思想；2006 年 5 月 12～14 日在西安举行的“中国高等教育学会教育数学专业委员会学术研讨会”上，他又作了题为“新版微积分”的大会报告，在报告中明确提出了作为函数导数初等定义的“一致性不等式”，为微积分的初等化指出了一条新路，其详细的推导论证见林群(2009，2006)等系列著作．他定义导数的方法，形式化后就是：

用一致性不等式定义导数 设函数 F 在 $[a, b]$ 上有定义．如果存在一个在 $[a, b]$ 上有定义的函数 f 和正数 M，和一个在 $(0, b-a]$ 上正值递增而倒数无界的函数 $\alpha(x)$，使得对 $[a, b]$ 上任意

的 x 和 $x+h$，有不等式

$$|F(x+h)-F(x)-f(x)h|\leqslant M|h|\alpha(|h|),$$

则称 F 在 $[a,b]$ 上一致可导，并且称 $f(x)$ 是 $F(x)$ 的导数，记作

$$F'(x)=f(x).$$

上述不等式称为“一致性不等式”.

可以证明，此定义和前述一致可导定义等价．但是这样定义就避免了极限概念，可以显著地简化推理，提前让学生掌握微积分的核心知识．

在上述定义中取 $\alpha(x)=x$，得到所谓强可导或利普希茨可导的定义(Livshits，2004；林群和吴从析，2002)．

强可导的定义　设函数 $y=F(x)$ 在 I 上有定义．如果存在一个定义在 I 上的函数 $f(x)$ 和正数 M，使得对 I 上的任意点 x 和 $x+h$（这里 h 可正可负），成立不等式

$$|F(x+h)-F(x)-f(x)h|\leqslant Mh^2,$$

则称函数 $y=F(x)$ 在 I 上强可导(或利普希茨可导)，并称 $f(x)$ 是 $F(x)$ 的导数，记作 $F'(x)=f(x)$ 或 $y'=f(x)$，或 $\frac{\mathrm{d}y}{\mathrm{d}x}=f(x)$．

容易证明，强可导函数的导数差商有界，即满足利普希茨条件，这是国外有人把它叫做利普希茨可导的由来(Livshits，2004)．

林群提出用“一致性不等式”来定义导数，首先是为了简捷推出微积分基本定理．随后发现，这样定义导数使更多的问题能够迎刃而解．不用极限概念不但能定义导数，而且更利于展开推理．如果当初牛顿发现了这个定义方法，第二次数学危机就没有了，数学史就要改写．如果柯西和魏尔斯特拉斯发现了这个定义方法，高等数学教学的最大难点就被化解了．当初，用极限来定义导数，深化了人们对微积分的认识．现在进而发现，不用极限也能定义导数，人们对微积分的认识更加深刻了．

对于非数学专业多数学生，考虑强可导函数类已经够用．有关强可导的推理要简单得多，并且从本质上已经包含了微积分的

要义，有必要时容易推广到更一般的可导函数类．基于林群的一致性不等式，可以建立不依赖于极限的微积分学(林群，2009，2006；鲁东大学函数论研究室，2008；张景中，2008)．

不用极限，如何简化了微积分呢？

首先，概念简化了．不用先讲极限概念，不用先讲实数理论，开门见山就定义了导数，何其直截了当！

再者，推理也简化了．

以“导数正则函数增”为例．在第二代微积分即现在多数教材中，这条定理是由拉格朗日中值定理推出来的；拉格朗日中值定理则是从罗尔定理推出来的；罗尔定理的证明，要用到“连续函数在闭区间上取到最大值”；最后这个命题的证明，涉及实数理论、极限性质以及连续函数的概念．微积分中最常用的最普通的工具，其证明竟如此迂回烦琐！

如果从一致性不等式出发，半节课就能证明“导数正则函数增”，其方法是初等的，高中生也能明白．这是林群和吴从析(2002)和Livshits(2004)分别独立发现的，张景中(2006)给出了不同的证明方法．本书将提供新的更简单的证明．此外，微积分基本定理和泰勒公式的证明也变得简单了．

华罗庚(1979)刻意创新，尝试不用实数理论和中值定理证明“导数正则函数增”而未能成功．第三代微积分的发展，实现了前辈大师的愿望．

容易看出来，一致性不等式虽然不提极限或无穷小，但本质上其思想源于极限或无穷小．在教学实践中发现，学生认为这样的定义不太直观．有没有更直观的并且本质上不同于极限或无穷小的道路通向微积分呢？

在反复思考“平均速度和瞬时速度”这个经典案例时，一个新的途径浮出了水面．

探索平均速度和瞬时速度的关系，有两种思路．

经典的牛顿－莱布尼茨的思路，是从微观入手，让时间区间变小，将平均速度取极限以获得瞬时速度．这种微观思路统治了微积分300多年，终于发现还有另一种思路：从宏观入手，看出一个浅显的道理，即瞬时速度有时不大于平均速度，有时候不小于平均速度．

抓住这个道理，抽象出下面的定义：

甲乙两函数的定义　设函数 $F(x)$ 和 $f(x)$ 都在区间 I 上有定义，若对 I 的任意子区间 $[u, v]$，总存在 $[u, v]$ 上的 p 和 q，使得不等式

$$f(p) \leqslant \frac{F(v) - F(u)}{v - u} \leqslant f(q)$$

成立，则称 $F(x)$ 是 $f(x)$ 在区间 I 上的甲函数，$f(x)$ 是 $F(x)$ 在区间 I 上的乙函数．上述不等式称为估值不等式．

从乙函数定义立刻推出

(i) 函数 $f(x)=0$ 是常数函数 $F(x)=C$ 的乙函数．

(ii) 函数 $f(x)=k$ 是一次函数 $F(x)=kx+b$ 的乙函数．

(iii) 设在区间 I 上函数 $f(x)$ 是 $F(x)$ 的乙函数．在 I 的任意子区间 $[u, v]$ 上，若 $f(x)$ 为正，则 $F(x)$ 递增；若 $f(x)$ 为负，则 $F(x)$ 递减；若 $f(x)$ 为 0，则 $F(x)$ 为常数；若 $f(x)$ 为非零常数 k，则 $F(x)=kx+c$，其中 c 是一个常数．

在适当的条件下，乙函数就是导数．这时，从估值不等式直接看出"导数正则函数增"．这种用平凡简单的估计求出导数的方法，居然隐藏了300多年！

容易证明，在乙函数的连续点甲函数必然可导，导数值等于乙函数在该点的值．如果乙函数满足利普希茨条件即差商有界，则甲函数强可导即利普希茨可导．

当乙函数连续时，从定义看出，只要 $h=v-u$ 足够小，甲函数在 $[u, v]$ 上的差商和乙函数在 $[u, v]$ 上的函数值就能非常接近，要多么接近就可以多么接近．也就是说，当时间段足够小的时候，平均速度和瞬时速度的差可以要多么小就多么小．这样，从乙函数概念出发也就可以导出极限的思想了．

反过来，从一致可导或强可导能推出估值不等式，即

估值定理 设 $F(x)$ 在 I 上强可导，$F'(x)=f(x)\ (x\in I)$，则对 I 的任意子区间 $[u, v]$，有 $[u, v]$ 中的点 p 和 q，使得

$$f(p)\leqslant\frac{F(v)-F(u)}{v-u}\leqslant f(q)$$

成立．也就是说，$f(x)$ 是 $F(x)$ 在 I 上的乙函数．

上面这个命题的作用相当于传统微积分的拉格朗日中值定理．它可以成为第三代微积分的一个基本工具，使得微分学的重要基本定理可以不依赖实数理论和极限概念而得到证明．

进一步问，不用极限概念和实数理论，能不能定义积分，能不能证明微积分基本定理呢？

在传统的微积分中，用无穷分割求和取极限的方式给出定积分的概念，当然不能避免极限．

如果从一般的面积公理出发，就可以引出不用极限的定积分概念，从而证明微积分基本定理（张景中，2007）．本书对此将有更简明的论证和更详细的讨论．这里要指出的是，对积分的探索，出发点仍然是估值不等式．

例如，考虑 $[a, b]$ 上的函数 $f(x)$ 的曲线和 x 轴之间的曲边梯形面积，若记 $[a, x]$ 上曲边梯形面积为 $F(x)$，则 $[u, v]$ 上这块面积为 $F(v)-F(u)$（参看后面图 1-5 和图 1-6）．按面积公理，应当有 $[u, v]$ 上的 p 和 q，使得

$$f(p)\leqslant\frac{F(v)-F(u)}{v-u}\leqslant f(q),$$

这就是估值不等式．

依传统的思路，作切线（微分）和求面积（积分）是两个不同的数学模型，并且在很长时期内没有发现两者之间的关系．牛顿和莱布尼茨分别独立地发现了两者之间的互逆关系，标志着微积分的诞生．

现在发现，两者有共同的数学模型，即估值不等式．于是微分和积分之间的关系一目了然，微积分的理论从而大大简化．

第三代微积分的出现和发展，对数学教育的影响是不言而喻

的，微积分入门难的问题有望解决；绝大多数学习微积分的学生知其然而不知其所以然的情形有望改观；即使对于数学系的学生，微积分的新概念和新方法也使学习内容更加丰富多彩，亲身经历学科的发展变化对于启发创新思维大有裨益．所有学习微积分的学生，所有讲授微积分的老师，都能从第三代微积分的思想和方法中获益．

在数学教学之外，第三代微积分也有其学术价值．

微积分的一系列基本定理的论证，都用到了实数理论．这些基本定理在多大程度上依赖实数的性质，长期没有得到回答．现在这个问题澄清了．导数正则函数增、泰勒公式、微积分基本定理，都不依赖实数理论，即不依赖于实数连续性．

现代物理认为，当测量的尺度小到一定程度时，时间和空间的性质成为量子的，这样就不能像牛顿所想象的让时间间隔趋于0来取极限，也就是说基于实数理论和极限概念的数学模型仅仅是现实物理世界的近似描述．如果采用第三代微积分的理论，用一致不等式或估值不等式作为数学模型，就克服了这个缺点，使数学理论更适应于物理现实．

计算机只能计算有理数．但在传统微积分中，计算所用的理论和公式却是借助实数理论推导出来的．能不能不依赖实数理论为计算机所用的计算方法提供依据？第三代微积分提供的数学模型，为计算机所用的微积分提供了理论基础．

第二代微积分理论基础结构复杂、概念烦琐、推理迂回，很难用计算机作推理或者证明检验．第三代微积分提供了简明的理论框架和快捷的推理路径，有利于计算机推理的实现．

第三代微积分基本理论的建立不依赖实数理论和极限，但并不排斥实数理论和极限．极限思想是数学的精华之一，极限的理论和计算在微积分中有重要的地位．实数理论对于存在性的论证是不可缺少的．这些内容在新的体系中都应有所安排，而且会更加容易理解．

当代著名的数学家阿蒂亚在1976年就任伦敦数学会主席时

的演说中，有这样几句话：

“如果我们积累起来的经验要一代一代传下去，就必须不断努力把它们简化和统一.”

“过去曾经使成年人困惑的问题，在以后的年代里，连孩子们都能容易地理解.”

作为人类精神的最高胜利的成果，微积分曾使成年人中的数学家都感到困惑. 我们希望并且相信，在几十年后，新思想和新方法的普及，将把微积分变成多数孩子们都容易理解的一门数学课程.

本书共 18 章. 前 10 章阐述不用极限也不用无穷小的微积分的原理，即第三代微积分的原理. 后面 8 章主要说明本书引进的新概念与传统微积分中相应概念的关系，并简要介绍一元微积分的理论框架.

下面说说 18 章内容的具体安排，以及这样安排的想法.

第 1 章从总体上说明本书的新思想和新方法的基础. 多少年来多少书上都说极限概念是微积分的基础，真的能够不用极限建立微积分吗？这是学过微积分的读者在看本书时会产生的第一个疑问. 这一章把新思想和新方法的基础摆出来，对这个疑问作出初步回答.

第 2 章引入甲乙函数的概念，把新思想、新方法严谨化. 即使不引进导数，略用甲乙函数的概念也能解决不少问题. 有了乙函数概念，很容易定义导数. 这就建立了微分学的基础. 本章引进了“d 函数”的概念，这对于后面和传统方法接轨是有用的. 其实，对于高中学生和大多数理工科学生，先学习差商有界类函数的微积分更简单、更容易，就不必这么早引进 d 函数了.

第 3 章介绍导数的经典应用. 定义导数时不用极限，如何用导数来解决作切线问题？如何说明导数是瞬时速度？这是第三代微积分教学实践中老师立刻想到的问题. 这里提出了更合理更有说服力的切线定义和瞬时速度的定义，论证了它们与导数的关系. 接着讲了导数在求极值时的应用.

第 4 章是导数的计算．这里关于指数函数和对数函数的导数计算法则的推导，比传统教材要简单得多．

第 5 章继续讨论导数的应用，如凸性、参数方程等．

第 6 章里不用极限定义了积分系统和定积分，证明了微积分基本定理．这比分割求极限的黎曼积分定义简单得多．

第 7～9 章，包括定积分的应用和积分法．这是传统的教学内容；但不用极限处理这些内容，还是要有些新的说法．

第 10 章引入了泰勒公式，初等微积分告一段落．

至此，我们建立了不用极限、不用无穷小、也不用实数理论的微积分．基本理论的建立和论证都是严谨和自封的．对于大多数学习微积分的学生，理论基础已经够了，剩下的是计算和应用．

如果要更深入地讨论，留下的问题是反函数的存在性和原函数的存在性问题．要解决这些存在性问题，当然要承认实数的存在．

第 11 章建立了实数系，引入确界定理，回答了上述存在性问题．还介绍了我们提出的连续归纳法．

第 12 章引入数列极限和无穷级数，这毕竟是重要的概念和工具．

第 13 章引进函数极限，作为应用介绍了广义积分和渐近线．

第 14 章引进传统的点式连续和点式可导，讨论了前面引入的区间上连续或可导与点式连续、点式可导的联系．

至此，本书引进的方法、概念和传统的相应内容联系起来了．

第 15 章和第 16 章基本上是传统的内容，这里部分地采用了 d 函数的说法和大 O 小 o 的记法，希望能够简化一些．

第 17 章介绍黎曼积分，证明了对于有界函数来说黎曼积分和第 6 章里不用极限定义的定积分是一回事，这个命题和证明是新的．

第 18 章简单介绍了微分方程有关的知识，让读者看到微积分不过是庞大丰富的数学分析学科的基础．

本书不是教材，而是为新的微积分教材提供的理论框架．书中的不少理论内容超出了大学理工科微积分课程的教学要求，而计算和应用的例题远远不够，并且没有习题. 基于本书的部分想法，鲁东大学的几位老师编写过一套教材《高等数学新讲(上下册)》(鲁东大学函数论研究室，2008)，但当时还没有提出甲乙函数的概念，和这里的框架有所不同. 作者希望，不久会有基于本书的高中微积分教材和大学微积分教材出版.

本书设想的读者主要是数学教师，以及对微积分教学改革有兴趣的研究人员和数学爱好者. 但作者相信，部分高中生和大部分理工科的学生能够看懂书中的前面几章，并获得思考的乐趣.

微积分要解决的问题，古希腊的阿基米德时代已经提出. 从那个时代，就提出了用无穷分割与无穷逼近的思路来解决这些问题. 处理这类问题的无穷小思维，统治了数学家 2000 多年. 为给无穷小思维提供合理的根据，经历了 100 多年. 有的哲学家曾对这种思维方式冷嘲热讽，有的哲学家曾为这种思维方式欢欣鼓舞. 但这么多伟大的数学家和哲学家都没有想到，这些问题以及为解决这些问题而发展起来的微积分，其实不用无穷小而用“通常的”数学方法就能处理！这不值得思索吗？从这个角度看，数学专业的学生会从本书中获得启示，发现值得思考的问题.

1980～1986 年，作者在中国科学技术大学执教少年班和数学系的微积分时，就有了改革微积分教学的想法，并提出一些建议. 那时所想到做到的，仅仅是给极限概念一个等价的定义，以及给实数公理一个等价的表述(张景中和曹培生，1989). 后来虽在教学实践中有所收获(陈文立，2005；萧治经，2004；刘宗贵，2002，1993)，但无大的进展. 几年前作者与林群学长一次交谈，茅塞顿开，认识到微积分的改革不必局限于传统概念的等价表示. 特别是他主张先不讲点式导数，直接就引进区间上可导的定义，给作者很大启发，乃下决心再次投入微积分改革的研究. 在准备本书材料的 5 年间，作者多次向林群学长请教，得到不少宝贵的建议和热情鼓励，受益匪浅，在此谨致以衷心的感谢.

作者还曾将本书部分内容，就教于我国著名数学教育家张奠宙先生．他对作者的某些想法给以肯定，认为在高中阶段讲讲不用极限的微积分是不错的选择．在他主持的《数学教学》月刊发表作者有关第三代微积分的文章时，还特意撰文阐述他的见解．本书在征得他的同意后，将该文一并奉献读者，并对张奠宙先生致以谢意．

在准备和撰写本书过程中，得到我国多位学者关心指教，有好几个单位组织报告会给作者汇报的机会．在此作者向所有对这一工作感兴趣的老师致谢．真诚希望大家对本书不吝批评指正，共同把微积分的改革做得更好．

2010 年 2 月初稿

2010 年 4 月补正

目 录

总序

代序 努力掌握微积分思想的精髓

前言 微积分发展过程回顾与展望

第1章 微积分鸟瞰 …… 1

1.1 四类问题催生微积分 …… 1

1.2 局部和总体的基本关系 …… 2

1.3 切线问题初探 …… 3

1.4 函数的增减与最值初探 …… 5

1.5 抛物线弓形的面积 …… 7

1.6 第1章小结 …… 10

第2章 乙函数和导数 …… 13

2.1 差分和差商 …… 13

2.2 甲函数和乙函数 …… 17
2.3 估值不等式的初步应用和发展 …… 24
2.4 函数的导数和微分 …… 29
2.5 第2章小结 …… 38
第3章 导数应用初步 …… 47
3.1 关于瞬时速度的思考 …… 47
3.2 曲线的切线 …… 51
3.3 函数的稳定点和极值点 …… 55
第4章 初等函数微分法 …… 60
4.1 计算导数的法则 …… 60
4.2 指数函数和对数函数的导数 …… 64
4.3 第4章小结 …… 67
第5章 导数的更多应用 …… 69
5.1 函数曲线的凸性 …… 69
5.2 参数方程曲线的切线 …… 77

第6章　微积分基本定理 …… 81
6.1　积分系统和定积分 …… 81
6.2　微积分基本定理 …… 84
6.3　积分系统唯一性的讨论 …… 85
第7章　定积分的初步应用 …… 88
7.1　面积和体积的计算 …… 88
7.2　变力所做的功 …… 90
第8章　积分法初步 …… 93
8.1　原函数和不定积分 …… 93
8.2　基本积分表 …… 94
8.3　求不定积分的分拆与分部方法 …… 95
8.4　求不定积分的换元法 …… 97
8.5　定积分换元积分法和分部积分法 …… 100
第9章　定积分的更多应用 …… 104
9.1　一般曲线包围的面积 …… 104

9.2 平面曲线的弧长 …………………………………………… 107

第10章 泰勒公式 ……………………………………………… 110

10.1 从微积分基本定理导出泰勒公式 ……………………… 110

10.2 用导数性质估计泰勒公式余项 ………………………… 113

10.3 泰勒公式的初步应用 …………………………………… 114

第11章 实数与连续性 ………………………………………… 118

11.1 实数系统的特性 ………………………………………… 118

11.2 反函数的存在性 ………………………………………… 121

11.3 定积分的存在性 ………………………………………… 124

第12章 数列极限与无穷级数 ………………………………… 130

12.1 数列的极限 ……………………………………………… 130

12.2 无穷级数求和 …………………………………………… 137

12.3 无穷级数收敛判别法 …………………………………… 139

第13章 函数的极限 …………………………………………… 143

13.1 函数极限的概念 ………………………………………… 143

13.2 函数极限计算初步 …… 150
13.3 广义积分 …… 154
13.4 函数图像的渐近线 …… 159
第14章 点式连续与点式可导 …… 162
14.1 函数在一点连续的概念 …… 162
14.2 闭区间上点点连续函数的性质 …… 165
14.3 函数在一点可导的概念 …… 169
14.4 微分中值定理 …… 175
第15章 趋于无穷的量的比较 …… 178
15.1 无穷大和无穷小的阶 …… 178
15.2 洛必达法则 …… 182
第16章 函数项级数 …… 186
16.1 函数项级数的概念和性质 …… 186
16.2 幂级数的性质 …… 193
16.3 三角级数 …… 197

第 17 章　黎曼积分与可积性 …………………………… 207

17.1　黎曼积分的概念和黎曼可积性 …………………………… 207

17.2　黎曼可积性与积分系统唯一性的关系 …………………… 214

第 18 章　初识微分方程 …………………………… 221

18.1　多元函数的微分和偏导数 …………………………… 221

18.2　微分方程的概念 …………………………… 226

18.3　简单的一阶常微分方程 …………………………… 227

18.4　简单的二阶常微分方程 …………………………… 231

参考文献 …………………………… 235

第 1 章
微积分鸟瞰

总体均值必在某两个局部均值之间.

微积分的基本问题都能由此获得解答.

1.1　四类问题催生微积分

微积分诞生于 17 世纪.

工业和科技的发展给数学提出了许多问题，其中有老的也有新的.

对这些问题的研究，使微积分作为一门学科而诞生.

主要是四类问题.

第一类，求运动物体的瞬时速度.

第二类，求作曲线上任意点处的切线.

第三类，求函数的最大值和最小值.

第四类，求曲线长、曲边图形面积、曲面图形体积、物体重心等.

前两类，是根据事物的总体性质求局部性质.

后两类，是根据事物的局部性质求总体性质.

局部和总体之间，最基本的关系是什么呢?

1.2 局部和总体的基本关系

先看瞬时速度问题.

刘翔用12.88秒的成绩创造了男子110米栏世界纪录. 容易算出，他在这12.88秒内的平均速度是110/12.88≈8.54m/s，这描述了这段奔跑的总体性质. 但他在这12.88秒内的不同时刻的速度，即所谓瞬时速度，却可能因时而异，不尽相同.

那么，瞬时速度的大小和平均速度8.54m/s之间，有没有什么关系？

对匀速运动，瞬时速度等于平均速度.

对非匀速运动，瞬时速度有时比平均速度大，有时比平均速度小.

总之，瞬时速度有时不小于平均速度，有时不大于平均速度.

如何把这种关系数学化，并用数学符号表达出来呢？

把奔跑的刘翔抽象为一个在直线上运动的质点，其运动过程可以用一个函数 $S=S(t)$ 来描述. $S(t)$ 表示质点在时刻 t 走过的路程，$V=V(t)$ 表示质点在时刻 t 的瞬时速度. 从时刻 u 到 v 走过的路程是 $S(v)-S(u)$，于是

$$\text{时间段}[u,\ v]\text{上的平均速度}=\frac{S(v)-S(u)}{v-u}.$$

"瞬时速度有时不小于平均速度，有时不大于平均速度". 用数学语言来表达，就是有 $[u,\ v]$ 上的点 p 和 q 满足不等式

$$V(p)\leqslant\frac{S(v)-S(u)}{v-u}\leqslant V(q). \tag{1-1}$$

注意，我们现在还不知道瞬时速度的数学定义，但从物理直观看来，客观世界的运动瞬时速度应当存在，并和平均速度之间有上述关系.

这个不等式能够帮我们计算瞬时速度吗？

不妨试试. 刘翔奔跑的方程写不出来，可以用写得出来的试一试.

伽利略通过实验得到了自由落体运动方程 $S(t)=4.9t^2$，容易计算出任意时间段 $[u, v]$ 上的平均速度为

$$\frac{S(v)-S(u)}{v-u}=\frac{4.9(v^2-u^2)}{v-u}=4.9(u+v). \quad (1\text{-}2)$$

利用 $u<v$ 得 $2u<u+v<2v$，用以估计上面的结果得到

$$9.8u<\frac{S(v)-S(u)}{v-u}<9.8v. \quad (1\text{-}3)$$

比照(1-1)式，合情推理的结论是 $V(t)=9.8t$，这和物理的结论一致.

瞬时速度是局部均值，平均速度是总体均值，总体均值在某两个局部均值之间，这个规律提供了解决问题的思路.

1.3 切线问题初探

我们继续应用“总体均值在某两个局部均值之间”这个规律，看看能不能处理切线问题.

把运动方程 $S=S(t)$ 抽象成为一般的函数 $y=f(x)$，平均速度就成为函数在区间 $[u, v]$ 上的平均变化率 $\frac{f(v)-f(u)}{v-u}$，瞬时速度则改头换面叫做函数在点 x 处的局部变化率，至于用什么符号并不重要，就记作 $k(x)$ 吧. 这样，“对于非匀速运动，瞬时速度有时比平均速度大，有时比平均速度小”这个判断，就提升为更一般的表述：

“对于非线性函数，有些点处的局部变化率比平均变化率大，有些点处的局部变化率比平均变化率小”.

这里线性函数就是图像为直线的函数，包括一次函数和常数函数.

画出函数 $y=f(x)$ 的曲线来（图 1-1），有助于探讨曲线的切线问题.

如图 1-1，在函数 $y=f(x)$ 的曲线上取两个点 $A=(u, f(u))$ 和

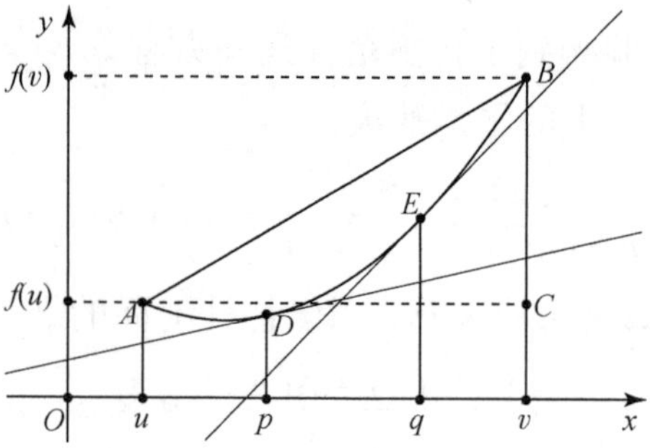

图 1-1 割线斜率在两切线斜率之间

$B=(v, f(v))$. 过两点 $A=(u, f(u))$ 和 $B=(v, f(v))$ 的割线的斜率为 $\frac{f(v)-f(u)}{v-u}$，正是 $y=f(x)$ 在 $[u, v]$ 上的平均变化率. 而在点 $x=p$ 处的局部变化率 $k(p)$，则是曲线上横坐标 $x=p$ 的点 D 处的切线的斜率.

如果 $f(x)$ 在 $[u, v]$ 上不是线性函数，就有 $[u, v]$ 上的点 p 和 q 满足不等式

$$k(p)<\frac{f(v)-f(u)}{v-u}<k(q), \tag{1-4}$$

这个不等式和(1-1)式本质上没有区别.

注意，我们现在不知道切线斜率的数学定义，但从几何直观上看，光滑曲线应当有切线，并且切线斜率和割线斜率之间应当有此关系.

这个关系能够有助于作出曲线上的切线吗？

我们来试试.

图 1-2 画出了抛物线 $y=f(x)=x^2$ 的一部分，点 $P=(t, t^2)$ 是曲线上的任意一点. 为了作出过点 P 的切线，只要求出切线的斜率 $k(t)$ 即可.

计算出曲线上任意两点连成的直线的斜率并加以估计，得到不等式

$$2u<\frac{f(v)-f(u)}{v-u}=\frac{v^2-u^2}{v-u}=u+v<2v, \tag{1-5}$$

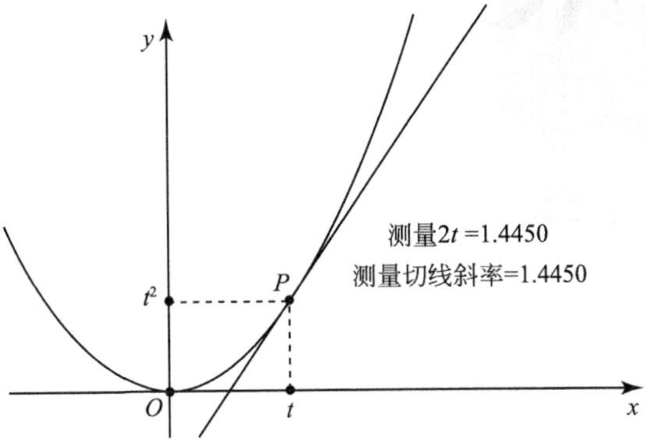

图 1-2　抛物线 $y=x^2$ 的切线

比照(1-4)式得到切线斜率 $k(t)=2t$，所以过点 $P=(t,t^2)$ 的切线方程为 $y-t^2=2t(x-t)$，整理得到直线方程 $y=2tx-t^2$，作图检验或用其他方法可以检验，这确实是抛物线 $y=x^2$ 的切线，如图 1-2.

解析几何的创始人笛卡儿非常重视曲线切线作图问题，他曾经用“圆法”解决抛物线 $y=x^2$ 的切线的作图问题．“圆法”要用较多的代数计算，上面的方法比“圆法”简单得多．

上面的方法和牛顿、莱布尼茨的手段也不相同，简单得令人难以置信．如果你感到抛物线切线的问题太简单，或者是巧合，不妨再换个曲线，例如三次曲线 $y=x^3$ 试一试．

1.4　函数的增减与最值初探

现在轮到第三个问题，求最大值、最小值的问题．

最大值、最小值的问题和函数的增减性有密切关系．如图 1-3，函数 $f(x)$ 在区间 $[a,b]$ 上单调递增，$f(a)$ 就是 $f(x)$ 在 $[a,b]$ 上的最小值，$f(b)$ 就是 $f(x)$ 在 $[a,b]$ 上的最大值，如果函数 $f(x)$ 又在区间 $[b,c]$ 上单调递减，则 $f(b)$ 也是 $f(x)$ 在 $[a,c]$ 上的最大值，但最小值就要比较一下 $f(a)$ 和 $f(c)$，看哪个更小才能确定．如果 $f(x)$ 又在区间 $[c,d]$ 上单调递增，则 $f(x)$ 在 $[a,c]$ 上的最小值也是 $[a,d]$ 上的最小值，但是$[a, d]$上的最大值就要在$f(b)$和$f(d)$之间“PK”一番才能确定了.

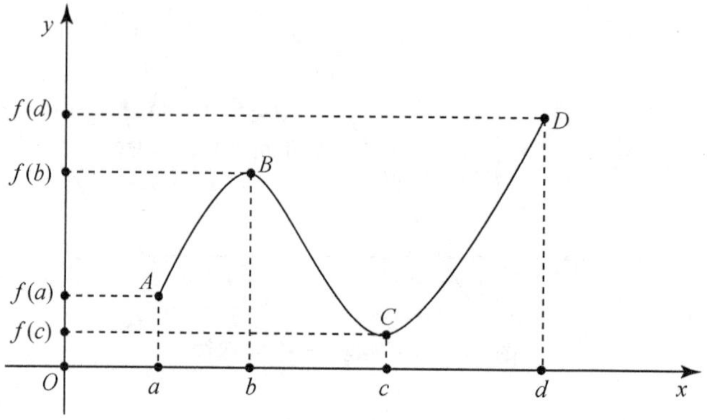

图 1-3 函数的增减性和最值

那么，如何确定函数 $f(x)$ 在一个区间上的增减性呢？

“总体均值在某两个局部均值之间”，这个基本的道理又来帮忙了. 不等式

$$k(p) \leqslant \frac{f(v)-f(u)}{v-u} \leqslant k(q) \tag{1-6}$$

表明，如果对于任意的$x \in [a, b]$都有$k(x)>0$，则对于$[a, b]$上任意两点$u<v$总有$f(u)<f(v)$，即$f(x)$在$[a, b]$上递增；反之，如果对于任意的$x \in [a, b]$都有$k(x)<0$，则对于$[a, b]$上任意两点$u<v$总有$f(u)>f(v)$，即$f(x)$在$[a, b]$上递减.

例如，为了在$[-1, 1]$上考虑函数$f(x)=x^3-x$的增减性和最值，先计算$[-1, 1]$的任意闭子区间$[u, v]$上函数的平均变化率

$$\frac{f(v)-f(u)}{v-u}=\frac{(v^3-v)-(u^3-u)}{v-u}=v^2+uv+u^2-1, \tag{1-7}$$

易知上式大小在$3u^2-1$和$3v^2-1$之间，于是$3x^2 \geqslant 1$时函数递增，$3x^2 \leqslant 1$时函数递减，即$f(x)$在$\left[-1, -\frac{1}{\sqrt{3}}\right]$和$\left[\frac{1}{\sqrt{3}}, 1\right]$上递增而在$\left[-\frac{1}{\sqrt{3}}, \frac{1}{\sqrt{3}}\right]$上递减. 由于$f(-1)=f(1)=0$，故最大值为$f\left(-\frac{1}{\sqrt{3}}\right)=\frac{2\sqrt{3}}{9}$，

最小值为$f\left(\frac{1}{\sqrt{3}}\right)=-\frac{2\sqrt{3}}{9}$，如图 1-4.

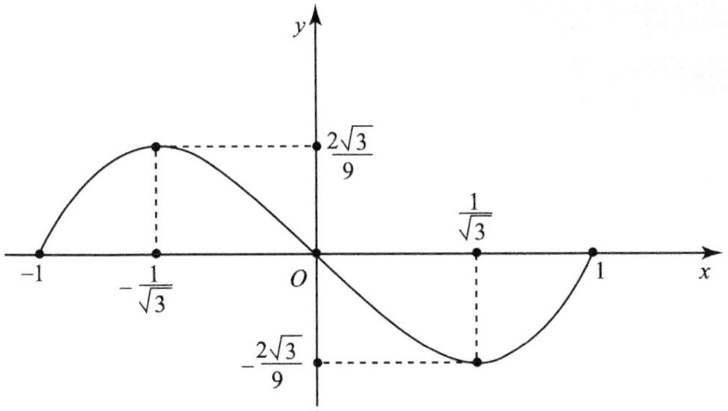

图 1-4　函数$f(x)=x^3-x$的增减性和最值

1.5　抛物线弓形的面积

前面看到，一个简单而平凡的思想，提供了求瞬时速度的思路，提供了求切线斜率的思路，也提供了判别函数增减性的思路．开始提到的四类问题中的三类，都有了入手的办法．

第四类问题，如曲线围成的面积的计算，是最古老的数学问题之一．古希腊的阿基米德，曾经用“穷竭法”成功地求出了抛物线弓形的面积．

曲线围成的面积的计算，以至第四类问题中的其他问题，归根结底，都可以归结为所谓“曲边梯形”面积的计算问题．

如图 1-5，考虑$[a, b]$上的函数$f(x)$的曲线和x轴之间的面积，这样三边直一边曲的一块图形叫曲边梯形．若记$[a, x]$上曲边梯形面积为$F(x)$（图 1-5），则$[u, v]$上这块面积为$F(v)-F(u)$（图 1-6）．如果把这块面积去高补低折合成长为$v-u$的矩形，则矩形的高相当于曲边梯形的平均高度，它应当在$[u, v]$上的某两个变量值对应的$f(x)$的值之间．

也就是说，若$f(x)$不是常数，则有$[u, v]$上的p和q，使得下面

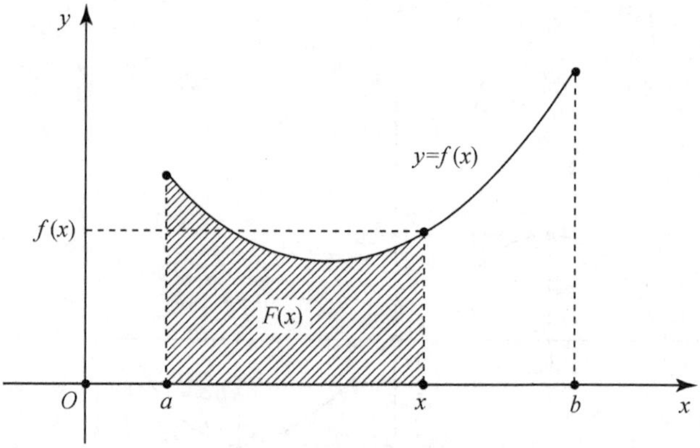

图 1-5 记[a, x]上曲边梯形面积为 $F(x)$

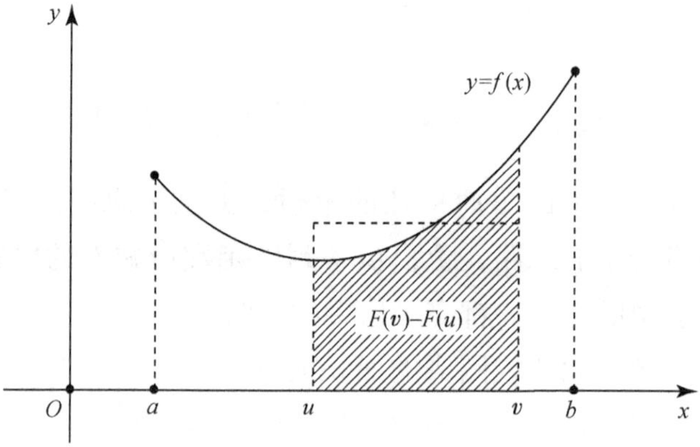

图 1-6 矩形的高在[u, v]上的 $f(x)$ 的两值之间

的不等式成立：

$$f(p) < \frac{F(v) - F(u)}{v - u} < f(q). \tag{1-8}$$

回顾一下就会发现，(1-8)式与(1-1)和(1-4)式本质上一样，是同一个数学模型：总体均值在某两个局部均值之间．不同之点在于，前两种情形是从总体出发寻求局部，现在的问题是从局部出发寻求总体．

既然两种运算互为逆运算，就能从一种运算的结果获得另外一种运算的结果．就像小学生从 $7\times3=21$ 立刻获知 $21\div7=3$ 一样．

例如，从不等式(1-5)可以知道

$$2u<\frac{v^2-u^2}{v-u}<2v. \tag{1-9}$$

将此不等式与(1-8)式比照可知，(1-8)式中函数 $f(x)=2x$ 时对应 $F(x)=x^2$，从而 $f(x)=2x$ 的曲线在 $[u,v]$ 上构成的曲边梯形的面积，应当等于 $F(v)-F(u)=v^2-u^2$．如图 1-7，确实如此！

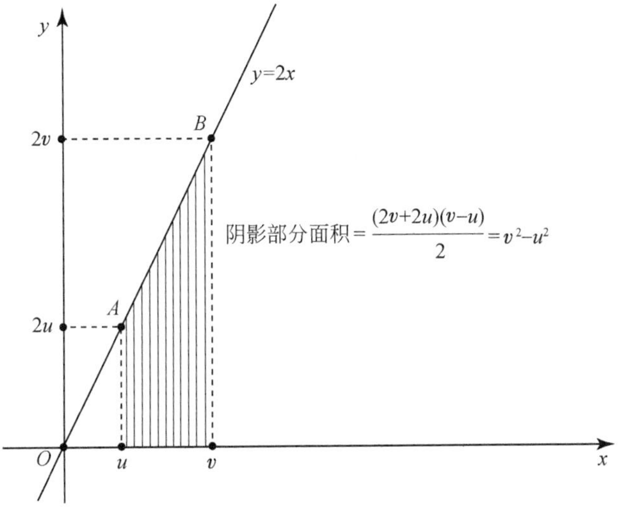

图 1-7　$f(x)=2x$ 的曲线在 $[u,v]$ 上的曲边梯形面积

这里 $f(x)=2x$ 的图像是直线，对应的曲边梯形面积容易计算，不具有说服力．再看一个不平凡的例子．

在 1.4 中计算过三次函数的平均变化率，如(1-7)式．这里考虑一个稍微简单的函数 $y=x^3$，当 $[u,v]\subset[0,+\infty)$ 时显然有

$$3u^2<\frac{v^3-u^3}{v-u}=v^2+uv+u^2<3v^2. \tag{1-10}$$

把(1-10)式用 3 除得到

$$u^2<\frac{\dfrac{v^3}{3}-\dfrac{u^3}{3}}{v-u}<v^2. \tag{1-11}$$

将此不等式与(1-8)式比照可知，在(1-8)式中若取$f(x)=x^2$，则对应的$F(x)=\frac{x^3}{3}$．这样就可以知道抛物线$y=x^2$在$[u,v]$上的曲边梯形面积为

$$F(v)-F(u)=\frac{1}{3}(v^3-u^3).$$

知道了曲线下面的曲边梯形面积，自然不难求出上面的弓形面积．图1-8是一个例子．这比阿基米德的“穷竭法”简单多了．

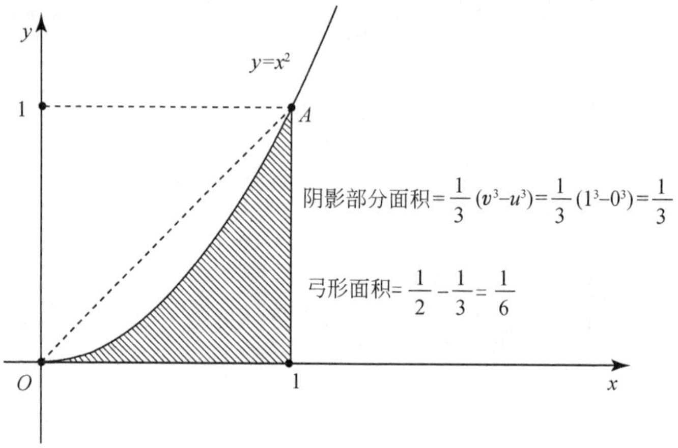

图1-8 抛物线$y=x^2$下的曲边梯形面积

至此，四类问题被一个数学模型统一起来了．

1.6 第1章小结

促使微积分诞生的四类问题，被我们用一个基本原理各个击破，分别打开了缺口．这个原理就是总体均值在某两个局部均值之间．

总的想法综述如下：

把函数$F(x)$从u到v的改变量作为总体，总体均值就是$\frac{F(v)-F(u)}{v-u}$，即函数在$[u,v]$上的平均变化率；局部均值就是$F(x)$在一点处的变化

率. 若用 $f(x)$ 记 $F(x)$ 在点 x 处的变化率，上述原理的数学表述就是：存在 $[u, v]$ 上的点 p 和 q，使得

$$f(p) \leqslant \frac{F(v)-F(u)}{v-u} \leqslant f(q). \qquad (1\text{-}12)$$

稍后将证明，在一定条件下，满足上面不等式的 $f(x)$ 是唯一的，它就是 $F(x)$ 的导数.

若 $F(x)$ 表示运动方程，则(1-12)式就是瞬时速度与平均速度的关系；

若 $F(x)$ 表示曲线，则(1-12)式就是切线斜率与割线斜率的关系；

若研究 $F(x)$ 的增减性，则(1-12)式表明变化率 $f(x)$ 正，则函数 $F(x)$ 增；

函数 $f(x)$ 的图像在 $[u, v]$ 上的曲边梯形面积等于 $F(v)-F(u)$.

四类问题都有了办法.

不足之处呢?

一是尚不严谨. 用了直观比照，合情推理，有待严谨化.

二是尚不规范. 根据不等式(1-12)，知道了 $F(x)$ 如何计算 $f(x)$? 知道了 $f(x)$ 如何计算 $F(x)$? 有待寻求算法.

由 $F(x)$ 计算 $f(x)$ 的方法就叫微分法，由 $f(x)$ 计算 $F(x)$ 的方法就叫积分法. 合起来叫做微积分.

按传统的微分法，由 $F(x)$ 计算 $f(x)$ 要经历一个极限过程. 过程的第一步，和上面一样，先来计算函数在 $[u, v]$ 上的平均变化率 $\frac{F(v)-F(u)}{v-u}$. 形式上略有不同的是常把 v 写成 $u+h$，$\frac{F(v)-F(u)}{v-u}$ 就成为 $\frac{F(u+h)-F(u)}{h}$；过程的第二步，是让 h 趋向于 0，得到平均变化率的极限值，就是 $F(x)$ 在 $x=u$ 处的变化率 $f(u)$.

例如，当 $F(x)=x^2$ 时，这个过程用数学式子写出来就是

$$\lim_{h\to 0}\frac{(u+h)^2-u^2}{h}=\lim_{h\to 0}\frac{2uh+h^2}{h}=\lim_{h\to 0}(2u+h)=2u. \qquad (1\text{-}13)$$

这里记号 $\lim\limits_{h\to 0}$ 是对后面的式子让 h 无限趋于 0 取极限之意. 无限趋于 0

当然就要变得很微小，这种方法因而叫微分法.

在以后各章，将以(1-12)式为基础展开微积分的新体系，并说明新方法和传统方法的关系.

微积分鸟瞰，至此告终. 欲知详情，下文分解.

第 2 章 乙函数和导数

两次观察才能看出变化.
差分和差商因而重要.

2.1　差分和差商

古希腊的著名哲学家芝诺，曾经提出“飞矢不动”的怪论．他说箭在每一个时刻都有一个确定的位置，因而在每一个时刻都没有动．既然每个时刻都没有动，它怎么能够动呢?

为了驳倒这个怪论，就要抓概念，寻根究底．讨论有没有动的问题，就要说清楚什么叫动，什么叫没有动．

如果一个物体的位置在时刻 u 和后来的一个时刻 v 不同，我们就说它在时刻 u 和 v 之间动了．反过来，如果它在任意时刻 $t\in[u, v]$ 都有相同的位置，就说它在 u 到 v 这段时间没有动．

这样，芝诺怪论的漏洞就暴露出来了．原来，动或不动都是涉及两个时刻的概念．芝诺所说“在每一个时刻都没有动”的论断是没有意义的!

函数可以用来描述物体的运动或变化．研究函数，就是研究函数值随自变量变化而变化的规律．变化的情形至少要看两个自变量处的值，只看一点是看不出变化的．

设函数 $y=f(x)$ 在实数集 S 上有定义．为了研究 $f(x)$ 的变化规律，需要考虑它在 S 中两点处的函数值的差．

定义 2.1（差分和差商） 称 $f(v)-f(u)$ 为函数 $f(x)$ 从 u 到 v 的差分，这里若无特别说明，均假定 $u\neq v$. 通常记 $h=v-u$，h 叫做差分的步长，可正可负．差分和它的步长的比值 $\dfrac{f(v)-f(u)}{v-u}$ 叫做 $f(x)$ 在 u 和 v 的差商．

显然，当 u 和 v 位置交换时，差分变号，差商不变．

在上一讲，已经多次用到差商，不过没有引进差商这个词．

前面看到，随着 $f(x)$ 所描述的对象不同，差商可以是平均速度，可以是割线的斜率，也可以是曲边梯形的平均高度．一般而言，当 $u<v$ 时，它是 $f(x)$ 在区间 $[u, v]$ 上的平均变化率．

显然，函数和它的差商有下列关系：

常数函数的差商处处为 0，反之亦然；

一次函数 $y=kx+c$ 的差商处处为常数 k，反之亦然；

单调递增函数的差商处处为正，反之亦然；

单调递减函数的差商处处为负，反之亦然；

单调非增函数的差商处处非正，反之亦然；

单调非减函数的差商处处非负，反之亦然．

可见，差商是研究函数性质的一个有用的工具．

【例 2.1】 通过计算差商，来确定函数 $f(x)=x^2-2x$ 的递增和递减区间．

解 设 $u<v$，计算差商得

$$\frac{f(v)-f(u)}{v-u}=\frac{(v^2-2v)-(u^2-2u)}{v-u}=u+v-2. \qquad (2\text{-}1)$$

显然有 $2u-2<u+v-2<2v-2$，于是（图 2-1）当 $2v-2\leqslant 0$ 即 $u<v\leqslant 1$ 时差商为负，故 $f(x)$ 在 $(-\infty, 1]$ 上递减；

当 $2u-2\geqslant 0$ 即 $1\leqslant u<v$ 时差商为正，故 $f(x)$ 在 $[1, +\infty)$ 上递增.

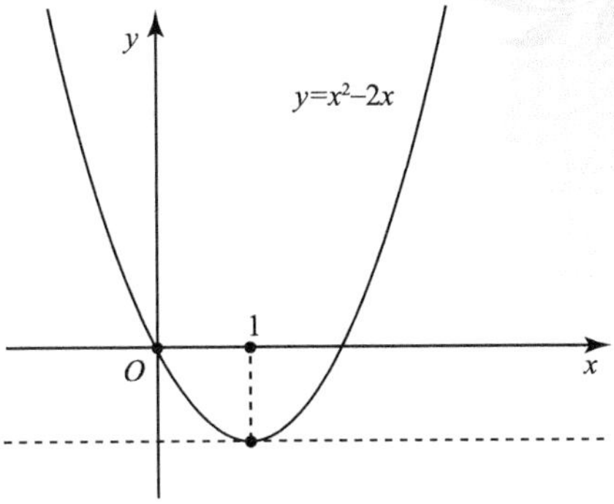

图 2-1　一个二次函数的增减性

【例 2.2】 通过计算差商研究函数 $f(x)=\dfrac{x^2}{2}+\dfrac{1}{x}$ 的增减性.

解 设 $u<v$，计算 $f(x)$ 在 $[u,v]$ 上的差商，得到

$$\frac{f(v)-f(u)}{v-u}=\frac{u+v}{2}-\frac{1}{uv}. \tag{2-2}$$

因为函数 $f(x)$ 在 $x=0$ 处没有意义，故分别在 $(-\infty,0)$ 和 $(0,+\infty)$ 上来讨论. 当 $u<v<0$ 时，显然有

$$\frac{f(v)-f(u)}{v-u}=\frac{u+v}{2}-\frac{1}{uv}<0, \tag{2-3}$$

故函数在 $(-\infty,0)$ 递减.

当 $0<u<v$ 时，若 $u<v\leqslant 1$，则

$$\frac{u+v}{2}<1<\frac{1}{uv},$$

从而

$$\frac{f(v)-f(u)}{v-u}<0, \tag{2-4}$$

故函数在 $(0,1]$ 递减；若 $1\leqslant u<v$，则

$$\frac{u+v}{2}>1>\frac{1}{uv},$$

从而

$$\frac{f(v)-f(u)}{v-u}>0, \tag{2-5}$$

故函数在$[1, +\infty)$递增(图 2-2).

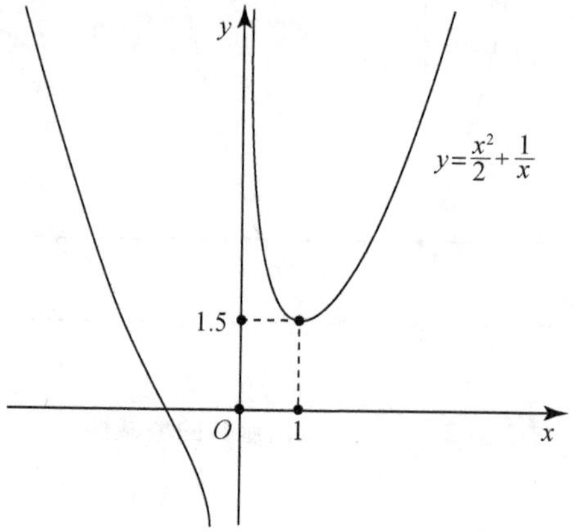

图 2-2 函数$f(x)=\frac{x^2}{2}+\frac{1}{x}$的增减性

差商的一般意义，是函数在一个区间上的改变量的均值，根据总体均值在两个局部均值之间的规律，容易想到有如下的定理.

定理 2.1(差商分化定理) 设$f(x)$在三点$u<a<v$上有定义，记m为

$$\frac{f(a)-f(u)}{a-u}, \frac{f(v)-f(a)}{v-a} \tag{2-6}$$

两者中较小者，而M为两者中较大者，则

$$m \leqslant \frac{f(v)-f(u)}{v-u} \leqslant M, \tag{2-7}$$

等式仅当$m=M$时成立.

(温馨提示：初读本书时，定理的证明可以不看；看看图，直观上了解一下就好)

证明 不失一般性，不妨设

$$m=\frac{f(a)-f(u)}{a-u}<\frac{f(v)-f(a)}{v-a}=M, \tag{2-8}$$

于是有

$$\frac{f(v)-f(u)}{v-u}=\frac{1}{v-u}((v-a)M+(a-u)m). \tag{2-9}$$

再由 $m < M$ 得到

$$m < \frac{1}{v-u}((v-a)M + (a-u)m) < M, \tag{2-10}$$

这证明了所要的结论.

上述定理的几何意义明显而简单. 如图 2-3, $f(x)$ 在 $[u, v]$ 上这段曲线的两端点连成线段 PQ, A 是曲线上横坐标为 a 的点. 如果 A 在 PQ 上, 则 PQ, PA, AQ 这三条线段的斜率相等; 否则, 三条线段的斜率两两不等, 而 PQ 的斜率在 PA 和 AQ 两线段的斜率之间.

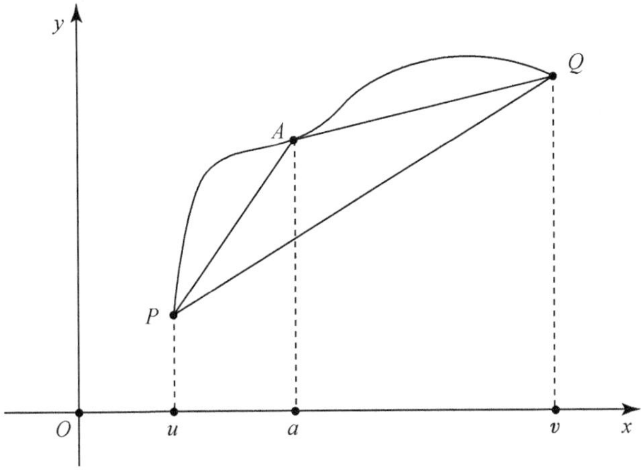

图 2-3　差商分化定理的几何意义

2.2　甲函数和乙函数

上面看到, 差商是研究函数性质的好工具.

但是, 差商的表达式中含有两个变量, 比较复杂. 如果能够用一个一元函数来估计它的大小, 就更为方便了. 为此引进

定义 2.2(甲函数和乙函数)　设函数 $F(x)$ 和 $f(x)$ 都在数集 S 上有定义, 若对 S 中的任意两点 $u < v$, 总存在 $[u, v] \cap S$ 中的 p 和 q, 使得不等式

$$f(p) \leqslant \frac{F(v) - F(u)}{v-u} \leqslant f(q) \tag{2-11}$$

成立，则称 $F(x)$ 是 $f(x)$ 在数集 S 上的甲函数，$f(x)$ 是 $F(x)$ 在数集 S 上的乙函数．上述不等式称为估值不等式.

通常数集 S 是某个区间，但在定义中不限于区间．例如，数集 S 可能是有理数集或正整数集．

在第 1 章里，已经在不同的实际问题中多次用到估值不等式，不过没有引进甲函数和乙函数的定义．

现在看到，估值不等式不但有丰富的应用背景，也是数学研究本身提出来的任务，即用较简单的一元函数对较复杂的二元表达式来估值.

一般说来，若数集 S 中的数都不大于 M，则称 M 为 S 的一个上界；若数集 S 中的数都不小于 m，则称 m 为 S 的一个下界．所谓估值，就是找出某个数集的上下界．

定理 2.2 从乙函数的性质推出甲函数的性质：

(i) 若乙函数恒为 0，则甲函数为常数；

(ii) 若乙函数为非 0 常数，则甲函数为一次函数；

(iii) 若乙函数在某区间上恒正，则甲函数在此区间上递增；

(iv) 若乙函数在某区间上恒负，则甲函数在此区间上递减．

上述结论显然，证明略．

若熟悉传统微积分，就能从上述定理看出来乙函数像导数．乙函数是不是导数？随着推理的深入，将会水落石出．

乙函数如此有用，如何找它？下面先举出一些具体例子，以后再建立一些普遍的法则，以形成计算机都能执行的机械化方法．

提供这些例子是为了加深对乙函数的印象，不必都掌握，因为稍后就要学习求乙函数的更一般、更简单的方法．

下面的例子显示，乙函数越来越像导数了．

【例 2.3】 求 $f(x)=x^2$ 的乙函数．

解 前面已经计算过，对任意 $u<v$，$f(x)=x^2$ 的差商为

$$\frac{f(v)-f(u)}{v-u}=\frac{v^2-u^2}{v-u}=u+v. \tag{2-12}$$

不等式 $g(u)=2u\leqslant u+v\leqslant 2v=g(v)$ 表明，$g(x)=2x$ 是 $f(x)$ 的乙函数．

【例2.4】 求$f(x)=x^3$的乙函数．

解 计算得

$$\frac{f(v)-f(u)}{v-u}=\frac{v^3-u^3}{v-u}=u^2+uv+v^2. \tag{2-13}$$

当$uv\geqslant 0$时，u^2+uv+v^2显然在$g(u)=3u^2$和$g(v)=3v^2$之间；这表明，在$(-\infty, 0]$和$[0, +\infty)$上，$g(x)=3x^2$都是$f(x)$的乙函数．

能不能由此推出在$(-\infty, +\infty)$上函数$g(x)=3x^2$是$f(x)=x^3$的乙函数呢?

确实有这样的一般规律．

根据差商分化定理(定理2.1)，马上推出乙函数的区间可分性．

定理2.3(乙函数的区间可分性)　若$g(x)$是$f(x)$在区间I上的乙函数，又是$f(x)$在区间J上的乙函数，且区间I和区间J有公共点，则$g(x)$是$f(x)$在区间$K=I\cup J$上的乙函数．

证明　按定义，只要证明对$K=I\cup J$的任意子区间$[u, v]$，总有$[u, v]$中的点p和q，使得不等式

$$g(p)\leqslant\frac{f(v)-f(u)}{v-u}\leqslant g(q) \tag{2-14}$$

成立即可．若$[u, v]$是I或J的子区间，结论显然．若不然，则存在I和J的公共点$a\in(u, v)$，使得$[u, a]$和$[a, v]$分别包含于I和J. 由差商分化定理，差商$\dfrac{f(v)-f(u)}{v-u}$总在$\dfrac{f(v)-f(a)}{v-a}$和$\dfrac{f(a)-f(u)}{a-u}$之间，再用前提条件即可推出所要的结论．

上述命题显然可以推广到任意多个区间之并的情形，所以在求乙函数时就可以对区间分段处理了．

【例2.5】 在$(0, +\infty)$上，求$f(x)=\sqrt{x}$的乙函数.

解　对$0<u<v$有

$$\frac{1}{2\sqrt{v}}\leqslant\frac{f(v)-f(u)}{v-u}=\frac{\sqrt{v}-\sqrt{u}}{v-u}=\frac{1}{\sqrt{v}+\sqrt{u}}\leqslant\frac{1}{2\sqrt{u}}, \tag{2-15}$$

这表明$g(x)=\dfrac{1}{2\sqrt{x}}$是$f(x)$的乙函数．

【例 2.6】 在$(0,+\infty)$和$(-\infty,0)$上分别求$f(x)=\dfrac{1}{x}$的乙函数.

解 当$|u|<|v|$时总有

$$\frac{-1}{u^2}\leqslant\frac{f(v)-f(u)}{v-u}=\frac{\frac{1}{v}-\frac{1}{u}}{v-u}=\frac{-1}{uv}\leqslant\frac{-1}{v^2},\tag{2-16}$$

不等式表明，$g(x)=-\dfrac{1}{x^2}$是$f(x)$的乙函数.

【例 2.7】 对任意正整数n，求$f(x)=x^n$的乙函数.

解 对于$u<v$，先计算出差商的一般表达式

$$\frac{f(v)-f(u)}{v-u}=\frac{v^n-u^n}{v-u}=\sum_{k=0}^{n-1}u^kv^{n-1-k}.\tag{2-17}$$

当$0\leqslant u<v$时，有

$$g(u)=nu^{n-1}<\frac{f(v)-f(u)}{v-u}=\sum_{k=0}^{n-1}u^kv^{n-1-k}<nv^{n-1}=g(v),\tag{2-18}$$

故$g(x)=nx^{n-1}$在$[0,+\infty)$上是$f(x)=x^n$的乙函数；

当$u<v\leqslant 0$，而n为偶数时，和号下每项均为负，仍有(2-18)式成立；n为奇数时，和号下每项均为正，有

$$g(v)=nv^{n-1}<\frac{f(v)-f(u)}{v-u}=\sum_{k=0}^{n-1}u^kv^{n-1-k}<nu^{n-1}=g(u),\tag{2-19}$$

故$g(x)=nx^{n-1}$在$(-\infty,0]$上也是$f(x)=x^n$的乙函数. 根据乙函数的区间可分性，可知结论成立.

上面得到的结论，对于负整数n也成立.

【例 2.8】 对任意负整数n，求$f(x)=x^n$在$(-\infty,0)$和$(0,+\infty)$上的乙函数.

解 记$m=-n$，对于$u<v$，先计算出差商的一般表达式

$$\begin{aligned}\frac{f(v)-f(u)}{v-u}&=\frac{\frac{1}{v^m}-\frac{1}{u^m}}{v-u}=\frac{v^m-u^m}{v-u}\cdot\frac{-1}{u^mv^m}\\&=\frac{-1}{u^mv^m}\sum_{k=0}^{m-1}u^kv^{m-1-k}=-\sum_{k=0}^{m-1}\frac{1}{u^{m-k}v^{1+k}}.\end{aligned}\tag{2-20}$$

当 $u \cdot v > 0$ 时容易检验

$$-\sum_{k=0}^{m-1} \frac{1}{u^{m-k}v^{1+k}} \text{在} \frac{-m}{u^{m+1}} \text{和} \frac{-m}{v^{m+1}} \text{之间,} \tag{2-21}$$

故 $g(x) = -mx^{-(m+1)} = nx^{n-1}$ 在 $(-\infty, 0)$ 上和 $(0, +\infty)$ 上都是 $f(x) = x^n$ 的乙函数.

【例 2.9】 在 $(-\infty, +\infty)$ 上求 $f(x) = \sin x$ 的乙函数.

解 注意，当 $0 < x < \frac{\pi}{2}$ 时，有 $\sin x < x < \tan x$，从而 $\cos x < \frac{\sin x}{x} < 1$；于是对任意整数 k，$\left[k\pi - \frac{\pi}{2}, k\pi + \frac{\pi}{2}\right]$ 上的任意两点 $u < v$，有

$$\frac{\sin v - \sin u}{v - u} = \frac{\sin \frac{v-u}{2} \cdot \cos \frac{v+u}{2}}{\frac{v-u}{2}} = \lambda \cos \frac{v+u}{2}. \tag{2-22}$$

此处 λ 在两正数 $\cos \frac{v-u}{2}$ 和 1 之间，从而可知 $\frac{\sin v - \sin u}{v - u}$ 在 $\cos \frac{v+u}{2}$ 和 $\cos \frac{v-u}{2} \cdot \cos \frac{v+u}{2}$ 之间. 又因

$$\cos \frac{v-u}{2} \cdot \cos \frac{v+u}{2} = \frac{\cos u + \cos v}{2}, \tag{2-23}$$

这表明，在 $\left[k\pi - \frac{\pi}{2}, k\pi + \frac{\pi}{2}\right]$ 上 $\cos x$ 是 $\sin x$ 的乙函数，从而在 $(-\infty, +\infty)$ 上 $\cos x$ 也是 $\sin x$ 的乙函数.

顺便得知，$\cos\left(x + \frac{\pi}{2}\right)$ 是 $\sin\left(x + \frac{\pi}{2}\right)$ 的乙函数，即 $-\sin x$ 是 $\cos x$ 的乙函数.

关于 $\cos x$ 是 $\sin x$ 的乙函数这一事实，可以用几何图形直观地表示. 如图 2-4，在单位圆 O 上取点 A，B，C，使得 $\angle BOA = u$ 和 $\angle COA = v$，$\overset{\frown}{BC}$ 表示弧长，注意到，$\overset{\frown}{BC} = v - u < \tan(v - u) = CH$，则有

$$\frac{\sin v - \sin u}{v - u} = \frac{CF}{\overset{\frown}{BC}} < \frac{CF}{BC} = \cos \angle BCF = \cos \frac{u+v}{2},$$

$$\frac{\sin v - \sin u}{v - u} = \frac{CF}{\overset{\frown}{BC}} > \frac{CF}{CH} > \frac{CF}{CG} = \cos\angle GCF = \cos v,$$

这表明 $\cos x$ 是 $\sin x$ 的乙函数.

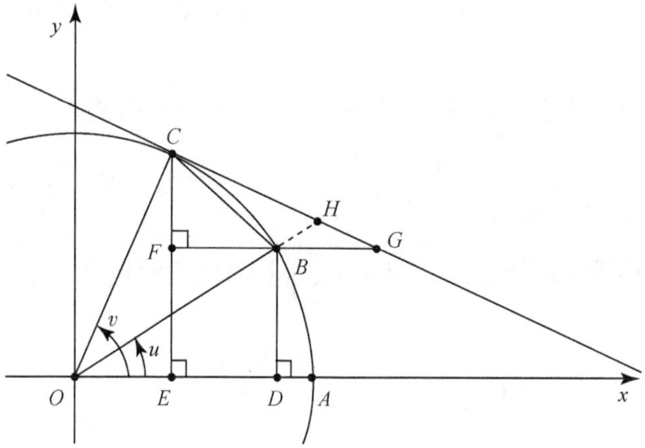

图 2-4 $\cos x$ 是 $\sin x$ 的乙函数

【例 2.10】 探索：$g(x)=3x^2+2ax+b$ 是不是 $f(x)=x^3+ax^2+bx+c$ 的乙函数呢？

解 如果对 $f(x)$ 分项求乙函数，再加起来确实得到 $g(x)$. 但是现在还没有证明分项计算乙函数的法则，所以只能直接计算．先求出 $f(x)$ 在 $[u, v]$ 上的差商，记作

$$D=\frac{f(v)-f(u)}{v-u}=v^2+uv+u^2+a(u+v)+b, \tag{2-24}$$

考虑它和 $g(u)$ 以及 $g(v)$ 之差：

$$D-g(u)=v^2-u^2+uv-u^2+a(v-u)=(v-u)(v+2u+a), \tag{2-25}$$

$$g(v)-D=v^2-u^2+v^2-uv+a(v-u)=(v-u)(2v+u+a), \tag{2-26}$$

因为 $(v-u)$ 总是正数，故当 $3u+a\geqslant 0$ 时，上面两式都为正，即 $g(u)<D<g(v)$，说明在 $\left[-\frac{a}{3}, +\infty\right)$ 上 $g(x)$ 是 $f(x)$ 的乙函数；当 $3v+a\leqslant 0$ 时，两者都为负，即 $g(v)<D<g(u)$，说明在 $\left(-\infty, -\frac{a}{3}\right]$ 上 $g(x)$ 也是

$f(x)$的乙函数．这肯定了在$(-\infty, +\infty)$上$g(x)$是$f(x)$的乙函数．

有了这个结论，三次函数的增减性和最大值、最小值问题完全解决了．

把数列看成函数，也可以有乙函数，仅举一例备忘．

【例 2.11】 设 n 为正整数，$a(n)=2n-1$，$S(n)=n^2+3$，则$a(n)$是$S(n)$的乙函数．

证明 对于两个正整数 $k<m$，计算 $S(n)$ 的差商得

$$\frac{S(m)-S(k)}{m-k}=\frac{m^2-k^2+3-3}{m-k}=m+k, \tag{2-27}$$

显然有 $2k-1\leqslant m+k\leqslant 2m-1$，故 $a(n)=2n-1$ 是 $S(n)$ 的乙函数．

容易检验，$b(n)=2n$ 也是 $S(n)$ 的乙函数．可见乙函数一般不唯一.

找到一个函数的乙函数，应当想到举一反三，扩大战果．例如，知道了 $g(x)=2x$ 是$f(x)=x^2$的乙函数，能不能断定 $k\cdot g(x)=2kx$ 是 $k\cdot f(x)=kx^2$乙函数？按定义检验，容易得到

定理 2.4（乙函数简单运算性质）

（i）函数 $g(x)=0$是常数函数$f(x)=C$ 的乙函数；

（ii）函数 $g(x)=k$ 是一次函数$f(x)=kx+b$ 的乙函数；

（iii）若函数 $g(x)$是$f(x)$的乙函数，则函数 $kg(x)$是 $kf(x)+c$ 的乙函数；

（iv）若函数 $g(x)$是$f(x)$的乙函数，则函数 $kg(kx+c)$是$f(kx+c)$的乙函数．

证明 （i）和（ii）显然．

（iii）由函数 $g(x)$是$f(x)$的乙函数，存在$[u, v]$上的p 和q，使得

$$g(p)\leqslant\frac{f(v)-f(u)}{v-u}\leqslant g(q). \tag{2-28}$$

这等价于

$$g(p)\leqslant\frac{(kf(v)+c)-(kf(u)+c)}{k(v-u)}\leqslant g(q). \tag{2-29}$$

这表明 $kg(x)$是 $kf(x)+c$ 的乙函数．

(iv) 在(2-28)式中取 $u=kx+c$，$v=ky+c$，得到

$$g(p)\leqslant\frac{f(ky+c)-f(kx+c)}{k(y-x)}\leqslant g(q). \tag{2-30}$$

显然在$[x,y]$（或$[y,x]$）中有 r 和 s，使得 $p=kr+c$ 和 $q=ks+c$，这表明 $kg(kx+c)$是$f(kx+c)$的乙函数.

于是，从例 2.4 的结论得知由 $g(x)=3x^2$ 是 $f(x)=x^3$ 的乙函数，也就知道 x^2 是$\frac{x^3}{3}$的乙函数，等等.

2.3 估值不等式的初步应用和发展

上面求出了几个函数的乙函数，每个乙函数都是对甲函数的差商的估值，相应地有一个估值不等式. 下面举例说明估值不等式的简单应用.

【例 2.12】 利用$f(x)=\sqrt{x}$ 的乙函数计算 $\sqrt{10}$ 的近似值.

解 在例 2.5 中，取 $u=9$ 和 $v=10$，代入(2-15)式，可得

$$\frac{1}{2\sqrt{10}}\leqslant\frac{\sqrt{10}-\sqrt{9}}{10-9}\leqslant\frac{1}{2\sqrt{9}}, \tag{2-31}$$

整理得

$$\frac{1}{2\sqrt{10}}-\frac{1}{6}\leqslant\sqrt{10}-3-\frac{1}{6}\leqslant 0. \tag{2-32}$$

可见有 $\sqrt{10}\approx\frac{19}{6}\approx 3.167$，误差不超过

$$\left|\frac{1}{2\sqrt{10}}-\frac{1}{6}\right|=\frac{\sqrt{10}-3}{6\sqrt{10}}=\frac{1}{6\sqrt{10}(3+\sqrt{10})}<\frac{1}{114}\approx 0.009, \tag{2-33}$$

实际上，$3.162<\sqrt{10}<3.163$. 说明估计得相当好.

【例 2.13】 讨论函数$f(x)=x+\sin x$ 的增减性.

解 在区间$\left[k\pi-\frac{\pi}{2},\ k\pi+\frac{\pi}{2}\right]$上计算差商得

$$\frac{f(v)-f(u)}{v-u}=1+\frac{\sin v-\sin u}{v-u}. \tag{2-34}$$

利用例2.9的结果，有$0<\lambda<1$，使得

$$\left|\frac{\sin v-\sin u}{v-u}\right|=\lambda\left|\cos\frac{v+u}{2}\right|<1, \tag{2-35}$$

可知(2-34)式为正，故函数$f(x)$在区间$\left[k\pi-\frac{\pi}{2},\ k\pi+\frac{\pi}{2}\right]$上单调递增，从而在$(-\infty,+\infty)$上单调递增(图2-5).

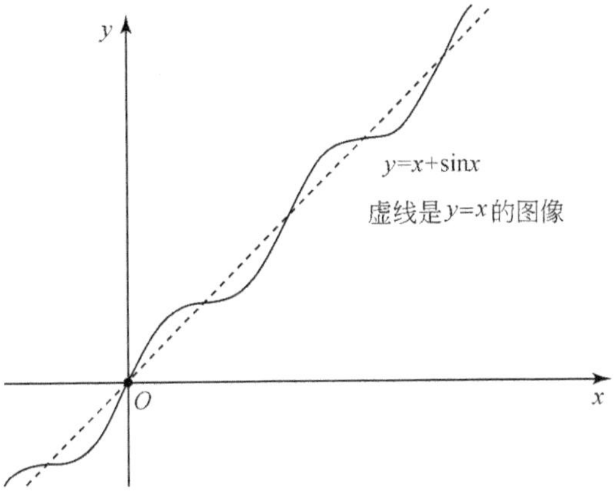

图2-5　函数$f(x)=x+\sin x$是增函数

【例2.14】　求三次函数$f(x)=x^3-3x^2-9x+2$在区间$[-2,5]$上的最大值和最小值.

解　根据例2.10的结论，$g(x)=3x^2-6x-9$是$f(x)=x^3-3x^2-9x+2$的乙函数，任意的$[u,v]$上都存在p和q，使得$g(p)<\frac{f(v)-f(u)}{v-u}<g(q)$，于是根据$g(x)$的符号情形可以确定$f(x)$是递增或递减．对$g(x)$作因式分解得到

$$g(x)=3x^2-6x-9=3(x+1)(x-3),$$

于是可得

当$x\in[-2,-1]$时$g(x)$非负，$f(x)$差商为正，递增；

当$x\in[-1,3]$时$g(x)$非正，$f(x)$差商为负，递减；

当 $x\in[3,5]$ 时 $g(x)$ 非负，$f(x)$ 差商为正，递增.

所以 $f(x)$ 在 $x=-1$ 取到极大值 $f(-1)=7$，在 $x=3$ 取到极小值 $f(3)=-25$. 结合考虑区间两端点 $f(-2)=0$ 和 $f(5)=7$，得到结论：$f(x)$ 在 $[-2,5]$ 上两点 $x=-1$ 和 $x=5$ 取到最大值 7，在 $x=3$ 取到最小值 -25. 如图 2-6，图中纵坐标尺度与横坐标尺度不同.

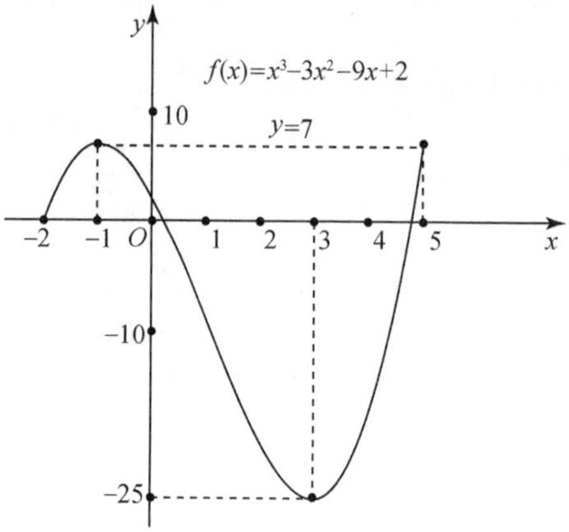

图 2-6　三次函数 $f(x)=x^3-3x^2-9x+2$ 的图像

上述几个例子，说明估值不等式是一个有用的工具. 它提供了用一元表达式 $f(p)$ 和 $f(q)$ 来估计二元表达式 $\dfrac{F(v)-F(u)}{v-u}$ 的方法. 为了更有效地进行估计，应当对 $f(p)$ 和 $f(q)$ 进行考察.

通常只知道 p 和 q 是 $[u,v]$ 上的点，不知道其确切位置. 如果 $f(x)$ 在 $[u,v]$ 上变化剧烈，估计的效果就难以把握.

一个自然的想法是对 $f(x)$ 变化剧烈的程度加以控制.

当 x 变为 $x+h$ 时，$f(x)$ 就变为 $f(x+h)$，变化剧烈的程度可以用 $|f(x+h)-f(x)|$ 的大小来描述. 如果对 $t>0$ 有一个正值单调函数 $\alpha(t)$ 满足

$$|f(x+h)-f(x)|<\alpha(|h|),\tag{2-36}$$

就说 $\alpha(t)$ 是 $f(x)$ 的控变函数. 不等式(2-36)称为 $f(x)$ 的"控变不等式". 下面的定理表明，考虑控变函数有助于更好地对差商估值.

定理 2.5　设在区间 I 上 $g(x)$ 是 $f(x)$ 的乙函数；如果有一个在

$(0, A)$上 h 的非负不减函数 $\alpha(h)$(A 足够大，使得下面的不等式有意义)，使得对于 I 中任意两点 x 和 $x+h$ 总有

$$|g(x+h)-g(x)| \leqslant \alpha(|h|), \tag{2-37}$$

则对 I 中任意两点 $u<v$ 和 $s \in [u, v]$，必有

$$\left|\frac{f(v)-f(u)}{v-u}-g(s)\right| < \alpha(v-u), \tag{2-38}$$

或等价的

$$|f(v)-f(u)-g(s)(v-u)| < (v-u) \cdot \alpha(v-u). \tag{2-39}$$

这个定理的意义是，只要 $g(x)$ 满足条件(2-37)，则 $f(x)$ 在 $[u, v]$上的平均变化率可以取 $g(x)$ 在$[u, v]$上的任一点 s 处的值作为近似值，其误差不超过 $\alpha(v-u)$.

此定理成立的理由极为简单：根据条件(2-37)和 $\alpha(h)$ 的递增性质，$g(x)$ 在$[u, v]$上的任两点的值之差的绝对值不超过 $\alpha(v-u)$. 由乙函数定义，$f(x)$ 在$[u, v]$上的平均变化率是 $g(x)$ 在$[u, v]$上的中间值，它和 $g(x)$ 在$[u,v]$上的任一点处的值的距离自然不会超过 $\alpha(v-u)$.

在数学中，仅仅明白道理还不够，还要能够一板一眼地用数学符号写出来才算数. 有时道理好像很清楚，就是写不出来，这可能是数学表达能力不足，也可能是这道理实际上不通. 把道理用数学语言写出来，是对数学表达能力的培养，也是对头脑中思考过程的检验.

定理 2.5 的证明　记 $D=\dfrac{f(v)-f(u)}{v-u}$；根据题设条件和乙函数的定义，有$[u, v]$上的点 p 和 q，使得 $g(p) \leqslant D \leqslant g(q)$，于是由(2-37)式有

$$-\alpha(|p-s|) \leqslant g(p)-g(s) \leqslant D-g(s) \leqslant g(q)-g(s) \leqslant \alpha(|q-s|). \tag{2-40}$$

由于 p，q，s 都在$[u, v]$上，得 $|p-s| \leqslant v-u$ 和 $|q-s| \leqslant v-u$，由 $\alpha(h)$ 递增得

$$\alpha(|p-s|) \leqslant \alpha(v-u),\ \alpha(|q-s|) \leqslant \alpha(v-u); \tag{2-41}$$

结合(2-40)和(2-41)式得

$$-\alpha(v-u)\leqslant D-g(s)\leqslant\alpha(v-u), \qquad (2\text{-}42)$$

此即要证明的(2-38)式，不等式同乘以正数$(v-u)$得到(2-39)式.

在估值不等式中，仅仅从上下方估计差商的大小，而在(2-38)或(2-39)式中，则给出了差商的近似值和误差的上界，因而称这两种不等式为“误差界不等式”. 在某种意义上它把估值不等式精确化了.

【例 2.15】 求证对任意 $s\in[u, v]$ 有

$$|(\sin v-\sin u)-(v-u)\cos s|\leqslant(v-u)^2.$$

证明 由例 2.9，$\cos x$ 是 $\sin x$ 的乙函数，$-\sin x$ 是 $\cos x$ 的乙函数. 根据估值不等式

$$-\sin p\leqslant\frac{\cos v-\cos u}{v-u}\leqslant-\sin q$$

可推出$|\cos(x+h)-\cos x|\leqslant|h|$,再应用定理 2.5 即得所要的结论.

作为练习，读者可用例 2.15 的结论试求 $\sin 31°$的近似值.

定理 2.5 表明，对乙函数加上“控变不等式”条件，可以推出甲乙函数之间的“误差界不等式”. 反过来，若两个函数之间有“误差界不等式”，是否能推出“控变不等式”或“估值不等式”呢?

定理 2.6 设在区间 I 上 $g(x)$ 和 $f(x)$ 有定义；如果有一个在$(0, A)$上 h 的非负不减函数 $\alpha(h)$(A 足够大，使得下面的不等式有意义)，使得对于 I 中任意两点 u 和 $v=u+h$ 总有

$$|f(v)-f(u)-g(u)h|\leqslant|h|\cdot\alpha(|h|), \qquad (2\text{-}43)$$

则对 I 中任意两点 u 和 $u+h$ 总有

$$|g(u+h)-g(u)|\leqslant 2\alpha(|h|). \qquad (2\text{-}44)$$

证明 将(2-43)式写成

$$-|h|\cdot\alpha(|h|)\leqslant f(v)-f(u)-g(u)h\leqslant|h|\cdot\alpha(|h|), \qquad (2\text{-}45)$$

交换 u 和 v 的位置得

$$-|h|\cdot\alpha(|h|)\leqslant f(u)-f(v)+g(v)h\leqslant|h|\cdot\alpha(|h|), \qquad (2\text{-}46)$$

两式相加，整理即得所要的结论.

2.4　函数的导数和微分

上面引进了控变函数 $\alpha(h)$ 和控变不等式，但仅仅要求控变函数 $\alpha(h)$ 是非负不减函数，这条件显然太宽松，难以起到控制函数变化的作用．下面对 $\alpha(h)$ 再加限制，引进 d 函数的概念．

定义 2.3（d 函数）　对于 $A>0$，称 $(0, A)$ 上 h 的任一个非负不减且无正下界的函数为一个 d 函数，记作 $d(h)$.

不同的 d 函数可以用下标来区别，如 $d_1(h)$ 和 $d_2(h)$ 等．为了方便有时要把 d 函数的定义域拓宽到 $(-A, A)$，则约定 $d(-h)=d(h)$ 且 $d(0)=0$.

例如最简单的情形，函数 h 是 d 函数，$\sqrt{h}$ 也是 d 函数．更一般地，当 $k>0$ 时 h^k 也是 d 函数；两个 d 函数的和、积以及复合函数仍是 d 函数；d 函数乘上任意正数仍是 d 函数．

由于 d 函数在 $(0, A)$ 上无正的下界，故 $d(h)$ 的值可以小于任意正数．这是 d 函数最重要的性质．

定义 2.4（函数的导数）　设函数 $f(x)$ 和 $g(x)$ 在区间 I 上有定义．如果存在一个 d 函数 $d(h)$，使得对 I 中任两点 x 和 $x+h$ 成立不等式

$$|f(x+h)-f(x)-g(x)h| \leqslant |h| d(h), \tag{2-47}$$

或等价的

$$\left|\frac{f(x+h)-f(x)}{h}-g(x)\right| \leqslant d(h), \tag{2-48}$$

则称函数 $y=f(x)$ 在 I 上一致可导；若 $f(x)$ 在 I 的任意闭子区间都是一致可导的，则称其在 I 上连续可导．称 $g(x)$ 是 $f(x)$ 的导数或导函数，记作

$$f'(x)=g(x) \text{或} y'=g(x)\text{，或} \frac{\mathrm{d}y}{\mathrm{d}x}=g(x).$$

从(2-48)式看出，若固定 x，则当 h 趋于0时差商 $\dfrac{f(x+h)-f(x)}{h}$ 趋于导数 $g(x)$，从而可以引进在一点可导的概念．本书将在第14章

介绍在一点可导的严格定义．**第 14 章之前提到的可导，若没有特别说明，均指连续可导．**

这样用误差界不等式给出区间上可导定义的方法，在半个世纪前已被数学家采用．近年来国内外一些教材中也开始采用类似定义．

在(2-47)式中，差分 $f(x+h)-f(x)$ 习惯上用 $\Delta f(x)$ 或 Δy 表示，而 $g(x)h=f'(x)h$ 习惯上叫做"微分"并且用 $\mathrm{d}f(x)$ 表示．于是该不等式就是

$$|\Delta f(x)-\mathrm{d}f(x)|\leqslant|h|d(h),\qquad(2\text{-}49)$$

这表明用微分近似地代替差分时误差不超过 $|h|d(h)$，当 $|h|$ 很小时 $d(h)$ 也很小，因而 $|h|d(h)$ 会比 $|h|$ 小得多．由于 x 自己也可以看成是 x 的函数，而且显然 $(x)'=1$，所以有 $\mathrm{d}x=1\cdot h=h$，因而等式 $\mathrm{d}y=\mathrm{d}f(x)=f'(x)h$ 可以写成 $\mathrm{d}y=f'(x)\mathrm{d}x$，这有助于理解莱布尼茨引进的导数记号 $\frac{\mathrm{d}y}{\mathrm{d}x}=f'(x)$.

不等式(2-47)或(2-49)的几何意义如图 2-7. 差分 $f(x+h)-f(x)$ 就是 A 和 B 两点的纵坐标之差即线段 BC 的长度．$g(x)=f'(x)$ 是曲线在点 A 处的切线的斜率，就是 $\tan\angle DAC$，由于 $AC=h$，故 $DC=AC\cdot\tan\angle DAC=h\cdot f'(x)$ 表示微分．差分与微分的差为 BD，当 h 趋近 0 时 BD 更快地趋于 0.

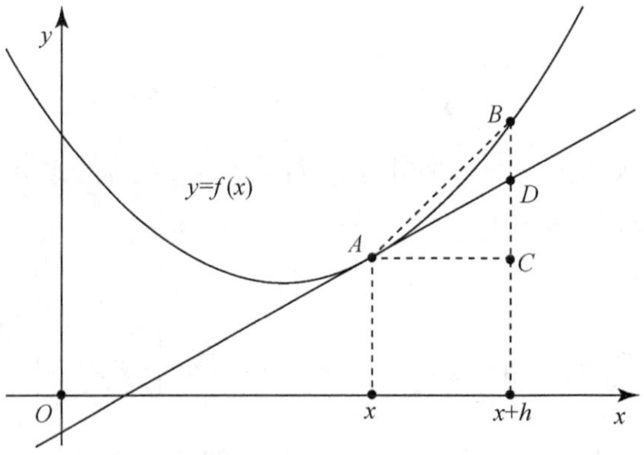

图 2-7　差分和微分的差等于 BD 的长度

在定理 2.5 中取 $\alpha(h)$ 为 d 函数 $d(h)$，结合导数定义可推知，若 $f(x)$ 的乙函数 $g(x)$ 满足 $|g(x+h)-g(x)|\leqslant d(h)$，则它就是 $f(x)$ 的导数.

今后对于满足不等式 $|g(x+h)-g(x)|\leqslant d(h)$ 的函数类 $g(x)$，也给以特别的关注.

定义 2.5(连续函数)　设函数 $g(x)$ 在闭区间 I 有定义. 如果存在 d 函数 $d(h)$，使得对 I 中任两点 x 和 $x+h$ 成立不等式

$$|g(x+h)-g(x)|\leqslant d(h), \tag{2-50}$$

则称函数 $y=g(x)$ 在区间 I 上一致连续.

如果 $g(x)$ 在区间 I 的任意的闭子区间 $[a, b]$ 上一致连续，则称 $g(x)$ 在 I 上连续.

按定义，由 $|\sin(x+h)-\sin x|\leqslant|h|$ 可知 $f(x)=\sin x$ 在 $(-\infty, +\infty)$ 上一致连续；又由 $|\sqrt{x+h}-\sqrt{x}|\leqslant\sqrt{h}$ 可知 $f(x)=\sqrt{x}$ 在区间 $[0, +\infty)$ 上一致连续；但是容易证明函数 $y=\dfrac{1}{x}$ 在 $(0, 1]$ 上不一致连续.

根据定义，闭区间上连续的函数也在此闭区间上一致连续.

函数连续性的意义以及连续函数的性质，放到后面专门讨论.

根据上述定义和定理 2.5，立刻有下面简明的结果：

定理 2.7(连续的乙函数就是导数)　设在区间 I 上 $g(x)$ 是 $f(x)$ 的乙函数；如果 $g(x)$ 在 I 上连续，则 $f(x)$ 在 I 上连续可导且 $f'(x)=g(x)$；如果 $g(x)$ 在闭区间 I 上一致连续，则 $f(x)$ 在 I 上一致可导且 $f'(x)=g(x)$.

反过来，如果 $f(x)$ 在 I 上连续可导且 $f'(x)=g(x)$，$g(x)$ 的性质如何呢？从定理 2.6 立刻推出

定理 2.8(连续可导函数导数连续)　若 $f(x)$ 在区间 I 上连续可导且 $f'(x)=g(x)$，则 $g(x)$ 在区间 I 上连续；若 $f(x)$ 在闭区间 I 上一致可导且 $f'(x)=g(x)$，则 $g(x)$ 在闭区间 I 上一致连续.

进一步问，导数是否一定也是乙函数呢？下面作出了肯定的回答.

定理 2.9(估值定理：导数是乙函数) 设在区间 I 上 $f(x)$ 连续可导且 $f'(x)=g(x)$，则 $g(x)$ 是 $f(x)$ 的乙函数．亦即对于任意的 $[u, v]\subseteq I$，有 $[u, v]$ 上的 p 和 q 满足估值不等式

$$g(p)\leqslant\frac{f(v)-f(u)}{v-u}\leqslant g(q). \tag{2-51}$$

证明 由可导定义和题设条件可知，有 d 函数 $d(h)$ 使对 $[u, v]$ 上任意两点 x 和 $x+h$ 有不等式

$$\left|\frac{f(x+h)-f(x)}{h}-g(x)\right|\leqslant d(h). \tag{2-52}$$

以下分两种情形论证：

第一种情形．如果 $f(x)$ 的差商在 $[u, v]$ 上为常数 c，则对任意 $(u+h)\in[u, v]$ 用(2-52)式得 $|c-g(u)|\leqslant d(h)$．这推出 $g(u)=c$（否则就与 d 函数无正下界不符），取 $p=q=u$ 就能满足估值不等式(2-51)．

第二种情形．若 $f(x)$ 的差商在 $[u, v]$ 上不是常数，必存在 $[r, s]\subset[u, v]$ 和 $D>0$，使得

$$\frac{f(s)-f(r)}{s-r}+D=\frac{f(v)-f(u)}{v-u}; \tag{2-53}$$

因为 $d(h)$ 无正的下界，故有 $w>0$，使得 $d(w)<D$．取正整数 $n>\frac{s-r}{w}$，将 $[r, s]$ 等分为 n 段，则每段长 $h=\frac{s-r}{n}<w$；且 n 段中必有一段 $[p, p+h]$，使得不等式

$$\frac{f(p+h)-f(p)}{h}\leqslant\frac{f(s)-f(r)}{s-r}. \tag{2-54}$$

由(2-52)式和 $d(x)$ 的递增性可知

$$g(p)-\frac{f(p+h)-f(p)}{h}\leqslant d(h)<d(w)<D. \tag{2-55}$$

于是结合(2-53)～(2-55)式得到

$$g(p)<\frac{f(p+h)-f(p)}{h}+D\leqslant\frac{f(s)-f(r)}{s-r}+D=\frac{f(v)-f(u)}{v-u} \tag{2-56}$$

为了证明估值不等式(2-51)的另一半，可设 $G(x)=-f(x)$，由定义易知 $G'(x)=-g(x)$. 应用上面的结果可知有 q 满足 $-g(q)\leqslant\frac{G(v)-G(u)}{v-u}=\frac{-(f(v)-f(u))}{v-u}$，即 $\frac{f(v)-f(u)}{v-u}\leqslant g(q)$. 证毕.

上面这个命题的作用相当于传统微积分的拉格朗日中值定理，是微积分的一个基本工具. 证明思路是：先取 $[u, v]$ 的子区间，把要估计的界降低一些，再把这子区间加细让导数值逼近小区间差商以达到目的.

上面三条定理合起来，得到重要的结论：

$g(x)$ 是 $f(x)$ 的导数 $\Leftrightarrow$ $g(x)$ 是 $f(x)$ 的连续的乙函数.

这样一来，前面所述有关乙函数的性质、乙函数的运算、乙函数的应用，都可以适用于导数.

将定理2.2中的乙函数改为导数，得到

定理 2.10　函数 $f(x)$ 和它的导数 $f'(x)$ 之间有下列关系：

(i) 若 $f'(x)$ 在区间 I 上恒为0，则 $f(x)$ 在 I 上为常数；

(ii) 若 $f'(x)$ 区间 I 上为非0常数，则 $f(x)$ 在 I 上为一次函数；

(iii) 若 $f'(x)$ 在区间 I 上恒正，则 $f(x)$ 在此区间上递增；

(iv) 若 $f'(x)$ 在区间 I 上恒负，则 $f(x)$ 在此区间上递减.

将定理2.4中的乙函数改为导数，得到

定理 2.11(导函数简单运算性质)

(i) 函数 $g(x)=0$ 是常数函数 $f(x)=C$ 的导数；

(ii) 函数 $g(x)=k$ 是一次函数 $f(x)=kx+b$ 的导数；

(iii) 若函数 $g(x)$ 是 $f(x)$ 的导数，则函数 $kg(x)$ 是 $kf(x)+c$ 的导数；

(iv) 若函数 $g(x)$ 是 $f(x)$ 的导数，则函数 $kg(kx+c)$ 是 $f(kx+c)$ 的导数.

上面两个定理也可以直接从导数的定义结合估值定理推出.

在2.2节中还有一系列计算乙函数的具体例子. 只要用控变不等式检验一下这些乙函数的连续性，就可以确定它们就是其甲函数的导数. 不过也可以用导数定义直接计算出这些例子中的甲函数的导数. 这样不仅可以加深对导数概念的认识，而且还能得到新的启发.

【例 2.16】 求函数 $f(x)=x^2$ 的导数，并指出误差界不等式中的 d 函数.

解 计算差商得

$$\frac{f(x+h)-f(x)}{h}=\frac{(x+h)^2-x^2}{h}=2x+h,$$

故有

$$\left|\frac{f(x+h)-f(x)}{h}-2x\right|\leqslant|h|. \tag{2-57}$$

由定义得 $f'(x)=(x^2)'=2x$，且 $d(h)=|h|$.

函数 $y=x^2$ 的微分有很直观的几何意义. 这里差分 $\Delta y=\Delta(x^2)=(x+h)^2-x^2=2xh+h^2$；而微分 $\mathrm{d}y=\mathrm{d}(x^2)=2x\mathrm{d}x=2xh$. 当 h 很小时两者相差很小. 如图 2-8，用 x 表示正方形边长，则正方形面积为 x^2；如果 x 稍增成为 $x+h$，则正方形面积增加的部分，即差分，由两个面积为 xh 的长方形和一个面积为 h^2 的小正方形组成. 微分则舍弃了面积为 h^2 的小正方形.

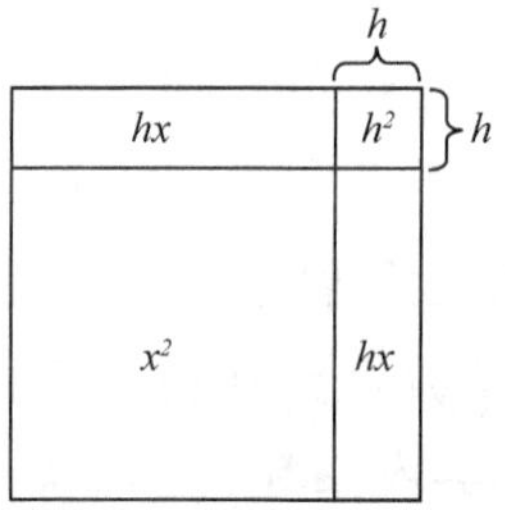

图 2-8 正方形面积的增加部分

【例 2.17】 求函数 $f(x)=x^3$ 的导数，并指出误差界不等式中的 d 函数.

解 函数的差商为 $\dfrac{(x+h)^3-x^3}{h}=3x^2+3xh+h^2$，在区间 $[a,b]$ 上有

$$\left|\frac{f(x+h)-f(x)}{h}-3x^2\right| = |3xh+h^2| = |(3x+h)h| \leqslant 3(|a|+|b|)|h|. \tag{2-58}$$

由定义得 $f'(x)=(x^3)'=3x^2$，且 $d(h)=3(|a|+|b|)|h|$.

类似于上例，$y=x^3$ 可以表示棱长为 x 的立方体的体积．这时差分 $\Delta y=\Delta(x^3)=3x^2h+3xh^2+h^3$，而微分则为 $\mathrm{d}y=\mathrm{d}(x^3)=(x^3)'\mathrm{d}x=3x^2h$，舍弃了其中的两项．从图 2-9 不难看出在计算微分时哪些部分被舍弃了.

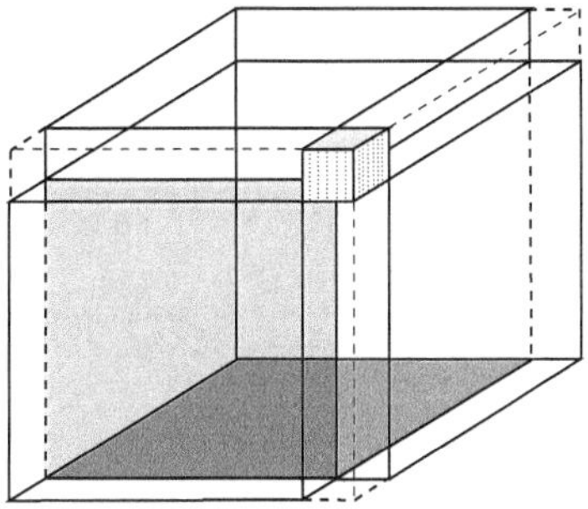

图 2-9　立方体棱长增加时体积的增量

【**例 2.18**】　求 $F(x)=\dfrac{1}{x}$ 在任意不含 0 的闭区间 $[a,\ b]$ 上的导数，并指出误差界不等式中的 d 函数.

解　计算差商得

$$\frac{F(x+h)-F(x)}{h} = -\frac{1}{x(x+h)} = -\frac{1}{x^2}+\frac{h}{x^2(x+h)}; \tag{2-59}$$

移项，并且设 $m=\min\{|a|,\ |b|\}$，则有

$$\left|\frac{F(x+h)-F(x)}{h}-\left(-\frac{1}{x^2}\right)\right| = \left|\frac{h}{x^2(x+h)}\right| \leqslant \frac{|h|}{m^3}. \tag{2-60}$$

由定义得 $F'(x)=\left(\dfrac{1}{x}\right)'=-\dfrac{1}{x^2}$，且 $d(h)=\dfrac{|h|}{m^3}$.

【**例 2.19**】　求证函数 $G(x)=\sqrt{x}$ 在任意不含0的区间 $[a,\ +\infty)$ 的导数为 $\dfrac{1}{2\sqrt{x}}$，并指出误差界不等式中的 d 函数.

解 计算函数的差商和$\frac{1}{2\sqrt{x}}$的差，得到

$$\begin{aligned}\left|\frac{G(x+h)-G(x)}{h}-\frac{1}{2\sqrt{x}}\right| &= \left|\frac{1}{\sqrt{x+h}+\sqrt{x}}-\frac{1}{2\sqrt{x}}\right| \\ &= \left|\frac{\sqrt{x+h}-\sqrt{x}}{2\sqrt{x}(\sqrt{x+h}+\sqrt{x})}\right| \\ &= \left|\frac{h}{2\sqrt{x}(\sqrt{x+h}+\sqrt{x})^2}\right| \\ &\leqslant \left|\frac{h}{8a\sqrt{a}}\right|. \end{aligned} \tag{2-61}$$

由定义得 $G'(x)=(\sqrt{x})'=\frac{1}{2\sqrt{x}}$，而 $d(h)=\frac{|h|}{8a\sqrt{a}}$.

【例 2.20】 求$f(x)=x^n$（n 为正整数）的导数，并指出误差界不等式中的 d 函数.

解 由$f(x+h)-f(x)=(x+h)^n-x^n=nx^{n-1}h+\sum\limits_{k=2}^{n}C_n^k x^{n-k}h^k$，当 $x\in[a,b]$时得

$$\left|\frac{f(x+h)-f(x)}{h}-nx^{n-1}\right|=\left|\sum_{k=2}^{n}C_n^k x^{n-k}h^{k-1}\right|\leqslant 2^n(|a|+|b|)^{n-2}|h|. \tag{2-62}$$

由定义可知$f'(x)=(x^n)'=nx^{n-1}$，且 $d(h)=2^n(|a|+|b|)^{n-2}|h|$.

【例 2.21】 求证$(\sin x)'=\cos x$，并指出误差界不等式中的 d 函数.

证明 由导数定义，我们只要证明

$$|(\sin(x+h)-\sin x)-h\cos x|\leqslant 2h^2 \tag{2-63}$$

就可以了. 上式当$|h|>1.5$ 时显然成立，下面设$|h|<\frac{\pi}{2}$，应用三角函数的和差化积公式和三角函数不等式$|\sin x|\leqslant|x|$与$|\sin x-x|\leqslant|x|^3$，可得

$$\begin{aligned}
&|(\sin(x+h)-\sin x)-h\cos x|\\
=&\left|2\sin\frac{h}{2}\cdot\cos\left(x+\frac{h}{2}\right)-h\cos x\right|\\
\leqslant&\left|2\left(\sin\frac{h}{2}-\frac{h}{2}\right)\cos\left(x+\frac{h}{2}\right)\right|+\left|h\left(\cos\left(x+\frac{h}{2}\right)-\cos x\right)\right|\\
\leqslant&\left|\frac{h^3}{4}\right|+\left|2h\sin\frac{h}{4}\cdot\sin\left(x+\frac{h}{4}\right)\right|\\
\leqslant&\left|\frac{h^3}{4}\right|+\frac{h^2}{2}\leqslant 2h^2.
\end{aligned}\tag{2-64}$$

这证明了 $\sin x$ 的导数是 $\cos x$，且 $d(h)=2|h|$.

注意上面几个例子中的共同现象，就是所有误差界不等式中的 d 函数都具有简单的 $M|h|$ 的形式，M 是仅仅与所考虑的区间有关的正数．对这个现象，在本章末的补充资料中再作讨论．

上面得到的结论和前面求乙函数所得可谓殊途同归，但在有些例子中，使用定义求导数的计算过程明显不如乙函数法简明．但使用导数概念有时也会带来方便，从下面的定理可见一斑．

定理 2.12（函数和的求导法则）　若 $F(x)$ 和 $G(x)$ 都在 I 上可导，$f(x)$ 和 $g(x)$ 分别是 $F(x)$ 和 $G(x)$ 的导数，则 $F(x)+G(x)$ 在 I 上可导，且其导数为 $f(x)+g(x)$，即

$$(f(x)+g(x))'=f'(x)+g'(x).\tag{2-65}$$

证明　由 $F(x)$ 和 $G(x)$ 都在 I 上可导，$f(x)$ 和 $g(x)$ 分别是 $F(x)$ 和 $G(x)$ 的导数，按定义，对任意 $[a,b]\subseteq I$，存在 d 函数 $d_1(h)$ 和 $d_2(h)$，使得

$$\begin{cases}-d_1(h)\leqslant\dfrac{F(x+h)-F(x)}{h}-f(x)\leqslant d_1(h),\\[2ex]-d_2(h)\leqslant\dfrac{G(x+h)-G(x)}{h}-g(x)\leqslant d_2(h),\end{cases}\tag{2-66}$$

两式相加得到

$$\begin{aligned}-(d_1(h)+d_2(h))\leqslant&\frac{(F(x+h)+G(x+h))-(F(x)+G(x))}{h}\\&-(f(x)+g(x))\leqslant d_1(h)+d_2(h).\end{aligned}$$

由于 d 函数之和仍为 d 函数，这证明了所要的结论.

如果用乙函数的概念来证明上述定理，就没有这样简明自然.

至此，多项式求导问题已经完全解决了.

2.5 第2章小结

本章是本书最重要的部分.

这里引进了微积分中最重要的基本概念，即导数和微分.

作为预备，在 2.1 中先引入了函数的差分和差商. $f(x)$ 从 u 到 v 的差分是 $f(v)-f(u)$，在 u 和 v 处的差商是 $\frac{f(v)-f(u)}{v-u}$.

在函数表达式比较简单时，计算差商就能有效地解决一些判定函数增减性的问题. 要解决更多问题，必须发展新的方法.

差分和差商都是含有两个变元的表达式，有时这表达式还颇为复杂. 例如，很简单的函数 $f(x)=x^5$，其差分不但有两个变元，还是五项之和. 用比较简单的一元函数来对差商进行估值是自然的想法，于是就引进了甲函数和乙函数的概念：

设函数 $F(x)$ 和 $f(x)$ 都在数集 S 上有定义，若对 S 中的任意两点 $u<v$，总存在 $[u,v]\cap S$ 中的 p 和 q，使得不等式

$$f(p)\leqslant \frac{F(v)-F(u)}{v-u}\leqslant f(q) \tag{2-67}$$

成立，则称 $F(x)$ 是 $f(x)$ 在数集 S 上的甲函数，$f(x)$ 是 $F(x)$ 在数集 S 上的乙函数，此不等式称为估值不等式.

当然，甲函数和乙函数的概念还有更直观的物理和几何的背景. 最有说服力的例子是瞬时速度有时比平均速度大，有时比平均速度小.

在 2.2 中求出了几个常见函数的乙函数，这些乙函数其实是它们的甲函数的导数. 计算这些乙函数不用极限概念，比求导数简便.

在 2.3 中用几个例子说明乙函数和估值不等式的用处. 在传统的微积分教程中，要经历长得多的推导过程才能处理这些例子.

想用上述估值不等式更有效地对差商估值，自然要求两端的$f(p)$和$f(q)$之间有一定的联系，即函数$f(x)$变化不要过于剧烈．函数变化剧烈的程度可以用$|f(x+h)-f(x)|$的大小来描述．如果对$t>0$有一个非负不减函数$\alpha(t)$满足

$$|f(x+h)-f(x)|\leqslant\alpha(|h|),\tag{2-68}$$

则$\alpha(|h|)$就把$f(x)$变化剧烈的程度控制住了．故上述不等式可以叫做控变不等式，而$\alpha(t)$叫做控变函数．附加此控变不等式后，由估值不等式可以推出，对任意$s\in[u,u+h]$，都有误差界不等式

$$\left|\frac{F(u+h)-F(u)}{h}-f(s)\right|\leqslant\alpha(|h|).\tag{2-69}$$

取$\alpha(t)$为d函数$d(t)$，即要求它不但非负不减而且无正下界，得到导数的定义不等式，即误差界不等式

$$\left|\frac{F(u+h)-F(u)}{h}-f(u)\right|\leqslant d(h),\tag{2-70}$$

或等价的

$$|F(u+h)-F(u)-f(u)h|\leqslant|h|d(h).\tag{2-71}$$

如果存在一个d函数$d(h)$，使得上述不等式对于区间$[a,b]$上任意两点u和$u+h$成立，则称$F(x)$在$[a,b]$上一致可导且其导数为$f(x)$．如果$F(x)$在I的每个闭子区间上一致可导，则称它在I上连续可导．

上面两个不等式各有自己的意义．前者表明，用导数近似地代替差商，误差不超过$d(h)$；后者表明，用微分代替差分，误差不超过$|h|d(h)$．

利用d函数，还定义了连续函数．如果存在一个d函数$d(h)$，使得不等式$|f(u+h)-f(u)|\leqslant d(h)$对于区间$[a,b]$上任意两点$u$和$u+h$成立，则称$f(x)$在$[a,b]$上一致连续；如果$f(x)$在$I$的每个闭子区间上一致连续，则称它是$I$上的连续函数．

若$F(x)$可导且其导数为$f(x)$，充分必要条件是$f(x)$连续且为$F(x)$的乙函数．这是本章的主要成果．

甲函数和乙函数的概念便于理论分析，导数的定义便于实际计算，两者之间明确了上述充要条件，处理问题时有左右逢源的好处．

一些例子表明，求乙函数比计算导数简便，但是在推导两函数和的求导法则时，用导数的定义更为方便自然.

【乙函数和导数的补充：差商有界的函数与强可导】

定义2.3定义了d函数，利用d函数在定义2.5中给出了区间上一致连续函数的定义．所谓d函数$d(h)$，是$(0, A)$上一个单调不减且没有正的下界的非负函数．什么叫没有正的下界？就是任给的$\varepsilon>0$都不是它的下界．什么叫不是下界？就是存在$\delta\in(0, A)$，使得$d(\delta)<\varepsilon$. 由于$d(h)$单调不减，对一切$|h|\in(0, \delta]$都有$d(|h|)<\varepsilon$. 如此这般一分析，d函数的说法实质上就是柯西－魏尔斯特拉斯的$\varepsilon-\delta$的语言．只不过这里先定义区间上的一致连续函数，先定义区间上的导数，并且引进了甲函数和乙函数，使得推理变得简单了.

采用d函数的说法，尽管比传统的$\varepsilon-\delta$语言简化了推理，但对初学者来说，仍可能感到有些抽象．其实，也可以不引进d函数，把微积分讲得更具体一些.

观察例2.16～例2.21计算几个函数的导数的情形，有一个共同现象，就是所有误差界不等式中的d函数都具有简单的$M|h|$的形式．这不是偶然现象，而是常见的各种函数的普遍性质．如果研究这类函数，就可以不引进d函数，更简单、更方便地引入微积分的基本概念，并在初等数学的框架内建立严谨的微积分，那么，这个方案看来适合在中学里讲微积分.

定义2.6（差商有界的函数） 设函数$f(x)$在数集S上有定义．若存在正数M，使得对S中任意两点$u<v$，总有不等式

$$\left|\frac{f(v)-f(u)}{v-u}\right|\leqslant M, \tag{2-72}$$

或等价的

$$|f(v)-f(u)|\leqslant M|v-u| \tag{2-73}$$

成立，则称$f(x)$在S上差商有界．也说$f(x)$在S上满足利普希茨条件，正数M叫做$f(x)$在S上的利普希茨常数.

从几何上看，差商有界的函数，其曲线上任意两点所确定的割线斜率的绝对值有界，也就是不能太陡.

容易检验，在区间 $[a, b]$ 上差商有界的函数 $f(x)$，在区间 $[a, b]$ 上必有界．事实上，由定义中的(2-73)式得

$$|f(x)| \leqslant |f(a)| + |f(x) - f(a)| \leqslant |f(a)| + M|b-a|. \quad (2\text{-}74)$$

显然，常数和一次函数在任意定义域上差商有界；两个差商有界函数的和、积以及复合函数也是差商有界的，从而多项式函数在任意给定的有限区间上差商有界．如果函数 $F(x)$ 在区间 $[a, c]$ 上和区间 $[c, b]$ 上都是差商有界的，则它在区间 $[a, b]$ 上也是差商有界的．反过来，若函数 $F(x)$ 在区间 $[a, b]$ 上差商有界，则它在 $[a, b]$ 的任意子区间上也是差商有界的．

由估值不等式，若函数 $F(x)$ 的乙函数有界，则 $F(x)$ 差商有界．于是由例 2.9 可知 $\sin x$ 和 $\cos x$ 差商有界．从 2.4 节求出的乙函数还可以给出更多差商有界的例子．差商有界函数非常广泛，在日常生活和工程技术实际问题中遇到的函数，除了个别点外在有定义的闭区间上都是差商有界的．

【例 2.22】 求证函数 $y = x^2$ 在区间 $[a, b]$ 上差商有界．

证明　对 $[a, b]$ 上任意两点 $u < v$，总有

$$|f(v) - f(u)| = |v^2 - u^2| = |v+u||v-u| \leqslant 2(|a| + |b|)|v-u|. \quad (2\text{-}75)$$

取 $M = 2(|a| + |b|)$，即知函数 $y = x^2$ 在 $[a, b]$ 上差商有界．

【例 2.23】 求证对于任意 $a > 0$，函数 $y = \sqrt{x}$ 在区间 $[0, a]$ 上不满足利普希茨条件，即不是差商有界的．但它在 $[a, +\infty)$ 上是差商有界的.

证明　先证明函数 $y = \sqrt{x}$ 在区间 $[0, a]$ 上不是差商有界的．事实上，对于任意给定的正数 M，当 $u = 0$ 和 $v \leqslant \dfrac{a}{1 + a + aM^2}$ 时，总有

$$\frac{\sqrt{v} - \sqrt{u}}{v - u} = \frac{1}{\sqrt{v}} \geqslant \sqrt{M^2 + 1 + \frac{1}{a}} > M, \quad (2\text{-}76)$$

可见函数 $y = \sqrt{x}$ 在区间 $[0, a]$ 上不是差商有界的(图 2-10)．

另外，对 $[a, +\infty)$ 上任意两点 $u < v$，有

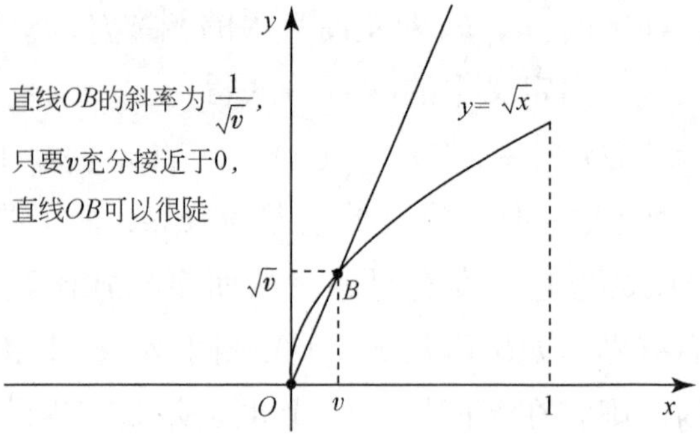

图 2-10 函数 $y=\sqrt{x}$ 在区间[0, 1]上不是差商有界的

$$\left|\frac{\sqrt{v}-\sqrt{u}}{v-u}\right|=\frac{1}{\sqrt{u}+\sqrt{v}}<\frac{1}{2\sqrt{a}}, \tag{2-77}$$

这表明 $y=\sqrt{x}$ 在区间 $[a,+\infty)$ 上差商有界，即满足利普希茨条件．

对于差商有界的函数类，上面的许多事实的表述都可以简化．例如，定理2.5可以表述为

定理2.5* 设在区间 I 上 $g(x)$ 是 $f(x)$ 的乙函数；如果 $g(x)$ 在 I 上差商有界，则存在数 M，使得对 I 中任意两点 $u<v$ 和 $s\in[u,v]$ 有

$$\left|\frac{f(v)-f(u)}{v-u}-g(s)\right|<M|v-u|, \tag{2-78}$$

或等价的

$$|f(v)-f(u)-g(s)(v-u)|<M(v-u)^2. \tag{2-79}$$

这个定理的意义是，只要 $g(x)$ 差商有界，则 $f(x)$ 在 $[u,v]$ 上的平均变化率可以取 $g(x)$ 在 $[u,v]$ 上的任一点 s 处的值作为近似值，其误差不超过 $M|v-u|$．

这样，定理的表述简单了，意义更具体了．

定理2.5*的证明 记 $D=\frac{f(v)-f(u)}{v-u}$；根据乙函数的定义，存在 $[u,v]$ 上的点 p 和 q，使得 $g(p)\leqslant D\leqslant g(q)$，同减 $g(s)$ 后再用差商有界的定义得

$$-M|p-s|\leqslant g(p)-g(s)\leqslant D-g(s)\leqslant g(q)-g(s)\leqslant M|q-s|. \tag{2-80}$$

由于 p, q, s 都在 $[u, v]$ 上，故得 $|p-s|\leqslant v-u$ 和 $|q-s|\leqslant v-u$，于是

$$M|p-s|\leqslant M(v-u),\ M|q-s|\leqslant M(v-u); \tag{2-81}$$

从而得

$$-M(v-u)\leqslant D-g(s)\leqslant M(v-u). \tag{2-82}$$

此即要证明的(2-78)式，不等式同乘以正数 $(v-u)$ 得到(2-79)式.

类似地，定理 2.6 可以简化为

定理 2.6* 设在区间 I 上 $g(x)$ 和 $f(x)$ 有定义；如果存在数 M，使得对于 I 中任意两点 u 和 $v=u+h$ 总有

$$|f(v)-f(u)-g(u)h|\leqslant Mh^2, \tag{2-83}$$

则 $g(x)$ 在 I 上差商有界. 具体地，对 I 中任意两点 u 和 $u+h$ 总有

$$|g(u+h)-g(u)|\leqslant 2M|h|. \tag{2-84}$$

证明 将(2-83)式写成

$$-Mh^2\leqslant f(v)-f(u)-g(u)h\leqslant Mh^2, \tag{2-85}$$

交换 u 和 v 的位置得

$$-Mh^2\leqslant f(u)-f(v)+g(v)h\leqslant Mh^2, \tag{2-86}$$

两式相加，整理即得所要的结论.

用差商有界这个简单明了的性质代替定义 2.4 中较为高深的连续性，得到简明的强可导的定义.

定义 2.4*（强可导函数的导数） 设函数 $f(x)$ 和 $g(x)$ 在 $[a, b]$ 上有定义. 如果存在数 M，使得对 $[a, b]$ 上任两点 x 和 $x+h$，成立不等式

$$|f(x+h)-f(x)-g(x)h|\leqslant Mh^2, \tag{2-87}$$

或等价的

$$\left|\frac{f(x+h)-f(x)}{h}-g(x)\right|\leqslant M|h|, \tag{2-88}$$

则称函数 $y=f(x)$ 在 $[a, b]$ 上强可导；若 $f(x)$ 在区间 I 的任意闭子区间都是强可导的，则称其在 I 上强可导. 称 $g(x)$ 是 $f(x)$ 的导数或强导数，记作 $f'(x)=g(x)$ 或 $y'=g(x)$，或 $\frac{\mathrm{d}y}{\mathrm{d}x}=g(x)$.

在国外一些大学的微积分教材中，强可导叫做利普希茨可导，强

可导函数的导数叫做利普希茨导数.

回顾一下，例 2.16 到例 2.21 计算的几个函数的导数，无一例外都是利普希茨导数，所以这里不用再举强可导函数的例子了. 事实上，想找一个连续可导但不是强可导的函数是相当不容易的. 在高等数学教材的习题或试卷上出现的函数，99% 以上是强可导的.

类似地，定理 2.7 也变简单了.

定理 2.7*（差商有界的乙函数是强导数） 设在区间 I 上 $g(x)$ 是 $f(x)$ 的乙函数；如果 $g(x)$ 在 I 的任意闭子区间 $[a, b]$ 上差商有界，则 $f(x)$ 在 I 上强可导且 $f'(x)=g(x)$.

显然，定理 2.7* 是定理 2.5* 和定义 2.4* 的直接推论.

反过来，从定理 2.6* 立刻推出

定理 2.8*（强可导函数的导数差商有界） 若 $f(x)$ 在区间 I 上强可导且 $f'(x)=g(x)$，则 $g(x)$ 在区间 I 的任意闭子区间上差商有界.

进一步问，强导数是否一定也是乙函数呢？下面作出了肯定的回答.

定理 2.9*（估值定理：强可导函数的导数是乙函数） 设 $F(x)$ 在 I 上强可导，$F'(x)=f(x)$，则对 I 的任意子区间 $[u, v]$，存在 $[u, v]$ 中的点 p 和 q，使得

$$f(p)\leqslant\frac{F(v)-F(u)}{v-u}\leqslant f(q) \tag{2-89}$$

成立. 也就是说，$f(x)$ 是 $F(x)$ 在 I 上的乙函数.

证明 若对于所有 $x\in[u, v]$，$F(x)$ 的差商

$$\frac{F(x)-F(u)}{x-u}$$

为常数，则结论显然. 如不然，必有 $[r, s]\subset[u, v]$，使得

$$\frac{F(v)-F(u)}{v-u}-\frac{F(s)-F(r)}{s-r}=d>0. \tag{2-90}$$

由强可导定义可知，存在正数 M，使得对一切 $x\in[u, v]$ 和 $x+h\in[u, v]$ 有

$$\left|\frac{F(x+h)-F(x)}{h}-f(x)\right|\leqslant M|h|. \tag{2-91}$$

取正整数 $n>\frac{M(s-r)}{d}$，将 $[r, s]$ 等分为 n 段，记 $h=\frac{s-r}{n}$，则 n 段中必有一段 $[p, p+h]$，使得不等式

$$\frac{F(p+h)-F(p)}{h}\leqslant\frac{F(s)-F(r)}{s-r} \tag{2-92}$$

成立．由(2-91)，(2-90)和(2-92)式，以及 $n>\frac{M(s-r)}{d}$ 即 $Mh<d$，得到

$$f(p)\leqslant\frac{F(p+h)-F(p)}{h}+Mh<\frac{F(s)-F(r)}{s-r}+d=\frac{F(v)-F(u)}{v-u}. \tag{2-93}$$

为了证明结论的另一半，可设 $G(x)=-F(x)$，则 $G'(x)=-f(x)$．对 $G(x)$ 应用上面得到的结论，可知有 $q\in[u, v]$，满足

$$-f(q)\leqslant\frac{G(v)-G(u)}{v-u}=\frac{-(F(v)-F(u))}{v-u},$$

即满足 $\frac{F(v)-F(u)}{v-u}\leqslant f(q)$．定理证毕．

上面三条定理合起来，得到重要的结论：

$g(x)$ 是 $f(x)$ 的强导数 $\Leftrightarrow g(x)$ 是 $f(x)$ 的差商有界的乙函数．

这样一来，前面所述有关乙函数的性质、乙函数的运算、乙函数的应用，都可以适用于强导数．

但仅仅考虑差商有界函数也有不足之处．

从例 2.23 看到，有些常见的函数例如 $y=\sqrt{x}$，不是差商有界的．

由此容易看到，有些函数如 $y=x^{\frac{3}{2}}$（在 $[0, 1]$ 上）尽管连续可导，但不是强可导的，这种差别带来一些不方便．

为了在初等数学范围考虑更广泛的函数类，可以把差商有界的概念稍微放宽．

定义 2.7　若函数 $f(x)$ 在区间 I 上有定义，并且存在正数 M 和 $\alpha\in(0, 1]$，使得对 I 上任意两点 $u<v$，总有不等式

$$|f(v)-f(u)|\leqslant M|v-u|^{\alpha} \tag{2-94}$$

成立，则称 $f(x)$ 在区间 I 上广义差商有界，也即 $f(x)$ 在区间 I 上满足

利普希茨 α 条件，或赫德尔条件.

【例 2.24】 求证函数 $y=\sqrt{x}$ 在区间[0, 1]上广义差商有界.

证明 对区间[0, 1]上任意两点 $u<v$，有

$$|f(v)-f(u)|=|\sqrt{v}-\sqrt{u}|=\frac{|v-u|}{\sqrt{v}+\sqrt{u}}=\frac{\sqrt{|v-u|^2}}{\sqrt{v}+\sqrt{u}}\leqslant|v-u|^{\frac{1}{2}}.$$

这证明了函数 $y=\sqrt{x}$ 在区间[0, 1]上广义差商有界.

容易证明，前面有关差商有界的定理、结论或定义中，把差商有界条件换成比较宽松的广义差商有界条件，命题或者仍然成立，或者有相应的类似表述. 例如，关于强可导或利普希茨可导的定义 2.4* 对应地可以代之以

定义 2.8（赫德尔可导函数的导数） 设函数 $f(x)$ 和 $g(x)$ 在 $[a, b]$ 上有定义. 如果存在正数 M 和 $\alpha\in(0, 1]$，使得对 $[a, b]$ 上任两点 x 和 $x+h$ 成立不等式

$$|f(x+h)-f(x)-g(x)h|\leqslant Mh^{1+\alpha}, \tag{2-95}$$

或等价的

$$\left|\frac{f(x+h)-f(x)}{h}-g(x)\right|\leqslant M|h|^{\alpha}, \tag{2-96}$$

则称函数 $y=f(x)$ 在 $[a, b]$ 上赫德尔可导；若 $f(x)$ 在区间 I 的任意闭子区间都是赫德尔可导的，则称其在 I 上赫德尔可导. 称 $g(x)$ 是 $f(x)$ 的导数或赫德尔导数，记作 $f'(x)=g(x)$ 或 $y'=g(x)$，或 $\frac{\mathrm{d}y}{\mathrm{d}x}=g(x)$.

这样，在编写微积分教材时，可以根据学生的情形和培养目标的要求，确定所考虑的函数类作为微积分学习的基础. 最容易的是差商有界函数类，再广泛一些是广义差商有界函数类，更广泛一些是一致连续函数类. 相应于这三类函数，导数定义可选择强可导、赫德尔可导和连续可导. 不论采取哪个方案，都能使学生真正明白微积分的道理. 在此基础上更深入地学习，就不会“知其然而不知其所以然”了.

第3章
导数应用初步

导数的应用各种教材讲得很多，
这里讲些一般常常不谈的问题.

3.1　关于瞬时速度的思考

前面提到，促成微积分诞生的经典问题之一是变速运动在任意时刻的“瞬时速度”的计算.

知道了运动方程 $S=S(t)$，在任意时间段$[u, v]$上的平均速度 $\overline{V}(u, v)$是容易计算的，它是函数 $S=S(t)$ 在 u 和 v 两点的差商，即

$$\overline{V}(u,v)=\frac{S(v)-S(u)}{v-u}. \tag{3-1}$$

至于瞬时速度，根据物理实验和直观容易相信它是客观存在的，但在数学上还没有定义. 所以“瞬时速度”的计算是双重任务，一是要提出合理的定义，二是要根据定义给出计算的方法.

牛顿把时间段$[u, v]$的一端 u 固定，让另一端 v 趋向于 u，在时间段长度 $v-u$ 趋于0的过程中求$[u, v]$上平均速度的“极限”，把这个极限叫做函数 $S=S(t)$ 的导数，认为这个导数就是物理上的瞬时速度. 这是一种解决问题的思路，是天才的想法. 但做下去产生了如何说清

楚“极限”概念的难题，数学家用了150多年才解决.

本书采用了从最普通的想法，从“平均速度应当是瞬时速度的中间值”出发，引进甲函数和乙函数的概念，建立估值不等式，引出不依赖极限的导数定义，证明导数就是乙函数，认为它就是瞬时速度. 不用极限也获得了同样的结果.

认为瞬时速度是平均速度的极限也好，认为瞬时速度是运动方程的乙函数也好，都是基于我们对物理过程的直观认识. 检验这种认识是否合理，有没有什么独立于我们的定义之外的根据呢？我们所求出的瞬时速度，除了满足甲函数和乙函数的估值不等式及导数定义中的不等式，在物理上还有其他的意义吗？

设 $S=S(t)$ 表示的是质点 A 的运动方程，$S(u)$ 表示时刻 $t=u$ 时 A 的位置. 设想线性函数 $K(t)$ 表示任意另一个匀速运动方程. 那么，什么样的线性函数 $K(t)$ 所表示运动在时刻 $t=u$ 附近最接近 A 的运动情形呢？下面将证明，运动方程 $L(t)=S(u)+S'(u)(t-u)$ 所描述的匀速运动，在时刻 $t=u$ 附近最接近于 $S=S(t)$ 所描述的 A 的运动.

所谓“$L(t)$ 在时刻 $t=u$ 附近最接近于 $S=S(t)$”的准确含义，是指对于任意给定的不同于 $L(t)$ 的匀速运动 $K(t)$，必有一个包含 u 的时间区间 $I=(u-c,\ u+c)$，使得对一切 $t\in(u-c,\ u+c)$ 但 $t\neq u$（$t=u$ 时 $L(u)=S(u)=K(u)$），总有

$$|L(t)-S(t)|<|K(t)-S(t)|. \tag{3-2}$$

显然，只要考虑满足条件 $K(u)=S(u)$ 的匀速运动就可以了. 这时有 $K(t)=S(u)+k(t-u)$，但 $k\neq S'(u)$.

上面的讨论，引出了瞬时速度的独立于导数概念的定义.

定义 3.1（瞬时速度） 设 $S=S(t)$ 是质点 A 的运动方程，若做匀速运动 $L(t)=S(u)+v(t-u)$ 的质点 B 在比任一个做不同匀速运动 $K(t)=S(u)+k(t-u)$ 的质点 C 在时刻 $t=u$ 附近更接近 A，则称 v 为 A 在 $t=u$ 处的瞬时速度.

考虑以 u 为内点并且使得 $S(t)$ 有定义的区间 $[a,\ b]$，根据导数的定义有 d 函数 $d(h)$，使得当 $u+h\in[a,\ b]$ 时有

$$|S(u+h)-S(u)-S'(u)h|\leqslant|h|d(h). \tag{3-3}$$

记 $u+h=t$，则 $S(u)+S'(u)h=S(u)+S'(u)(t-u)=L(t)$，上式成为

$$|S(t)-L(t)|\leqslant|h|d(h). \tag{3-4}$$

另结合(3-4)式有

$$\begin{aligned}|K(t)-S(t)|&=|K(t)-L(t)+L(t)-S(t)|\\&\geqslant|K(t)-L(t)|-|L(t)-S(t)|\\&\geqslant|(k-S'(u))h|-|h|d(h),\end{aligned} \tag{3-5}$$

于是为了证明(3-2)式，只要证明当 $|h|>0$ 很小时有

$$|(k-S'(u))h|-|h|d(h)>|h|d(h),\text{ 即}|k-S'(u)|>2d(h). \tag{3-6}$$

由 $d(h)$ 无正下界的性质和 $|k-S'(u)|>0$，有正数 c，使得 $|k-S'(u)|>2d(c)$，再由 d 函数的单调性，当 $|t-u|<c$ 时 $|k-S'(u)|>2d(t-u)$，即 $t\in(u-c,\ u+c)$ 但 $t\neq u$ 时有(3-2)式成立.

注意，上面的推理当 u 为 $[a,\ b]$ 端点时仍成立.

于是，上面证明了

定理 3.1　若函数 $S=S(t)$ 可导，则运动方程为 $S=S(t)$ 的质点在时刻 $t=u$ 的瞬时速度等于 $S'(u)$.

上面的论证，虽然表面上说的是运动方程，但实际上适合于任意的可导函数．也就是说，事实上证明了下述定理:

定理 3.2(函数的最佳局部线性逼近)　设 $f(x)$ 在 $[a,\ b]$ 上一致可导，$u\in[a,\ b]$，则函数 $y=L(x)=f(u)+f'(u)(x-u)$ 是在 $x=u$ 附近最接近 $f(x)$ 的线性函数.

具体地，对于任意给定的不同于 $L(x)$ 的线性函数 $K(x)$，必有包含 u 的区间 $I=(u-c,\ u+c)$，使得当 $x\in I\cap[a,\ b]$ 但 $x\neq u$ 时有

$$|f(x)-L(x)|<|f(x)-K(x)|. \tag{3-7}$$

线性函数是最简单的函数．使用导数，找到了用最简单的函数逼近任意可导函数的途径，其几何意义如图 3-1.

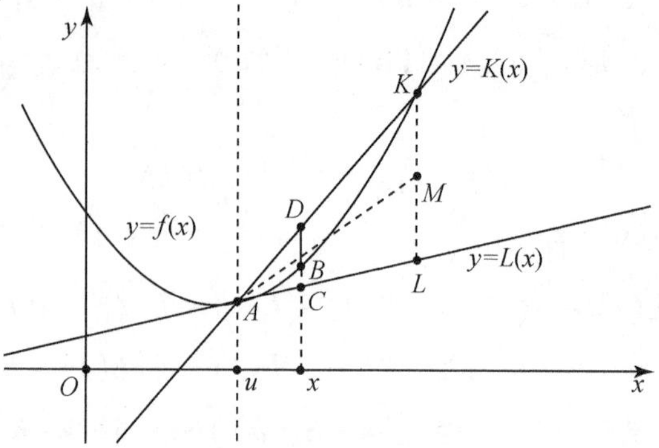

图 3-1 当 $|h|=|x-u|$ 很小时 $L(x)$ 比 $K(x)$ 更接近 $f(x)$

【例 3.1】 一个半径为 R 的圆柱形的水桶装满了水，桶底有一个半径为 r 的小圆孔向外流水．已知桶内水深 h 与时间 t 的函数关系为 $\sqrt{h}=C-kt$，此处 C 和 k 是常数而 $t=0$ 时开始漏水．求水的体积变化的瞬时速度和水流出小孔时的瞬时速度 $v(t)$，并说明常数 C 和 k 的意义．

解 由条件 $\sqrt{h}=C-kt$，水深 $h(t)=(C-kt)^2$，水的体积 $V(t)=\pi R^2(C-kt)^2$，故水的体积变化的瞬时速度为

$$V'(t)=-2k\pi R^2(C-kt). \tag{3-8}$$

想象体积为 V 的水经过半径为 r 的小圆孔时形成的柱形水流之高为 $\frac{V}{\pi r^2}$，故水流出小孔时的瞬时速度为

$$v(t)=\frac{V'(t)}{\pi r^2}=-\frac{2kR^2}{r^2}(C-kt). \tag{3-9}$$

当 $t=0$ 时有 $h(0)=C^2$，即初始水深 H 为 C^2，即 $C=\sqrt{H}$．

设水流完所用总时间为 T，当水流完时有 $C-kT=0$，故 $k=\frac{C}{T}$．

若应用更多的物理知识，可知出口处水的动能是由水深减少所损失的势能转化而来．设 g 为重力加速度，则有

$$\frac{1}{2}mv^2(t)=mgh(t). \tag{3-10}$$

将(3-9)式和 $h(t)=(C-kt)^2$ 代入(3-10)式后，解得

$$k=\frac{r^2\sqrt{2g}}{2R^2}, \tag{3-11}$$

这样常数 k 的意义就完全清楚了.

3.2　曲线的切线

作曲线上的切线，是古老的几何问题，也是促使微积分诞生的数学问题之一.

什么叫做曲线的切线？

在前言中提到，过曲线上一点 P 和另一点 Q 作割线，再让 Q 向 P 靠拢，当 Q 趋向于 P 的时候，割线就趋向于切线，即切线是割线的极限. 莱布尼茨就是沿着这个线索发现了导数，启动了创建微积分的大业.

在第 1 章说到，利用割线斜率在两切线斜率之间的原理，也能够找到作切线的途径. 沿着这个线索发现了乙函数，引向了不用极限的微积分. 与莱布尼茨的思路相比，可谓殊途同归.

把切线看成割线的极限也好，把切线斜率看成乙函数也好，都是基于我们对几何图形的直观认识. 检验这种认识是否合理，有没有什么独立于我们的定义之外的根据呢？

先来看看圆的切线有何特点.

如图 3-2，过圆 O 上一点 A 作切线 AB，再作圆的任一条割线 AP. 作圆弧 $\overparen{AP}$ 的中点 M，则直线 AM 是 $\angle PAB$ 的角平分线. 显然，在切点 A 附近的圆弧和切线 AB 在角平分线同侧，而与割线 AP 分居异侧，这表明，在切点 A “附近”，切线比任一条割线更接近圆弧.

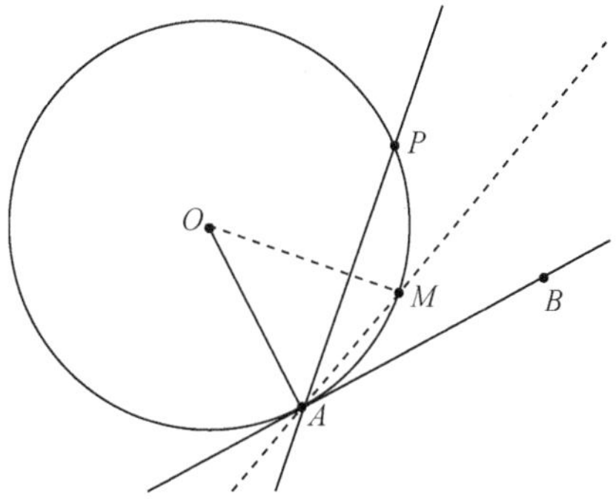

图 3-2　切线在切点附近比割线更接近圆弧

这里所谓"附近"，随着所取的割线不同而不同．当割线更接近切线时，这"附近"就更近一些．但不论如何，只要割线的位置确定了，在切点附近总有一段弧，弧上的点距离切线比割线更近，在这个意义上可以说，在过切点的所有直线中，在切点附近最接近圆弧的是切线．

所以可以说，过曲线上一点 A 的所有直线中，如果有一条在点 A 附近最接近该曲线，就把这条直线叫做该曲线在点 A 的切线．

在可导函数 $y=f(x)$ 的曲线上取一点 $A=(u, f(u))$，则过此点的直线除了平行于 Y 轴的 $x=u$ 外，其方程可以写成 $y=f(u)+k(x-u)$，这里 k 是直线的斜率．

注意，现在讨论的问题和 3.1 有所不同，那里讨论的是对应于相同的横坐标 x，两条直线上的点哪个更接近曲线 $y=f(x)$ 上的点．现在考虑的是曲线 $y=f(x)$ 上的点到哪条直线更近．两个问题是有区别的．例如在图 3-3 中，设 PQ 平行于 Y 轴，AM 和 AF 分别是 ΔAPQ 的中线和分角线，曲线上的点 B 在这两线之间，则沿平行于 Y 轴方向测量时点 B 离 AQ 较近；而按垂直距离测量点 B 离 AP 较近，因此这问题不能简单地引用 3.1 的结果来回答．

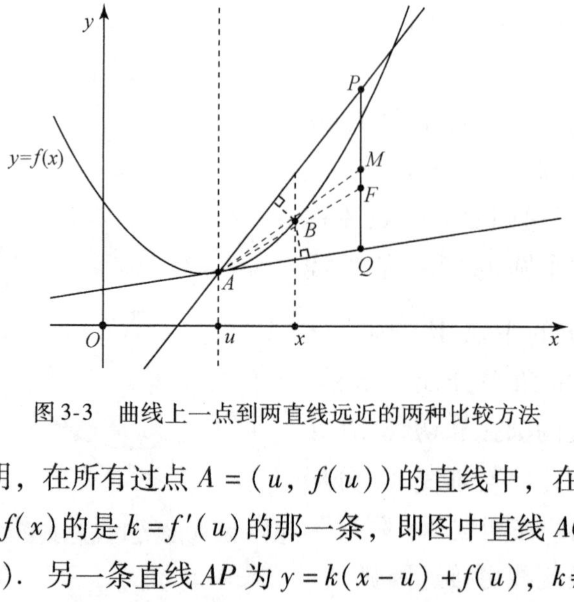

图 3-3　曲线上一点到两直线远近的两种比较方法

下面证明，在所有过点 $A=(u, f(u))$ 的直线中，在点 A 附近最接近曲线 $y=f(x)$ 的是 $k=f'(u)$ 的那一条，即图中直线 AQ：$y=f'(u)(x-u)+f(u)$．另一条直线 AP 为 $y=k(x-u)+f(u)$，$k\neq f'(u)$．

设 $B=(v, f(v))$ 是曲线 $y=f(x)$ 上另一点，如图3-4，分别计算它到 AQ 和 AP 的距离：

$$d(B, AP)=\frac{|kv-f(v)+f(u)-ku|}{\sqrt{1+k^2}}, \tag{3-12}$$

$$d(B, AQ)=\frac{|f'(u)v-f(v)+f(u)-f'(u)u|}{\sqrt{1+f'(u)^2}}. \tag{3-13}$$

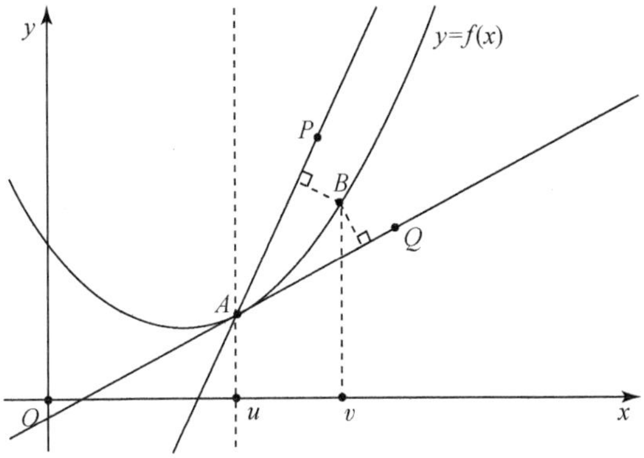

图3-4　曲线上一点到两直线距离的比较

记 $h=v-u$，根据导数的性质存在 d 函数 $d(h)$，使得

$$|f(v)-f(u)-f'(u)h|\leqslant|h|d(h), \tag{3-14}$$

故

$$d(B, AQ)=\frac{|f'(u)v-f(v)+f(u)-f'(u)u|}{\sqrt{1+f'(u)^2}}\leqslant\frac{|h|d(h)}{\sqrt{1+f'(u)^2}}. \tag{3-15}$$

根据(3-12)和(3-14)式，

$$\begin{aligned}d(B, AP)&=\frac{|kv-f(v)+f(u)-ku|}{\sqrt{1+k^2}}\\&=\frac{|(k-f'(u))h-(f(v)-f(u)-f'(u)h)|}{\sqrt{1+k^2}}\\&\geqslant\frac{|(k-f'(u))h|-|h|d(h)}{\sqrt{1+k^2}}.\end{aligned} \tag{3-16}$$

因为 $|k-f'(u)|>0$，故当 $|h|>0$ 足够小时有 $d(B, AP)>d(B, AQ)$.

事实上，为此只要

$$\frac{|(k-f'(u))|-d(h)}{\sqrt{1+k^2}}>\frac{d(h)}{\sqrt{1+f'(u)^2}}, \tag{3-17}$$

即

$$\frac{|(k-f'(u))|}{\sqrt{1+k^2}}>\frac{d(h)}{\sqrt{1+k^2}}+\frac{d(h)}{\sqrt{1+f'(u)^2}}. \tag{3-18}$$

这只需要有一个 $h>0$ 满足

$$d(h)<\frac{|(k-f'(u))|\sqrt{1+f'(u)^2}}{\sqrt{1+k^2}+\sqrt{1+f'(u)^2}} \tag{3-19}$$

就可以了. 由于 d 函数无正下界和单调性，这能够实现.

还剩下一条平行于 Y 轴的直线 $x=u$ 没有和直线 AQ 比较. 显然，点 B 到直线 $x=u$ 的距离等于 $|v-u|=|h|$. 而要使 $d(B,AQ)<|h|$，显然只要 $d(h)<1$ 即可.

上面的讨论，事实上给出了曲线切线的独立定义，并给出了作切线的途径. 即下列的定义和定理.

定义 3.2(曲线的切线定义) 设 A 是曲线 Γ 上的一点，在所有过点 A 的直线中，在 A 的附近最接近曲线 Γ 者叫做 Γ 在 A 处的切线.

定理 3.3(导数是切线斜率) 若函数 $y=f(x)$ 在包含 $x=u$ 的区间上可导，则曲线 $y=f(x)$ 在点 $A=(u, f(u))$ 有切线，切线方程为

$$y=f'(u)(x-u)+f(u).$$

【例 3.2】 写出过点 $A(-3, 1)$ 而与曲线 $xy=1$ 相切的直线的方程.

解 将曲线方程 $xy=1$ 写成函数形式 $y=f(x)=\frac{1}{x}$. 设所求直线与曲线相切于点 $B(u, f(u))$，则直线斜率为 $f'(u)$. 根据直线 AB 斜率意义可得

$$1-f(u)=f'(u)(-3-u). \tag{3-20}$$

将 $f(u)=\frac{1}{u}$ 和 $f'(u)=-\frac{1}{u^2}$ 代入上式得到关于 u 的方程

$$1-\frac{1}{u}=-\frac{1}{u^2}(-3-u). \tag{3-21}$$

整理后得二次方程 $u^2-2u-3=0$，解得 $u=3$ 或 $u=-1$，即切点可能是 $\left(3,\frac{1}{3}\right)$ 或 $(-1,-1)$；所以满足要求条件的切线有两条，用两点式直线方程写出整理后分别为 $x+y+2=0$ 和 $x+9y-6=0$，如图 3-5.

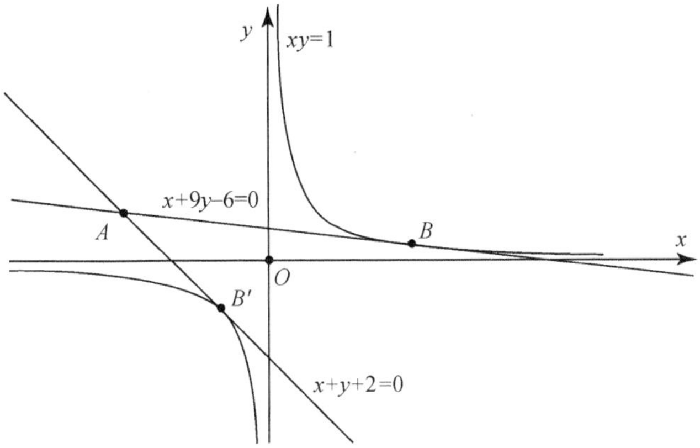

图 3-5　过一点作双曲线的切线

3.3　函数的稳定点和极值点

判断函数的增减性和求函数的最大值、最小值，也是促使微积分诞生的一类重要问题．这类问题大量出现于科学技术和现实生活之中．在 1.4 中初步应用估值不等式讨论过这类问题并计算了一个例子，在 2.3 中利用甲函数、乙函数的关系进一步讨论了两个例题．现在，引进了导数，理清了乙函数和导数的关系，可以对这类问题给出更系统的解决方案和操作步骤．

定义 3.3（内点）　设 S 是数集．如果开区间 $\Delta\subseteq S$，则称 Δ 中的点为 S 的内点．

显然，开区间中所有点都是自己的内点；闭区间 $[a,b]$ 的所有内点组成开区间 (a,b).

定义 3.4(函数的极值和极值点) 设函数 $f(x)$ 在 S 上有定义，u 是 S 的内点．如果存在一个包含 u 的开区间 $\Delta\subseteq S$，使得 $f(u)$ 是 $f(x)$ 在 Δ 上的最大(小)值，则称 $f(u)$ 是 $f(x)$ 在 S 上的一个极大(小)值，而 u 是 $f(x)$ 在 S 上的极大(小)值点．

极大值和极小值统称极值，极大值点和极小值点统称极值点．

显然，函数在区间内取到的最值也是极值，要求最大和最小，只要把极大值和极小值都找出来，和区间端点的函数值比较即可．

为此要更细致地研究函数的导数和它的性质间的关联．

定理 2.10 说明了函数的导数在区间上的正负和函数本身的增减之间的联系．现在进一步问，导数在一个点的正负和函数本身的增减之间有何关联?

由定理 2.8，区间上可导函数的导数是连续函数，这里就从连续函数的一个基本性质切入．

定理 3.4(连续函数的保号性) 若函数 $g(x)$ 在区间 I 连续，则对任意 $u\in I$ 和包含 $g(u)$ 的开区间 (α,β)，必存在一个包含 u 的开区间 Δ，使得对一切 $x\in\Delta\cap I$，都有 $g(x)\in(\alpha,\beta)$.

证明 由连续函数的定义，存在包含 u 的闭区间 $[a,b]\subseteq I$ 和一个 d 函数 $d(h)$，使得对任意 $x\in[a,b]$ 有

$$|g(x)-g(u)|\leqslant d(x-u). \tag{3-22}$$

设 $m=\min\{g(u)-\alpha,\beta-g(u)\}$，则 $m>0$. 若要 $g(x)\in(\alpha,\beta)$，只需有 $|g(x)-g(u)|<m$ 即可；由 d 函数定义可知存在正数 z，使得对一切 $|h|<z$ 有 $d(h)<m$，于是令 $\Delta=(u-z,u+z)$，则对一切 $x\in\Delta\cap I$，由(3-22)式都有

$$|g(x)-g(u)|\leqslant d(x-u)<d(z)<m. \tag{3-23}$$

证毕．

这样的证明其实不必细看，只要领会它的意思：$g(x)$ 的连续性体现在不等式(3-22)，这个不等式无非是说当 x 和 u 很近时 $g(x)$ 就和 $g(u)$ 很近，于是当 $g(u)$ 进入区间 (α,β) 时，$g(x)$ 也就跟着进来了，这好比“一人得道，鸡犬飞升”，中了头彩亲戚邻居都沾点光．

如果取$(\alpha,\ \beta)$的特例$(0,\ +\infty)$或$(-\infty,\ 0)$，结论就成为：若$g(u)>0$(或<0)，必存在一个包含u的开区间Δ，使得对一切$x\in\Delta\cap I$，都有$g(x)>0$(或<0). 直白说，$g(u)$的正负号能够代表附近$g(x)$的正负号.

由连续函数的保号性得到下面定理：

定理3.5　设$f(x)$在区间I上可导. 若对$u\in I$有$f'(u)>0$，则存在包含u的开区间Δ，使得$f(x)$在Δ上递增；若对$u\in I$有$f'(u)<0$，则存在包含u的开区间Δ，使得$f(x)$在Δ上递减.

通常把任一个包含u的开区间Δ叫做u的一个邻域. 这样，上述定理就可以简单地表述为

设$f(x)$在区间I上可导. 若对$u\in I$有$f'(u)>0$，则$f(x)$在u的某邻域递增；若对$u\in I$有$f'(u)<0$，则$f(x)$在u的某邻域递减.

这样一来，在区间I上可导的函数、极大值或极小值点的导数就不能为正也不能为负了.

定理3.6　设$f(x)$在区间I上可导，若$f(x)$在I的内点u取到极大值或极小值，则必有$f'(u)=0$.

根据定理3.6，要找极大值、极小值点，只要考虑方程$f'(x)=0$的解，即函数的导数的零点就可以了.

现在看1.4中考虑的函数$f(x)=x^3-x$在$[-1,\ 1]$上的增减性和最值问题. 只要求出导数$f'(x)=3x^2-1$的零点$x_1=-\frac{1}{\sqrt{3}}$和$x_2=\frac{1}{\sqrt{3}}$，自左到右算出$f(-1)=0$，$f\left(-\frac{1}{\sqrt{3}}\right)=\frac{2\sqrt{3}}{9}$，$f\left(\frac{1}{\sqrt{3}}\right)=-\frac{2\sqrt{3}}{9}$和$f(1)=0$，就可以看出最大值和最小值以及在三个区间$\left[-1,\ -\frac{1}{\sqrt{3}}\right]$，$\left[-\frac{1}{\sqrt{3}},\ \frac{1}{\sqrt{3}}\right]$，$\left[\frac{1}{\sqrt{3}},\ 1\right]$上分别为递增、递减、递增了. 这比1.4中的处理方法要简单.

再看例2.14，求三次函数$f(x)=x^3-3x^2-9x+2$在区间$[-2,\ 5]$

上的最大值和最小值问题．求出 $f'(x)=3x^2-6x-9=3(x+1)(x-3)$ 的两个零点 $x=-1$ 和 $x=3$，依次求出 $f(-2)=0$，$f(-1)=7$，$f(3)=-25$，$f(5)=7$，立刻知道最大值为 $f(-1)=f(5)=7$，最小值为 $f(3)=-25$；且函数在三个区间 $[-2,-1]$，$[-1,3]$，$[3,5]$ 上分别为递增、递减、递增．

上面两个例子中，导数 $f'(x)$ 的零点都是 $f(x)$ 函数的极值点．这是不是一般规律呢？在例 2.13 中证明了函数 $f(x)=x+\sin x$ 在 $(-\infty,+\infty)$ 上单调递增，不可能有极值点．但 $f'(x)=1+\cos x$ 显然有无穷多个零点 $x_k=(2k+1)\pi$，可见导数的零点不一定是极值点．

定义 3.5　函数 $f(x)$ 的导数 $f'(x)$ 的零点叫做 $f(x)$ 的驻点．

导数为 0，切线水平．如果用曲线表示起伏的山路，曲线切线的斜率绝对值的大小就描述了路的陡峭的程度．驻点处切线的斜率为 0，是比较平坦的地方，便于驻扎下来略事休息．但平坦处不一定是山顶，也可能在山半坡，如图 3-6.

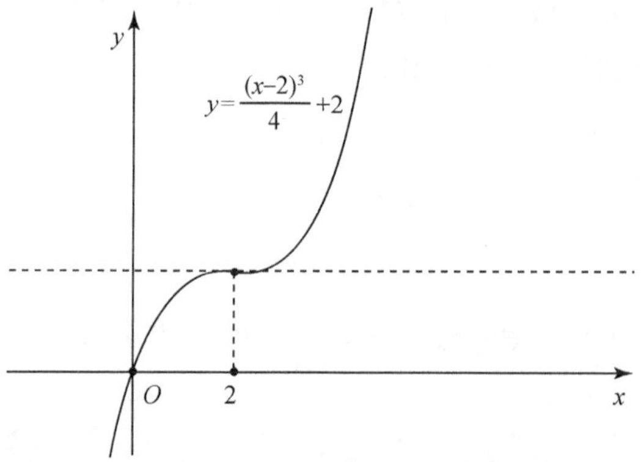

图 3-6　驻点可能不是极值点

显然，若驻点两侧的导数符号相同，则函数在驻点某邻域递增或递减．一般说来有

定理 3.7　设函数 $f(x)$ 在 $[a,b]$ 上一致可导，则 $f(x)$ 在 $[a,b]$ 上单调递增的充分必要条件是 $f'(x)\geqslant 0$ 且 $f'(x)$ 的零点之集不包含长度非零的区间．

证明　充分性：由$f'(x)\geqslant 0$，对任意$[u, v]\subseteq[a, b]$，用估值不等式可推出$f(u)\leqslant f(v)$，即$f(x)$在$[a, b]$上单调不减；但若$f(u)=f(v)$即推出$f(x)$在$[u, v]$上为常数，从而$f'(x)$在$[u, v]$上为0，这与条件矛盾．充分性得证．

必要性：若不满足条件$f'(x)\geqslant 0$，即有$u\in[a, b]$，使得$f'(u)<0$，从而$f(x)$在$[a, b]$的某长度非零的子区间上递减；若$f'(x)$的零点之集包含长度非零的区间，则$f(x)$在此区间为常数．必要性得证．

现在把确定函数的单调区间和寻求其最大值、最小值的操作步骤做一个简单的小结：

如果函数$f(x)$在$[a, b]$上一致可导，而且在$[a, b]$内部只有有限个驻点，则这些驻点把$[a, b]$分成有限段，使得$f(x)$在每段上单调．所以只要求出每段两端的函数值，比较两端的函数值大小就可以确定$f(x)$在这段上的增减性．而比较所有这些驻点和$[a, b]$两端点的函数值，就可以确定$f(x)$在$[a, b]$上的最大值、最小值和最大值、最小值点，因此，求函数在闭区间$[a, b]$上最大值与最小值的一般步骤如下：

（1）解方程$f'(x)=0$，求出函数所有驻点；

（2）求出函数在所有驻点及在端点的诸函数值；

（3）比较诸函数值的大小，最大者就是$f(x)$在$[a, b]$上的最大值，最小者就是$f(x)$在$[a, b]$上的最小值．

导数的应用很多，在各种书上有丰富的例子，但多涉及极限概念．这里以及后面第5章略举数例，主要说明不借助于极限解决实际问题的方法．

第4章 初等函数微分法

知道了导数就知道了微分，
微分法就是计算导数的方法.

4.1 计算导数的法则

前面已经计算了一些函数的导数，也就是乙函数. 此外，还导出了一些计算导数的运算法则:

(1) $C'=0$;

(2) $(kx+c)'=k$;

(3) $(kf(x)+c)'=kf'(x)$;

(4) $(f(kx+c))'=kf'(kx+c)$; (4-1)

(5) $(f(x)+g(x))'=f'(x)+g'(x)$.

在微积分中常常要进行不等式的推导. 有些符号记法会使推导显得更简便. 这里介绍一种常用的大 O 表示法和小 o 表示法.

定义 4.1(大 O 表示法和小 o 表示法) 设 W 是关于一些变量的确定的表达式，若存在一个 d 函数 $d(h)$，使得不等式 $|W|\leqslant d(h)$ 成立，则称 $W=\mathrm{o}(1)$；若存在一个正数 M，使得不等式 $|W|\leqslant M$ 成立，则称 $W=\mathrm{O}(1)$.

例如，$y=x^2$ 在$[a, b]$上有界，可以写成 $x^2=\mathrm{O}(1)$；

当 x 和 $x+h$ 都在$[a, b]$上时有$|(x+h)^3-x^3-3x^2h|\leqslant Mh^2$，可以写成$(x+h)^3-x^3-3x^2h=\mathrm{o}(1)h$. 这里把 Mh 看成一个 d 函数了．

容易证明关于大 O 和小 o 的基本运算法则：

(i) $\mathrm{O}(1)+\mathrm{O}(1)=\mathrm{O}(1)$；

(ii) $\mathrm{o}(1)+\mathrm{o}(1)=\mathrm{o}(1)$；

(iii) $\mathrm{O}(1)+\mathrm{o}(1)=\mathrm{O}(1)$；

(iv) $\mathrm{O}(1)\cdot\mathrm{o}(1)=\mathrm{o}(1)$；　　(4-2)

(v) $\mathrm{O}(1)\cdot\mathrm{O}(1)=\mathrm{O}(1)$；

(vi) $\mathrm{o}(1)\cdot\mathrm{o}(1)=\mathrm{o}(1)$.

注意，这种表示法的推导是不可逆的．例如，不能从 $2xh=\mathrm{o}(1)$ 和 $3xh=\mathrm{o}(1)$ 推出 $2xh=3xh$．

下面以函数和的求导法则为例说明如何用这种记法进行推导．

设函数 $F(x)$ 和 $G(x)$ 都在 I 上一致可导，则按定义有

$$\frac{F(u+h)-F(u)}{h}-F'(u)=\mathrm{o}(1),$$
$$\frac{G(u+h)-G(u)}{h}-G'(u)=\mathrm{o}(1). \tag{4-3}$$

两式相加，记 $H(x)=F(x)+G(x)$，则有

$$\frac{H(u+h)-H(u)}{h}-(F'(u)+G'(u))=\mathrm{o}(1)+\mathrm{o}(1)=\mathrm{o}(1), \tag{4-4}$$

这表明 $H(x)$ 在 I 上一致可导，且 $H'(x)=F'(x)+G'(x)$. 这比定理 2.12 证明中的推导显得简明，而且揭示出事情的实质．

下面用这种记法推导两函数乘积的求导法则．

(6) 函数乘积的求导法则　设函数 $F(x)$ 和 $G(x)$ 都在 I 上一致可导，则 $F(x)\cdot G(x)$ 在 I 上一致可导，且

$$(F(x)G(x))'=F'(x)\cdot G(x)+G'(x)\cdot F(x). \tag{4-5}$$

证明　按定义有

$$F(u+h)=F(u)+F'(u)h+\mathrm{o}(1)h,$$
$$G(u+h)=G(u)+G'(u)h+\mathrm{o}(1)h. \tag{4-6}$$

两式相乘：

$$\begin{aligned}&F(u+h)G(u+h)\\&=F(u)G(u)+F(u)G'(u)h+F'(u)G(u)h+F'(u)G'(u)h^2+o(1)h\\&=F(u)G(u)+(F(u)G'(u)+F'(u)G(u))h+o(1)h.\end{aligned}\tag{4-7}$$

即得

$$\begin{aligned}F(u+h)G(u+h)=F(u)G(u)+(F(u)G'(u)\\+F'(u)G(u))h+o(1)h.\end{aligned}\tag{4-8}$$

这证明了所要的结论.

有了函数乘积的求导公式，便可以从 $x'=1$ 出发推出 $(x^2)'=2x$，$(x^3)'=3x^2$，以至 $(x^n)'=nx^{n-1}$.

（7）复合函数求导的链式法则　设函数 $F(x)$ 在 I 上一致可导，当 $x\in I$ 时有 $F(x)\in J$，而 $G(x)$ 在 J 上一致可导，则复合函数 $G(F(x))$ 在 I 上一致可导，且

$$(G(F(x)))'=G'(F(x))F'(x).\tag{4-9}$$

注意求导数记号的两种形式：$(G(F(x)))'$ 表示函数 $G(F(x))$ 对 x 求导，而 $G'(F(x))$ 表示 $G(u)$ 对 u 求导后再令 $u=F(x)$ 代入.

为进行链式法则推导，记 $F(x)=y$，$F(x+h)-F(x)=H$，则 $H=F'(x)h+o(1)h=O(1)h$，于是有

$$\begin{aligned}G(F(x+h))-G(F(x))&=G(y+H)-G(y)=G'(y)H+o(1)H\\&=G'(y)(F'(x)h+o(1)h)+o(1)h\\&=G'(F(x))F'(x)h+o(1)h.\end{aligned}\tag{4-10}$$

（8）函数商的求导法则

$$\begin{aligned}\left(\frac{G(x)}{F(x)}\right)'&=G'(x)\cdot\frac{1}{F(x)}+G(x)\cdot\left(\frac{1}{F(x)}\right)'\\&=\frac{G'(x)F(x)-G(x)F'(x)}{(F(x))^2}.\end{aligned}\tag{4-11}$$

推导是简单的．由 $\left(\frac{1}{x}\right)'=-\frac{1}{x^2}$ 和链式法则推出 $\left(\frac{1}{F(x)}\right)'=-\frac{F'(x)}{(F(x))^2}$，再应用函数乘积求导法则得到(4-11)式.

(9) 反函数的求导法则

$$g'(x)=\frac{1}{f'(g(x))}.\tag{4-12}$$

若 $g(x)$ 和 $f(x)$ 互为反函数，则当 $f(x)$ 有意义时有 $g(f(x))=x$，当 $g(x)$ 有意义时有 $f(g(x))=x$. 有关反函数的一切性质皆源于此.

对等式 $f(g(x))=x$ 两端求导数，由链式法则得到 $f'(g(x))g'(x)=1$，可见，$f(x)$ 的反函数 $g(x)$ 若可导，求导公式必为 $g'(x)=\dfrac{1}{f'(g(x))}$.

利用甲函数、乙函数间的估值不等式 $f'(p)\leqslant\dfrac{f(v)-f(u)}{v-u}\leqslant f'(q)$，也可以推导反函数的求导法则. 只要取 $v=g(x+h)$，$u=g(x)$，则存在 r 和 s，使得 $p=g(r)$，$q=g(s)$，代入上式得

$$f'(g(r))\leqslant\frac{h}{g(x+h)-g(x)}\leqslant f'(g(s)),$$

这说明 $\dfrac{1}{f'(g(x))}$ 是 $g(x)$ 的乙函数.

上述法则可以简化整理成为基本的六条，用微分记号表达出来就是:

(i) $\mathrm{d}C=0$;

(ii) $\mathrm{d}kf=k\mathrm{d}f$;

(iii) $\mathrm{d}(f+g)=\mathrm{d}f+\mathrm{d}g$;

(iv) $\mathrm{d}(f\cdot g)=g\mathrm{d}f+f\mathrm{d}g$;　　(4-13)

(v) $\mathrm{d}\left(\dfrac{g}{f}\right)=\dfrac{f\mathrm{d}g-g\mathrm{d}f}{f^2}$;

(vi) $\mathrm{d}F(u)=F'(u)\mathrm{d}u\quad(u=g(x))$.

其实这六条中的(ii)和(iv)也可由乘积求导法则和链式法则推出. 只是这两条经常用到，独立列出更加方便.

到现在，只要再找出指数函数和对数函数的求导公式，初等函数的求导问题就完全解决了. 下面给出这些公式的简便推导方法.

4.2 指数函数和对数函数的导数

定义 4.2(自然对数) 对于 $x>1$，考虑区间$[1, x]$上反比例函数 $y=\frac{1}{x}$曲线下的面积(图 4-1). 记这块面积为 $\ln x$；对于 $0<x<1$，则记区间$[x, 1]$上此曲线下的面积的相反数为 $\ln x$；当 $x=1$ 时，自然地规定 $\ln 1=0$. 这样，就在$(0, +\infty)$上定义了一个函数 $y=\ln x$，$\ln x$ 叫做 x 的自然对数.

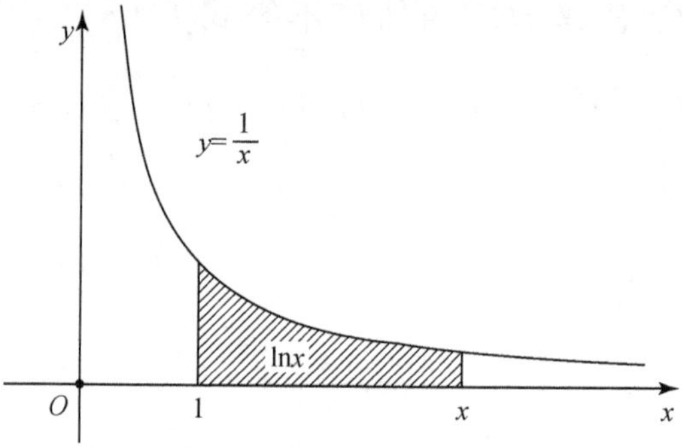

图 4-1 自然对数 lnx 的定义

对于任意的 $0<u<v$，由定义可知 $\ln v-\ln u$ 等于 $y=\frac{1}{x}$曲线下在区间$[u, v]$上的面积(图 4-2)，从而得到不等式

$$\frac{1}{v}<\frac{\ln v-\ln u}{v-u}<\frac{1}{u}. \tag{4-14}$$

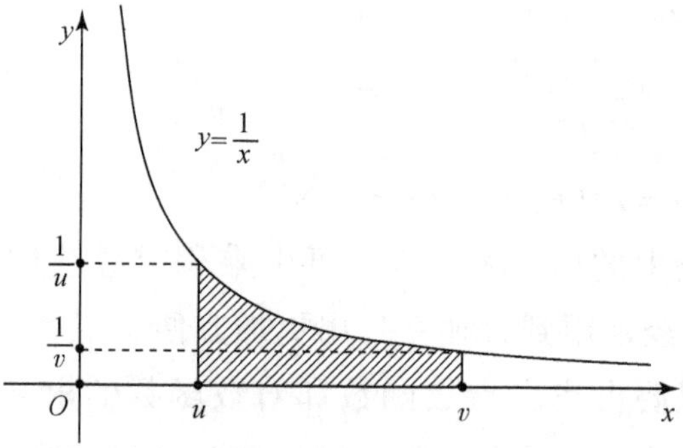

图 4-2 表示 lnv - lnu 的一块面积

这表明 $y=\frac{1}{x}$是函数 $y=\ln x$ 的乙函数. 由于 $y=\frac{1}{x}$在$(0, +\infty)$的任

意子区间$[a,+\infty)$上显然一致连续，故 $y=\ln x$ 在$(0,+\infty)$的任意子区间$[a,+\infty)$上一致可导，且有

$$(\ln x)'=\frac{1}{x}. \tag{4-15}$$

函数 $y=\ln x$ 的图像见图 4-3.

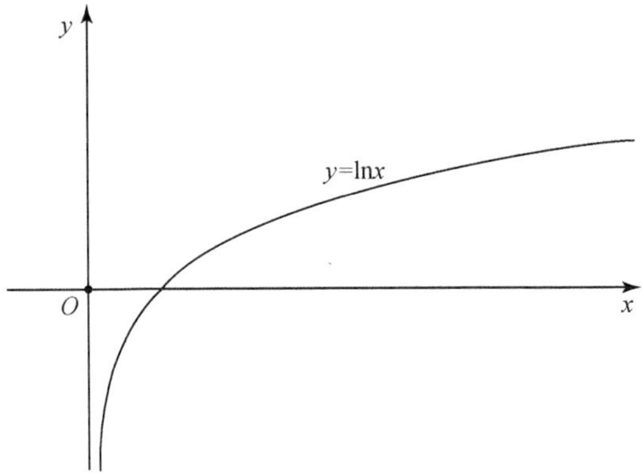

图 4-3　函数 $y=\ln x$ 的图像

定理 4.1(自然对数函数 $y=\ln x$ 的性质)

(i) $y=\ln x$ 在$(0,+\infty)$上有定义，$0<x<1$ 时为负，$x>1$ 时为正，$\ln 1=0$；

(ii) 由$(\ln x)'=\frac{1}{x}>0$，$y=\ln x$ 在$(0,+\infty)$上单调递增；

(iii) 乘变加法则：对任意正数 A 和 B，有

$$\ln(AB)=\ln A+\ln B; \tag{4-16}$$

(iv) 应用乘变加法则得到

$$\ln\frac{B}{A}=\ln B-\ln A,\quad \ln A^{\frac{n}{m}}=\frac{n\ln A}{m}; \tag{4-17}$$

(v) 由 $\ln 2^n=n\ln 2>0$ 和 $\ln 2^{-n}=-n\ln 2<0$，可知 $\ln x$ 无上界也无下界.

证明　只要证明(iii)即可.

在估值不等式$\frac{1}{v}<\frac{\ln v-\ln u}{v-u}<\frac{1}{u}$中取 $v=a\cdot y$ 和 $u=a\cdot x$，得到

$$\frac{1}{ay}<\frac{\ln ay-\ln ax}{a(y-x)}<\frac{1}{ax},$$

即

$$\frac{1}{y}<\frac{\ln ay-\ln ax}{y-x}<\frac{1}{x}, \tag{4-18}$$

这表明$\frac{1}{x}$也是 $\ln ax$ 的乙函数，因此有$(\ln ax-\ln x)'=\frac{1}{x}-\frac{1}{x}=0$，可见 $\ln ax-\ln x$ 是常数，即 $\ln ax-\ln x=C$. 取 $x=1$ 得 $C=\ln a$，即 $\ln ax-\ln x=\ln a$，故 $\ln ax=\ln x+\ln a$.

因为 x 和 a 都是任意正数，所要之结论得证.

上述证明中也可直接用链式法则得到$(\ln ax)'=\frac{a}{ax}=\frac{1}{x}$.

下面指出，$\ln x$ 的反函数是指数函数.

由于当 $u\neq v$ 时 $\ln u\neq\ln v$，故 $y=\ln x$ 有唯一的反函数，记作 $\exp x$.

定理 4.2(指数函数 $\exp x$ 的性质)

(i) 函数 $\exp x$ 定义域为$(-\infty,+\infty)$，对一切 x 有 $\exp x>0$；

(ii) 函数 $\exp x$ 单调递增；

(iii) 对任意两数 A 和 B，有

$$\exp(A+B)=\exp A\cdot\exp B; \tag{4-19}$$

(iv) $\exp n=(\exp 1)^n$，$\exp\frac{1}{n}=(\exp 1)^{\frac{1}{n}}$，$\exp\frac{n}{m}=(\exp 1)^{\frac{n}{m}}$.

$$\tag{4-20}$$

证明 (i)由 $y=\ln x$ 定义域为$(0,+\infty)$可知，对一切 x 有 $\exp x>0$；由 $y=\ln x$ 无上下界可知 $\exp x$ 定义域无上下界(严格证明用到连续函数介值定理，见第 11 章)；

(ii) 由 $y=\ln x$ 的单调递增性推出；

(iii) 根据 $\ln(AB)=\ln A+\ln B$ 和反函数关系 $\ln(\exp x)=x$ 及 $\exp(\ln x)=x$ 可得

$$\begin{aligned}\exp(A+B)&=\exp(\ln(\exp A)+\ln(\exp B))\\&=\exp(\ln(\exp A\cdot\exp B))=\exp A\cdot\exp B;\end{aligned}$$

(iv) 可由(iii)推出.

可见 $\exp x$ 就是以 $\exp 1$ 为底的指数函数，而 $\ln x$ 是以 $\exp 1$ 为底的对数函数. 以后记 $\exp 1=\mathrm{e}$，则 $\exp x=\mathrm{e}^x$.

由于 $\ln e=\ln(\exp 1)=1$，可见在曲线 $y=\frac{1}{x}$ 下区间 $[1,\ e]$ 上的面积为 1，这就是自然对数的底之几何意义．据此作简单计算，即可知 $2<e<4$．

可以证明 e 是无理数，近似于 2.718281828459．

在估值不等式 $\frac{1}{v}<\frac{\ln v-\ln u}{v-u}<\frac{1}{u}$ 中取 $u=e^x$ 和 $v=e^y$，得到

$$\frac{1}{e^y}<\frac{\ln e^y-\ln e^x}{e^y-e^x}<\frac{1}{e^x},$$

即

$$e^x<\frac{e^y-e^x}{y-x}<e^y, \tag{4-21}$$

这表明函数 $y=e^x$ 的乙函数就是它自己，

即

$$(e^x)'=e^x. \tag{4-22}$$

这是微积分中最美的结果之一．

【例 4.1】 计算 $y=a^x$ 的导数$(a>0)$．

解 由 $a^x=e^{x\ln a}$，用链式法则得

$$(a^x)'=(e^{x\ln a})'=e^{x\ln a}\cdot(x\ln a)'=a^x\cdot\ln a. \tag{4-23}$$

【例 4.2】 计算 $\log_a x$ 的导数$(a>0)$．

解 将 $a^{\log_a x}=x$ 两端取自然对数得 $\log_a x\cdot\ln a=\ln x$，求导数得

$$(\log_a x)'=\frac{1}{x\ln a}. \tag{4-24}$$

【例 4.3】 利用恒等式 $x^\alpha=e^{\alpha\ln x}$ 计算 x^α 的导数$(x>0)$．

解

$$(x^\alpha)'=(e^{\alpha\ln x})'=e^{\alpha\ln x}(\alpha\ln x)'=x^\alpha\cdot\frac{\alpha}{x}=\alpha x^{\alpha-1}. \tag{4-25}$$

4.3　第 4 章小结

本章所要得到的是传统微分学的内容．这里的处理方法，例如反函数求导法则以及自然对数和指数函数的求导问题，比常见书中简明严谨．

从已得到的一些函数求导公式出发，使用求导法则，可以得到下

面基本的初等函数求导公式．具体推导方法无新意，从略．

基本初等函数求导公式：

（1）常数 $C'=0$.

（2）幂函数 $(x^n)'=nx^{n-1}$ （n 非零整数，$n>0$ 时 $x\in(-\infty,+\infty)$，$n<0$ 时 $x\neq 0$）；

$$(x^\alpha)'=\alpha x^{\alpha-1} \quad (\alpha \text{ 非零实数}, x>0).$$

（3）对数函数 $(\ln x)'=\dfrac{1}{x}$ （$x>0$）；

$$(\log_a x)'=\frac{1}{x\ln a} \quad (x>0, a>0 \text{ 且 } a\neq 1).$$

（4）指数函数 $(\mathrm{e}^x)'=\mathrm{e}^x$；

$$(a^x)'=a^x\ln a \ (a>0 \text{ 且 } a\neq 1).$$

（5）三角函数 $(\sin x)'=\cos x$；

$$(\cos x)'=-\sin x;$$

$$(\tan x)'=\frac{1}{\cos^2 x} \quad \left(x\neq k\pi+\frac{\pi}{2}, k \text{ 任意整数}\right);$$

$$(\cot x)'=-\frac{1}{\sin^2 x} \quad (x\neq k\pi, \ k \text{ 任意整数}).$$

（6）反三角函数 $(\arcsin x)'=\dfrac{1}{\sqrt{1-x^2}}$ （$|x|<1$）；

$$(\arccos x)'=-\frac{1}{\sqrt{1-x^2}} \quad (|x|<1);$$

$$(\arctan x)'=\frac{1}{1+x^2};$$

$$(\operatorname{arccot} x)'=-\frac{1}{1+x^2}.$$

（7）双曲函数 $\left(\operatorname{sh}x=\dfrac{\mathrm{e}^x-\mathrm{e}^{-x}}{2}, \ \operatorname{ch}x=\dfrac{\mathrm{e}^x+\mathrm{e}^{-x}}{2}\right)$；

$$(\operatorname{sh}x)'=\operatorname{ch}x;$$

$$(\operatorname{ch}x)'=\operatorname{sh}x.$$

既然初等函数都可导，它们在有导数的闭区间上也都是一致连续的．

第 5 章 导数的更多应用

导数的正负刻画了函数的增减，
导数的增减则描述了函数的凸性.

5.1　函数曲线的凸性

用导数的正负可以判断函数的增减，根据增减性可以大体上了解函数图像的模样. 但是，增减性相同的函数，其图像仍然会有很大差异. 图 5-1 中的两条曲线表示的函数都是单增的，但弯曲方向却完全不同. 如何描述曲线弯曲方向呢?

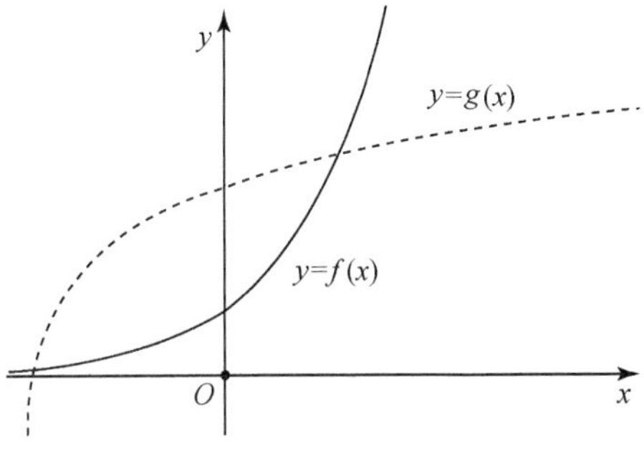

图 5-1　两条曲线的凸凹性不同

直线是不弯曲的. 曲线弯曲方向可以通过与直线比较而区别. 在图 5-1 中的虚线曲线 $y=g(x)$ 上取两点作弦，两点之间的曲线在弦的上方；在实线曲线 $y=f(x)$ 上取两点作弦，两点之间的曲线在弦的下方. 由于过两点 $(u, F(u))$ 和 $(v, F(v))$ 的弦的方程为 $y=F(u)+\frac{x-u}{v-u}\cdot(F(v)-F(u))$，故把直观的描述提炼为数学语言后可得到下面的定义.

定义 5.1 设函数 $F(x)$ 在区间 I 有定义. 若在 I 的任意子区间 (u, v) 上总有

$$F(x)\leqslant F(u)+\frac{x-u}{v-u}(F(v)-F(u)), \tag{5-1}$$

则称函数 $y=F(x)$ 在 I 上是下凸的；如果上述不等式中等号总是取不到，即总有

$$F(x)<F(u)+\frac{x-u}{v-u}(F(v)-F(u)), \tag{5-2}$$

则称函数 $y=F(x)$ 在 I 上是严格下凸的.

反过来，如果将不等式反向，在 I 的任意子区间 (u, v) 上总有

$$F(x)\geqslant F(u)+\frac{x-u}{v-u}(F(v)-F(u)), \tag{5-3}$$

则称函数 $y=F(x)$ 在 I 上是上凸的；如果总有

$$F(x)>F(u)+\frac{x-u}{v-u}(F(v)-F(u)), \tag{5-4}$$

则称函数 $y=F(x)$ 在 I 是严格上凸的.

为直观，相应地就说函数曲线是下凸或上凸等. 图 5-2 是严格下凸函数的定义的说明. 图中直线方程是 $y=F(u)+\frac{x-u}{v-u}(F(v)-F(u))$.

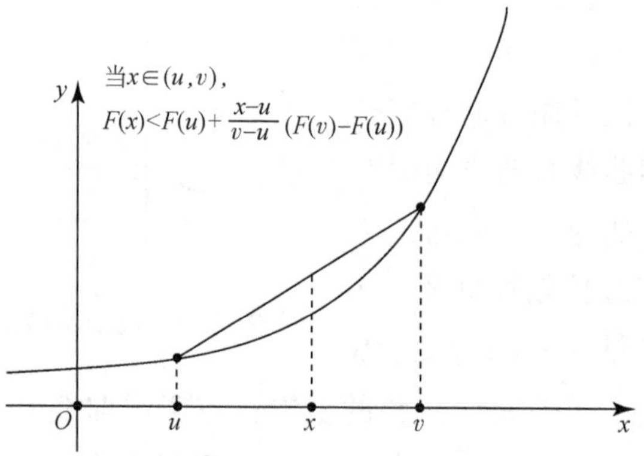

图 5-2 下凸函数图像

关于函数的凸性，国内外各种书和资料中的说法五花八门．例如，有的书上称下凸的函数为“凸函数”；有的则相反，称下凸的函数为“凹函数”而称上凸的函数为“凸函数”．此外，还有“上凹”和“下凹”的说法，及“凸向原点”和“凹向原点”的说法．总之，阅读时要细心关注该资料本身的定义或上下文．本书采用“上凸”和“下凸”的说法，不仅符合直观，也和各种资料均不冲突，没有歧义．

另外，刻画函数凸性的不等式，也有其他的选择．

不少资料上采用的定义类似于下面的表达：

设函数 $F(x)$ 在区间 I 上定义，若对 I 中的任意两点 u 和 v，和任意 $\lambda\in(0,1)$，都有

$$F(\lambda u+(1-\lambda)v)\leqslant\lambda F(u)+(1-\lambda)F(v),\tag{5-5}$$

则称 $F(x)$ 在 I 上是下凸的．

相应地，在不等式中改取符号 $<$、$\geqslant$ 或 $>$，得到严格下凸、上凸和严格上凸的定义．

这里指出，不等式(5-5)和(5-1)是一回事．事实上，只要取点 $x=\lambda u+(1-\lambda)v$，则 $\lambda\in(0,1)$ 等价于 $x\in(u,v)$，且 $\lambda=\dfrac{x-u}{v-u}$；简单的计算表明

$$\lambda F(u)+(1-\lambda)F(v)=F(u)+\frac{(x-u)(F(v)-F(u))}{v-u}.\tag{5-6}$$

也就是说，基于形式(5-5)的定义和这里的定义等价．

还有不少书上采用另一种方式来定义函数的凸性：

若对任意 $u,v\in I$，$u\neq v$，总有

$$F\left(\frac{u+v}{2}\right)\leqslant\frac{F(u)+F(v)}{2},\tag{5-7}$$

则称函数曲线 $y=F(x)$ 在 I 上是下凸的；

若对任意 $u,v\in I$，$u\neq v$，总有

$$F\left(\frac{u+v}{2}\right)\geqslant\frac{F(u)+F(v)}{2},\tag{5-8}$$

则称函数曲线 $y=F(x)$ 在 I 上是上凸的．

不等式(5-5)显然蕴涵(5-7)式，反过来一般不成立．不过若限制于可导函数，能够证明两者等价．

本书采用的定义中的不等式，左端是曲线弧上对应于变量 x 的点的纵坐标，右端是曲线弧的弦上对应于变量 x 的点的纵坐标，直观地表示出弦与弧的上下位置关系，无需更多推导．而另外两种定义，则具有数学的简洁性．

若函数 $F(x)$ 在区间 I 可导，其曲线上每点处就都有切线．作出曲线的切线来观察，可以发现凸凹性和切线也有关系．函数 $y=F(x)$ 在 I 上是下凸的，相当于曲线弧上每一点处的切线都在曲线弧之下，如图5-3. 函数曲线 $y=F(x)$ 在 I 上是上凸的，相当于曲线弧上每一点处的切线都在曲线弧之上．

如果用计算机作出动态几何图形，测量出切线斜率并拖动切点进一步观察，就会发现下凸曲线上每点处的切线斜率随着 x 的增大而增大，如图5-4. 上凸曲线每点处的切线斜率随着 x 的增大而减少．

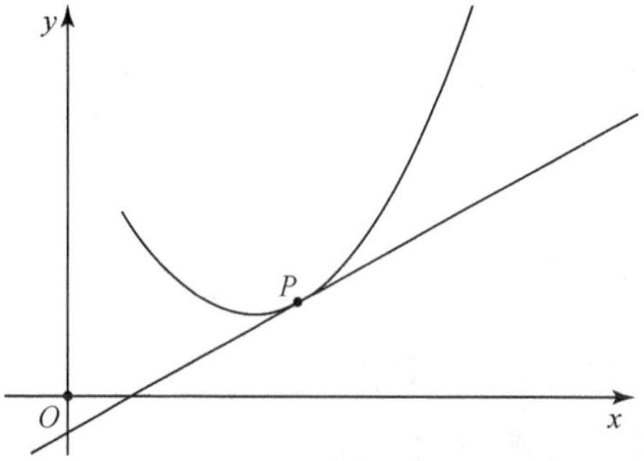

图5-3 下凸函数曲线的切线在下面

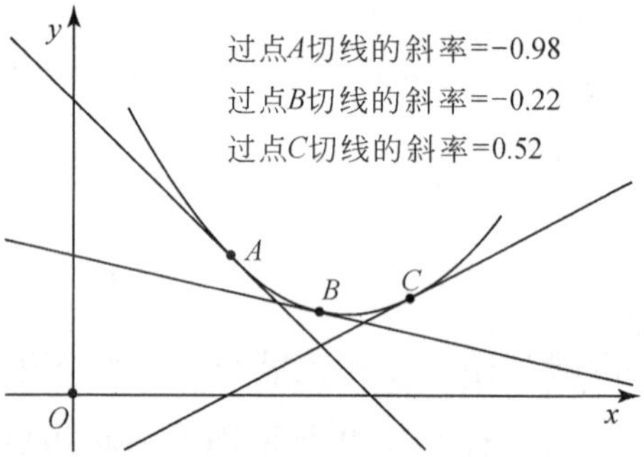

图5-4 下凸函数曲线切线斜率递增

而函数曲线 $y=F(x)$ 的切线斜率就是导数 $F'(x)$，这就提示我们，可用 $F'(x)$ 的单调性来判断函数曲线 $y=F(x)$ 的凹凸性．经严谨论证，可得如下判定函数曲线凹凸性的方法．

定理 5.1 设函数 $y=F(x)$ 在区间 I 可导，则

(i) 若 $F'(x)$ 在 I 上非减，则 $y=F(x)$ 在 I 上是下凸的；

若 $F'(x)$ 在 I 上递增，则 $y=F(x)$ 在 I 上严格下凸；

(ii) 若 $F'(x)$ 在 I 上非增，则 $y=F(x)$ 在 I 上是上凸的；

若 $F'(x)$ 在 I 上递减，则 $y=F(x)$ 在 I 上严格上凸.

证明 对于 I 中任意三点 $u<x<v$，由估值不等式可知：存在 $[u, x]$ 中的 p 和 q，并且存在 $[x, v]$ 中的 r 和 s，使得不等式

$$F'(p) \leqslant \frac{F(x)-F(u)}{x-u} \leqslant F'(q), \tag{5-9}$$

$$F'(r) \leqslant \frac{F(v)-F(x)}{v-x} \leqslant F'(s). \tag{5-10}$$

而且若 $F'(x)$ 在 I 上递减或递增，则 $y=F(x)$ 在 I 的任何子区间不可能是线性函数，从而上面的不等式可以成为严格的，即有

$$F'(p) < \frac{F(x)-F(u)}{x-u} < F'(q), \tag{5-11}$$

$$F'(r) < \frac{F(v)-F(x)}{v-x} < F'(s). \tag{5-12}$$

于是

(i) 若 $F'(x)$ 非减，则由 $q \leqslant x \leqslant r$ 得 $F'(q) \leqslant F'(r)$，由(5-9)和(5-10)式得

$$\frac{F(x)-F(u)}{x-u} \leqslant \frac{F(v)-F(x)}{v-x}, \tag{5-13}$$

这等价于 $(F(x)-F(u))(v-x) \leqslant (F(v)-F(x))(x-u)$，整理得

$$(v-u)F(x) \leqslant (v-u)F(u)+(x-u)(F(v)-F(u)), \tag{5-14}$$

两端除以 $(v-u)$ 即得 $F(x)$ 下凸的定义不等式.

若 $F'(x)$ 递增，用(5-11)和(5-12)式代替(5-9)和(5-10) 式，同理得严格下凸定义不等式.

(ii) 若 $F'(x)$ 非增，则由 $p \leqslant x \leqslant s$ 得 $F'(p) \geqslant F'(s)$，由(5-9)和(5-10)式得

$$\frac{F(x)-F(u)}{x-u} \geqslant \frac{F(v)-F(x)}{v-x}, \tag{5-15}$$

这等价于 $(F(x)-F(u))(v-x) \geqslant (F(v)-F(x))(x-u)$，整理得

$$(v-u)F(x) \geqslant (v-u)F(u)+(x-u)(F(v)-F(u)). \tag{5-16}$$

两端除以 $(v-u)$ 即得 $F(x)$ 上凸的定义不等式.

若 $F'(x)$ 递减，用(5-11)和(5-12)式代替(5-9)和(5-10)式，同理得严格上凸定义不等式.

证毕.

函数 $y=F(x)$ 的导数 $F'(x)$ 如果也可导，则由 $F'(x)$ 的导数的正负可以判断其增减性. 此时称 $F(x)$ 二阶可导，$F'(x)$ 的导数叫做 $F(x)$ 的二阶导数，记作 $F''(x)$. 因而有

定理 5.2 设函数 $y=F(x)$ 在区间 I 上二阶可导，若 $F''(x)>0$，则 $F(x)$ 在区间 I 上严格下凸；若 $F''(x)<0$，则 $F(x)$ 在区间 I 上严格上凸.

【例 5.1】 确定对数函数 $y=\log_a x(a>0, a\neq 1)$ 的凸性.

解 两次求导数得

$$y'=\frac{1}{x\ln a},\ y''=-\frac{1}{x^2\ln a}. \tag{5-17}$$

当 $a>1$ 时，$\ln a>0$，从而 $y''<0$，由定理 5.2 知 $y=\log_a x$ 严格上凸；

当 $0<a<1$ 时，$\ln a<0$，从而 $y''>0$，由定理 5.2 知 $y=\log_a x$ 严格下凸（图 5-5 是 $a=2$，$a=0.2$ 时函数的图像）.

【例 5.2】 讨论函数曲线 $y=x^3$ 的凹凸性.

解 两次计算导数得

$$y'=3x^2,\ y''=6x. \tag{5-18}$$

当 $x\in(-\infty, 0)$ 时，$y''<0$，故函数 $y=x^3$ 在 $(-\infty, 0)$ 严格上凸；

当 $x\in(0, +\infty)$ 时，$y''>0$，故函数 $y=x^3$ 在 $(0, +\infty)$ 严格下凸(图 5-6).

这里，函数曲线 $y=x^3$ 在点(0, 0)左右的凸性发生了变化. 称点(0, 0)为此曲线的拐点. 一般说来有如下定义：

定义 5.2 若函数曲线 $y=F(x)$ 在经过点 $(x_0, F(x_0))$ 时凹凸性改变了，则称点 $(x_0, F(x_0))$ 为该曲线的拐点，也称 x_0 是函数 $y=F(x)$ 的拐点.

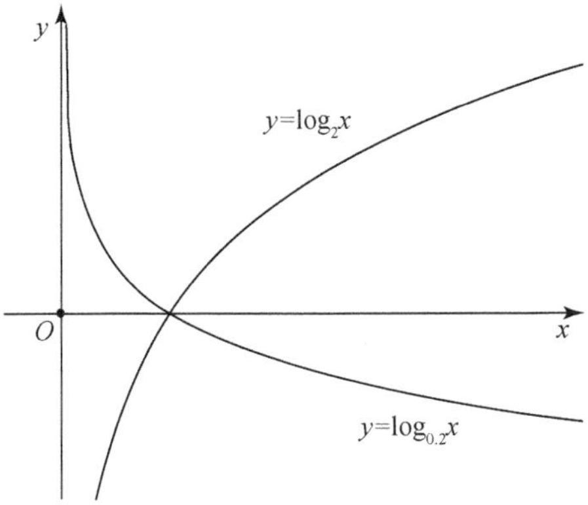

图 5-5　对数函数的凸性

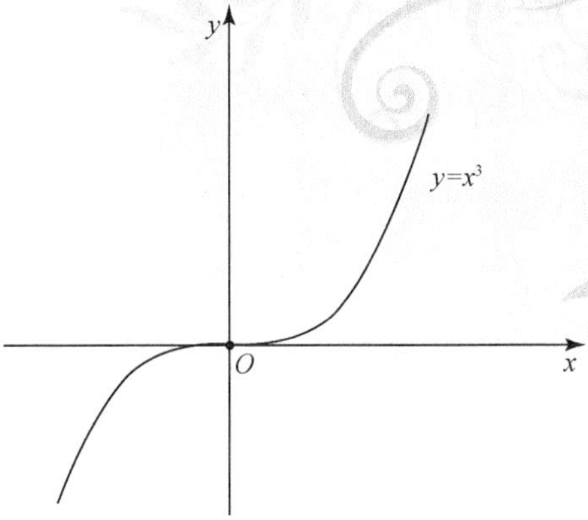

图 5-6　函数曲线的拐点

显然，二阶可导的函数 $y=F(x)$ 对应的曲线凹凸性发生变化的点必然是 $F''(x)$ 的符号发生变化的分界点，即满足 $F''(x)=0$ 的点或二阶导数不存在的点．找出这些点，再看点的两侧 $F''(x)$ 的符号是否相同，即可确定是否为拐点．

【例 5.3】　求函数 $y=\arctan x$ 曲线的拐点．

解　求出

$$y'=(\arctan x)'=\frac{1}{1+x^2},\ y''=-\frac{2x}{(1+x^2)^2},\tag{5-19}$$

使得 $y''=0$ 的点只有 $x=0$.

当 $x<0$ 时，$y''>0$，曲线下凸；当 $x>0$ 时，$y''<0$，曲线上凸．

所以点(0，0)是函数 $y=\arctan x$ 曲线的拐点(图 5-7).

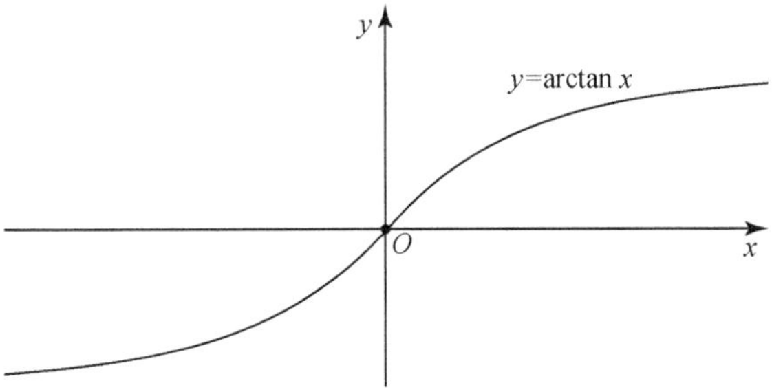

图 5-7　函数 $y=\arctan x$ 曲线的拐点

【例 5.4】　求函数 $y=\sqrt[3]{x}$ 曲线的拐点．

解 求出

$$y' = \frac{1}{3\sqrt[3]{x^2}},\ y'' = -\frac{2}{9x\sqrt[3]{x^2}}. \tag{5-20}$$

这里没有使 $y''=0$ 的点，但 $x=0$ 时，y'' 不存在.

当 $x<0$ 时，$y''>0$，曲线下凸；当 $x>0$ 时，$y''<0$，曲线上凸.

所以点(0，0)是函数 $y=\sqrt[3]{x}$ 曲线的拐点(图 5-8).

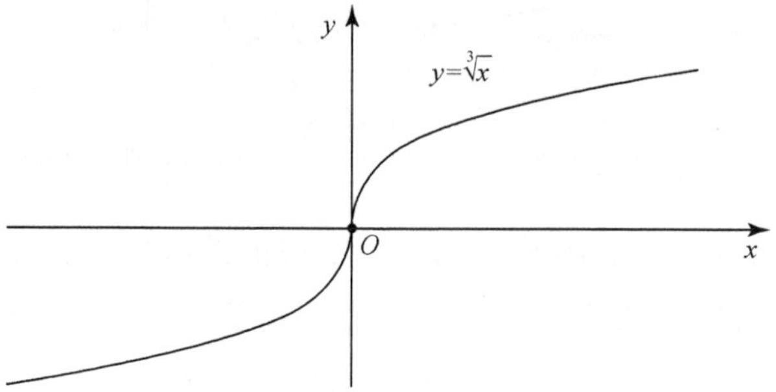

图 5-8 函数 $y=\sqrt[3]{x}$ 曲线的拐点

【例 5.5】 确定函数 $y=f(x)=e^{-\frac{x^2}{2}}$ 的凸性与拐点.

解 求出

$$y' = -xe^{-\frac{x^2}{2}},\ y''=(x^2-1)e^{-\frac{x^2}{2}}. \tag{5-21}$$

使 $y''=0$ 的点为 $x=\pm1$，为方便讨论，列表如下：

x	$(-\infty, -1)$	-1	$(-1, 1)$	1	$(1, +\infty)$
y''	+	0	−	0	+
$f(x)$ 的凸性	下凸	拐点	上凸	拐点	下凸

函数曲线 $y=e^{-\frac{x^2}{2}}$ 的两个拐点分别是$(-1, e^{-\frac{1}{2}})$与$(1, e^{-\frac{1}{2}})$，如图 5-9.

此外，利用函数曲线的凸性还可以证明不等式. 例如，根据指数函数$y=e^x$ 下凸立刻推出当 $x\neq y$ 时，有$\frac{e^x+e^y}{2}>e^{\frac{x+y}{2}}$，等等.

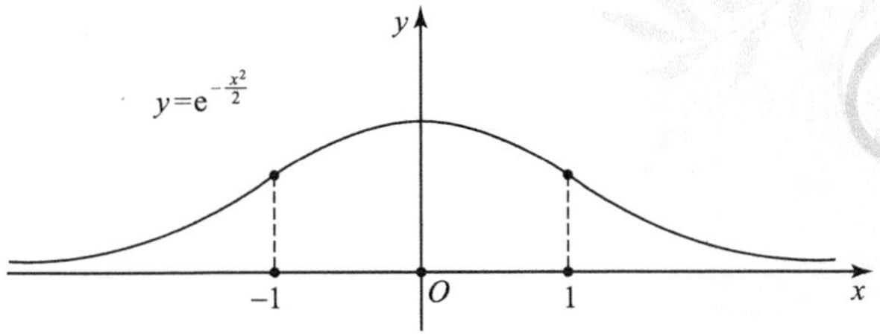

图 5-9　函数曲线 $y=e^{-\frac{x^2}{2}}$ 的两个拐点

5.2　参数方程曲线的切线

对于由函数 $y=f(x)$ 表示的曲线，如果 $f(x)$ 可导，前面已经给出了作出其上任一点处的切线的方法．但是有些曲线用参数方程表示更为方便，如何作这样的曲线的切线呢？对此有

定理 5.3　设曲线 Γ 由下列参数方程表示：

$$\Gamma:\ x=u(t),\ y=v(t)\quad (t\in I), \tag{5-22}$$

函数 $x=u(t)$ 和 $y=v(t)$ 都在区间 I 上可导，则对于任意 $t_0\in I$，当 $u'(t_0)^2+v'(t_0)^2\neq 0$ 时，对应的 Γ 上的点 $P(x_0,\ y_0)$ 处有切线 L，其方程为

$$u'(t_0)(y-y_0)=v'(t_0)(x-x_0), \tag{5-23}$$

这里 $x_0=u(t_0)$，$y_0=v(t_0)$．也就是说，$(u'(t_0),\ v'(t_0))$ 是曲线在 $P(x_0,y_0)$ 处切线的方向向量．

证明　根据切线的定义，要证明的是(5-23)式所表示的直线在点 P 附近比其他任意一条通过点 P 的直线更接近曲线 Γ．

设通过点 P 的另一条直线为 L_1，方程为 $A(y-y_0)=B(x-x_0)$．曲线 Γ 上另一点为 $Q(u(t),\ v(t))$．容易计算出 Q 到两直线 L 和 L_1 的距离分别为

$$D=\frac{|u'(t_0)(v(t)-v(t_0))-v'(t_0)(u(t)-u(t_0))|}{\sqrt{u'(t_0)^2+v'(t_0)^2}}, \tag{5-24}$$

$$D_1=\frac{|A(v(t)-v(t_0))-B(u(t)-u(t_0))|}{\sqrt{A^2+B^2}}. \tag{5-25}$$

要证明的是当 Q 与 P 足够接近(而不相同)时，也就是 $|t-t_0|>0$ 足够小时，总有 $0\leqslant D<D_1$.

记 $t-t_0=h$，并令

$$\begin{aligned} u(t)-u(t_0)-u'(t_0)h=\alpha(h), \\ v(t)-v(t_0)-v'(t_0)h=\beta(h), \end{aligned} \tag{5-26}$$

则由导数的定义，有 d 函数 $d_1(h)$ 和 $d_2(h)$，满足

$$\begin{aligned} |\alpha(h)|\leqslant d_1(h)|h|, \\ |\beta(h)|\leqslant d_2(h)|h|. \end{aligned} \tag{5-27}$$

将(5-26)式代入(5-24)和(5-25)式，整理得到

$$\begin{aligned} D &= \frac{|u'(t_0)\beta(h)h-v'(t_0)\alpha(h)h|}{\sqrt{u'(t_0)^2+v'(t_0)^2}} \\ &\leqslant \frac{(|u'(t_0)d_2(h)|+|v'(t_0)d_1(h)|)|h|}{\sqrt{u'(t_0)^2+v'(t_0)^2}}, \end{aligned} \tag{5-28}$$

$$\begin{aligned} D_1 &= \frac{|A(v'(t_0)h+\beta(h)h)-B(u'(t_0)h+\alpha(h)h)|}{\sqrt{A^2+B^2}} \\ &\geqslant \frac{(|A\cdot v'(t_0)-B\cdot u'(t_0)|-|A\cdot d_2(h)|-|B\cdot d_1(h)|)|h|}{\sqrt{A^2+B^2}}. \end{aligned} \tag{5-29}$$

比较(5-28)与(5-29)式的右端，最终要证明的是这样的不等式

$$|A\cdot v'(t_0)-B\cdot u'(t_0)|>|M\cdot d_2(h)|+|N\cdot d_1(h)|, \tag{5-30}$$

这里 M 和 N 是与 t 和 h 无关的某些常数. 由于直线 L_1 与 L 不同，故上式左端是和 h 无关的正数，而右端当 h 足够小时可以小于任意确定的正数，这就完成了定理的证明.

【例 5.6】 设曲线 Γ 的参数方程为 $\{x=3\sin t,\ y=2\cos kt\}$，求曲线上对应于 $t=u$ 的点 $(x_0,\ y_0)$ 处的切线方程，并对 $k=1, 2, 3$ 的情形分别作图说明.

解 计算得 $x'=3\cos t$，$y'=-2k\sin kt$，故曲线上对应于 $t=u$ 的点 $(x_0,\ y_0)$ 处的切线的方向向量为 $(3\cos u,\ -2k\sin ku)$；结合 $x_0=3\sin u$，$y_0=2\cos ku$，可得点 $(x_0,\ y_0)$ 处的切线方程为 $3\cos u\cdot(y-2\cos ku)+$

$2k\sin ku \cdot (x - 3\sin u) = 0$，整理得

$$2k\sin ku \cdot x + 3\cos u \cdot y - 6 = 0. \tag{5-31}$$

当 $k = 1$ 时，从参数方程中消去参数得到

$$\frac{x^2}{9} + \frac{y^2}{4} = 1, \tag{5-32}$$

说明曲线是椭圆，参数范围可在 $[0, 2\pi]$，如图 5-10 .

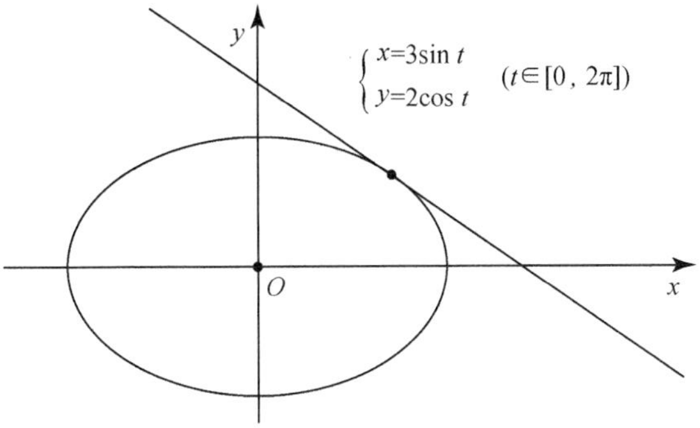

图 5-10　参数方程表示的椭圆及其切线

当 $k = 2$ 时，消去参数得到

$$4x^2 + 9y - 18 = 0 \quad (x \in [-3, 3]), \tag{5-33}$$

这是抛物线的一段，参数范围可在 $[0, \pi]$，如图 5-11.

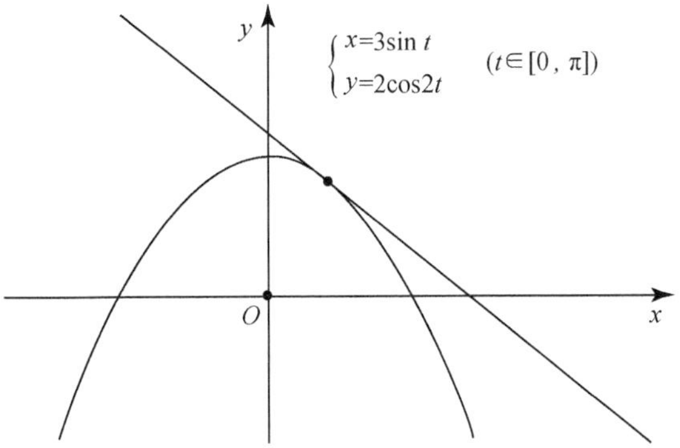

图 5-11　参数方程表示的抛物线及其切线

当 $k = 3$，是所谓李萨如曲线的一种，如图 5-12.

导数的应用还有很多 .

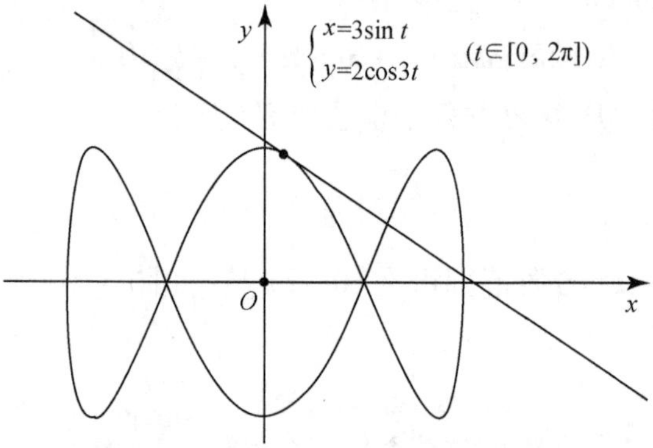

图 5-12 参数方程表示的曲线及其切线

参数方程(5-22)中如果把 t 看成时间，它就可以表示质点在曲线上的运动. 容易证明，$(u'(t), v'(t))$ 就是瞬时速度向量，而 $(u''(t), v''(t))$ 则是瞬时加速度向量.

对于一般方程所表示的曲线，以及极坐标下的方程所表示的曲线，也可以利用导数来确定其切线.

这方面各种书中讲得较多，从略.

第 6 章
微积分基本定理

作曲线的切线和求曲线下的面积，
像加减法那样是一对互逆的运算.
牛顿和莱布尼茨发现了这个奥秘，
从而被认为是微积分的创建者.

6.1　积分系统和定积分

在 1.5 中探讨过“曲边梯形”面积的计算，指出了它和估值不等式的联系. 在 4.2 中，更利用曲边梯形面积与估值不等式引进了对数函数 $\ln x$. 下面就此进行更严谨的讨论.

给了区间 I 上的函数 $f(x)$，对应于 I 中任意两点 $u<v$，$f(x)$ 在 $[u, v]$ 上的曲边梯形的代数面积(图 6-1，在 x 轴上方部分面积为正，下方部分面积为负，取总和)，可以看成是某个二元函数 $S(u, v)$ 的值. $S(u, v)$ 应当满足两个条件. 第一个条件是面积的可加性：$[u, v]$ 上的面积加上 $[v, w]$ 上的面积，等于 $[u, w]$ 上的面积；第二个条件是，$[u, v]$ 上的面积和区间 $[u, v]$ 的长度之比，应当是 $f(x)$ 在 $[u, v]$ 上的“平均值”. 根据面积的这些直观性质，抽象出下面的定义.

定义 6.1(积分系统和定积分)　设 $f(x)$ 在区间 I 上有定义；如果

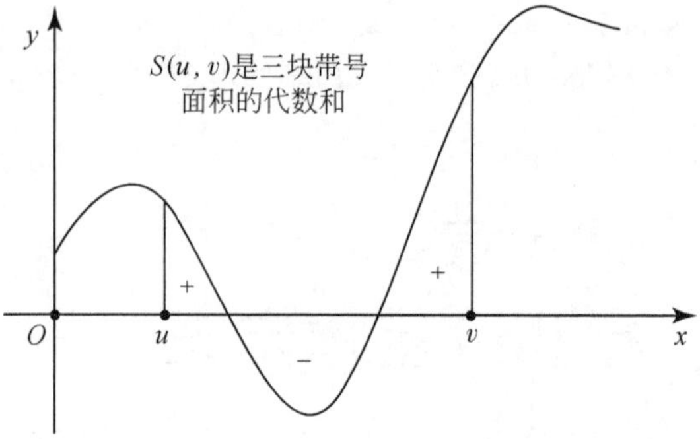

图6-1　区间[u, v]上曲边梯形的面积

存在一个二元函数 $S(u, v)(u\in I, v\in I)$，满足

(i) 可加性：对 I 上任意的 u, v, w 有

$$S(u, v)+S(v, w)=S(u, w); \tag{6-1}$$

(ii) 中值性：对 I 上任意的 $u<v$，在 $[u, v]$ 上必有两点 p 和 q，使得

$$f(p)(v-u)\leqslant S(u, v)\leqslant f(q)(v-u), \tag{6-2}$$

则称 $S(u, v)$ 是 $f(x)$ 在 I 上的一个积分系统.

如果 $f(x)$ 在 I 上有唯一的积分系统 $S(u, v)$，则称 $f(x)$ 在(I 的子区间)$[u, v]$ 上可积，并称数值 $S(u, v)$ 是 $f(x)$ 在 $[u, v]$ 上的定积分，记作

$$S(u, v)=\int_u^v f(x)\,\mathrm{d}x .$$

表达式中的 $f(x)$ 叫做被积函数，x 叫做积分变量，u 和 v 分别叫做积分的下限和上限．用不同于 u 和 v 的其他字母(如 t)来代替 x 时，$S(u, v)$ 数值不变.

根据定义容易得出

定理 6.1　若 $S(u, v)$ 是一个积分系统，则

(i) $S(u, u)=0$;

(ii) $S(u, v)=-S(v, u)$. (6-3)

证明　(i) 由 $S(u, u)+S(u, v)=S(u, v)$ 推出 $S(u, u)=0$;

(ii) 由 $S(u, v)+S(v, u)=S(u, u)=0$ 推出 $S(u, v)=$

$-S(v, u)$.

定理 6.2 区间 I 上的常数函数 $f(x)=c$ 有唯一的积分系统

$$S(u, v)=c(v-u).$$

证明 根据中值性有

$$c(v-u)=f(p)(v-u) \leqslant S(u, v) \leqslant f(q)(v-u)=c(v-u),$$

从而 $S(u, v)=c(v-u)$.

定理 6.3 设 $S(u, v)$ 是 $f(x)$ 在 I 上的一个积分系统，c 是 I 上的一个点，令 $F(x)=S(c, x)$，则在 I 上 $f(x)$ 是 $F(x)$ 的乙函数；反过来，若在 I 上 $f(x)$ 是 $F(x)$ 的乙函数，令 $S(u, v)=F(v)-F(u)$，则 $S(u, v)$ 是 $f(x)$ 在 I 上的一个积分系统.

证明 设 $S(u, v)$ 是 $f(x)$ 在 I 上的一个积分系统且 $F(x)=S(c, x)$，则由可加性有

$$S(u, v)=S(c, v)-S(c, u)=F(v)-F(u),$$

于是由中值性可知 $f(x)$ 是 $F(x)$ 的乙函数.

反过来，若在 I 上 $f(x)$ 是 $F(x)$ 的乙函数，令 $S(u, v)=F(v)-F(u)$，则由 $S(u, v)+S(v, w)=F(v)-F(u)+F(w)-F(v)=F(w)-F(u)=S(u, w)$ 可知 $S(u, v)$ 满足可加性，再由乙函数定义可知 $S(u, v)$ 满足中值性. 证毕.

【例 6.1】 设 $f(x)=\operatorname{sgn}(x)$，$S(u, v)=|v|-|u|$，则在任意区间 I 上，$S(u, v)$ 是 $f(x)$ 的唯一积分系统，即

$$|v|-|u|=\int_u^v \operatorname{sgn}(x)\,\mathrm{d}x. \tag{6-4}$$

证明 容易验证在任意区间 I 上 $f(x)=\operatorname{sgn}(x)$ 是 $F(x)=|x|$ 的乙函数，从而由定理 6.1 知道 $S(u, v)=|v|-|u|$ 是 $f(x)=\operatorname{sgn}(x)$ 的一个积分系统.

下面证明 $S(u, v)=|v|-|u|$ 是 $f(x)=\operatorname{sgn}(x)$ 的唯一的积分系统.

设 $R(u, v)$ 也是 $f(x)=\operatorname{sgn}(x)$ 的一个积分系统，由定理 6.2，当 $0<u<v$ 或 $u<v<0$ 时，有 $R(u, v)=\operatorname{sgn}(u)(v-u)=|v|-|u|=S(u, v)$，于是只要讨论 $0 \in [u, v]$ 的情形. 这时总可以把 $[u, v]$ 分成三个部分 $[u, a]$，$[a, b]$ 和 $[b, v]$，使得 $R(u, a)=S(u, a)$，$R(b, v)=S(b, v)$

且 $h=b-a$ 可以小于任意给定的正数. 于是由可分性得

$$|R(u, v)-S(u, v)|=|R(a, b)-S(a, b)|\leqslant 2(b-a), \quad (6\text{-}5)$$

这证明了 $R(u, v)=S(u, v)$.

6.2 微积分基本定理

下面的定理, 标志着微积分的诞生.

定理 6.4(微积分基本定理) 设 $F(x)$ 在 I 上可导, $F'(x)=f(x)$. 令 $S(u, v)=F(v)-F(u)$, 则 $S(u, v)$ 是 $f(x)$ 在 I 上的唯一积分系统, 从而有

$$\int_u^v f(x)\,\mathrm{d}x=F(v)-F(u) \quad (6\text{-}6)$$

(这个等式就是著名的牛顿 – 莱布尼茨公式).

证明 由定理 2.9, $F'(x)=f(x)$ 是 $F(x)$ 的乙函数. 由定理 6.3 推出 $S(u, v)=F(v)-F(u)$ 是 $f(x)$ 在 I 上的积分系统.

下面只需要证明 $S(u, v)$ 是 $f(x)$ 在 I 上的唯一积分系统.

设 $R(u, v)$ 也是 $f(x)$ 在 I 上的积分系统. 取 I 上任一定点 c, 令 $G(x)=R(c, x)$, 则由定理 6.3, 在 I 上 $f(x)$ 也是 $G(x)$ 的乙函数; 又由定理 2.8 知 $f(x)$ 在 I 上连续, 于是由定理 2.7 推出 $G(x)$ 在 I 上可导, 且 $G'(x)=f(x)=F'(x)$.

于是 $(G(x)-F(x))'=0$, 故在 I 上 $F(u)-G(u)=F(v)-G(v)$ 为常数, 故有 $R(u, v)=G(v)-G(u)=F(v)-F(u)=S(u, v)$, 这证明了 $S(u, v)$ 是 $f(x)$ 在 I 上的唯一积分系统, 由定义知道定积分记号合理, 从而由 $S(u, v)=F(v)-F(u)$ 得所要的等式, 证毕.

若 $f(x)$ 是 $F(x)$ 的导数, 则称 $F(x)$ 是 $f(x)$ 的原函数. 牛顿 – 莱布尼茨公式表明, 只要找到 $f(x)$ 的一个原函数, 就能够轻易地求出 $y=f(x)$ 构成的曲边梯形的面积. 这一举解决了大量的面积计算问题.

现在, 1.5 节中的面积计算方法有了理论根据.

牛顿 – 莱布尼茨公式的用处不仅是计算面积, 只要所求的量满足

积分系统的两个条件（可分性、中值性），都可以使用这个公式．各种微积分书上都会有这个公式的大量应用例子和习题．本书后面也将略举数例．

6.3　积分系统唯一性的讨论

在定理 6.4 中，假定了 $f(x)$ 是某个函数 $F(x)$ 的导数，亦即假定了它有原函数，才推出了 $f(x)$ 的积分系统的唯一性．

如果不知道 $f(x)$ 有没有原函数，如何判断它对应的积分系统是否唯一呢？

下面的定理初步回答了这个问题．

定理 6.5（连续函数的积分系统唯一性）　设 $f(x)$ 在区间 I 上连续，$S(u, v)$ 和 $R(u, v)$ 都是 $f(x)$ 在 I 上的积分系统，则恒有 $S(u, v) = R(u, v)$.

证明　用反证法．

若命题结论不真，则存在 I 上的 $u < v$，使得 $|S(u, v) - R(u, v)| = a > 0$. 将 $[u, v]$ 等分为 n 段，分点为 $u = x_0 < x_1 < \cdots < x_n = v$，记 $H = v - u$，由 $f(x)$ 在 $[u, v]$ 上连续，存在 d 函数 $d(h)$，使得 $|f(x + h) - f(x)| \leqslant d(h)$，故当 $x \in [x_{k-1}, x_k]$ 时有

$$f(x_k) - d\left(\frac{H}{n}\right) \leqslant f(x) \leqslant f(x_k) + d\left(\frac{H}{n}\right). \tag{6-7}$$

由积分系统的中值性可得

$$\left(f(x_k) - d\left(\frac{H}{n}\right)\right)\frac{H}{n} \leqslant S(x_{k-1}, x_k) \leqslant \left(f(x_k) + d\left(\frac{H}{n}\right)\right)\frac{H}{n}. \tag{6-8}$$

对 k 从 1 到 n 求和，并记 $F = f(x_1) + \cdots + f(x_n)$，得到

$$\frac{FH}{n} - d\left(\frac{H}{n}\right)H \leqslant S(u, v) \leqslant \frac{FH}{n} + d\left(\frac{H}{n}\right)H, \tag{6-9}$$

同理有

$$\frac{FH}{n} - d\left(\frac{H}{n}\right)H \leqslant R(u, v) \leqslant \frac{FH}{n} + d\left(\frac{H}{n}\right)H, \tag{6-10}$$

可见

$$0<|S(u,v)-R(u,v)|=a\leqslant 2Hd\left(\frac{H}{n}\right), \tag{6-11}$$

这与 d 函数无正下界性质矛盾，证毕.

类似可证

定理 6.6(单调函数积分系统唯一性) 设 $f(x)$ 在区间 I 上单调，$S(u,v)$ 和 $R(u,v)$ 都是 $f(x)$ 在 I 上的积分系统，则恒有 $S(u,v)=R(u,v)$.

证明 用反证法. 不妨假定 $f(x)$ 单调不减.

若命题结论不真，则存在 I 上的 $u<v$，使得 $|S(u,v)-R(u,v)|=a>0$. 将 $[u,v]$ 等分为 n 段，分点为 $u=x_0<x_1<\cdots<x_n=v$，记 $H=v-u$，由 $f(x)$ 在 $[u,v]$ 上不减，故当 $x\in[x_{k-1},x_k]$ 时有

$$f(x_{k-1})\leqslant f(x)\leqslant f(x_k). \tag{6-12}$$

由积分系统的中值性可得

$$f(x_{k-1})\cdot\frac{H}{n}\leqslant S(x_{k-1},x_k)\leqslant f(x_k)\cdot\frac{H}{n}. \tag{6-13}$$

对 k 从 1 到 n 求和，并记 $F=f(x_1)+\cdots+f(x_n)$，得到

$$\frac{(F+f(u)-f(v))H}{n}\leqslant S(u,v)\leqslant\frac{FH}{n}, \tag{6-14}$$

同理有

$$\frac{(F+f(u)-f(v))H}{n}\leqslant R(u,v)\leqslant\frac{FH}{n}, \tag{6-15}$$

可见

$$0<|S(u,v)-R(u,v)|=a\leqslant\frac{(f(v)-f(u))H}{n}, \tag{6-16}$$

这推出

$$n\leqslant\frac{(f(v)-f(u))H}{a}, \tag{6-17}$$

与 n 的任意性矛盾，证毕.

类似可证 $f(x)$ 单调不增的情形. 定理证毕.

如果 $f(x)$ 的定义区间可以分成有限个闭区间，使得 $f(x)$ 在每个闭

区间上连续或单调，则称它为逐段连续或单调函数．下面的定理扩大了上述结论使用的范围．

定理 6.7　若 $f(x)$ 和 $g(x)$ 在 I 上都是逐段连续或单调的函数，则函数 $y=f(x)+g(x)$ 在 I 上的任意两个积分系统都相同．

定理的证明无非是用分组估计比较来推出矛盾，从略．

这里讨论的是积分系统的唯一性．其实，还有一个存在性的问题．研究存在性必须先建立实数理论，这个问题先放一放．

第7章 定积分的初步应用

定积分概念和微积分基本定理，
使大量的面积、体积计算问题迎刃而解.

7.1 面积和体积的计算

曲边梯形面积的计算是定积分最简单、最基本的应用.

【例7.1】 求函数 $y=\sin x$ 的曲线在区间 $[a, b]$ 形成的曲边梯形的代数面积.

解 由于 $(-\cos x)'=\sin x$，根据微积分基本定理可知所求代数面积为

$$\int_a^b \sin x \mathrm{d}x=(-\cos x)\Big|_a^b=(-\cos b)-(-\cos a)=\cos a-\cos b. \tag{7-1}$$

这里和以后用记号 $F(x)\Big|_a^b$ 表示 $F(b)-F(a)$，其中变量 x 可以代之以其他字母变量，其值不变.

取(7-1)式的特例，令 $a=0$，$b=\pi$，求得正弦曲线在 $[0, \pi]$ 上的弓形面积(图7-1)为

$$\int_0^{\pi} \sin x \mathrm{d}x = \cos 0 - \cos\pi = 1 - (-1) = 2. \tag{7-2}$$

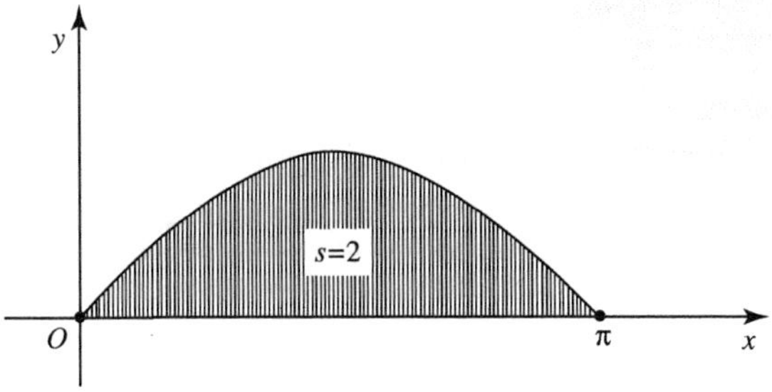

图 7-1　正弦曲线在[0, π]上的弓形面积

曲边梯形的面积是定积分最基本也是最简单的几何模型．事实上，根据积分系统的定义，只要是依赖于两个参数且满足可加性条件(6-1)的量 $S(u, v)$，就可以考虑用定积分概念和微积分基本定理来计算它．为此先要确定一个使得 $S(u, v)$ 满足中值性条件(6-2)的函数 $f(x)$，再找到函数 $F(x)$，使得 $F'(x) = f(x)$，就可以应用微积分基本定理求出 $S(u, v) = \int_u^v f(x)\mathrm{d}x = F(v) - F(u)$．

【例 7.2】　设$[a, b]$上的函数 $y = F(x)$ 的曲线在 x 轴上方，该曲线形成的曲边梯形绕 x 轴旋转一周形成一旋转体(图 7-2)，求此旋转体的体积．

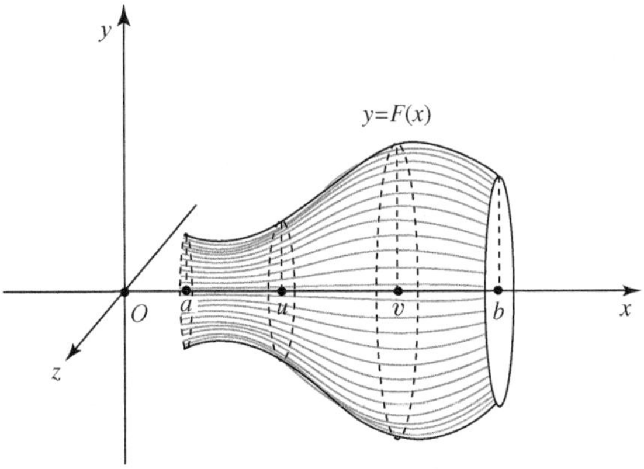

图 7-2　曲边梯形旋转一周形成的旋转体

解 如图，旋转体在平面 $x=u$ 和 $x=v$ 之间部分的体积 $S(u, v)$ 关于参数 u 和 v 显然满足可加性. 想象把这部分体积折合成高为 $v-u$ 的圆柱，则圆柱的半径必在 $[u, v]$ 上的两个函数值 $F(p)$ 和 $F(q)$ 之间，即

$$\pi\cdot F^2(p)(v-u)\leqslant S(u, v)\leqslant\pi\cdot F^2(q)(v-u). \tag{7-3}$$

于是可取 $g(x)=\pi F^2(x)$ 为被积函数，得到这部分旋转体体积表达式

$$S(u, v)=\int_u^v \pi F^2(x)\mathrm{d}x. \tag{7-4}$$

考虑(7-4)式中 $F(x)=kx$ 的特殊情形，设 $k>0$，$a=0$，$b=H$；这时 $F(x)$ 的图像是从原点出发的一段直线，对应的旋转体是高为 H 而底半径为 $R=kH$ 的圆锥体，而对应于 $[0, H]$ 的子区间 $[u, v]$ 部分是高为 $v-u$、上下底半径分别为 ku 和 kv 的圆台. 圆台体积 $S(u, v)$ 的定积分表达式中被积函数是 πk^2x^2. 由 $\left(\dfrac{\pi k^2x^3}{3}\right)'=\pi k^2x^2$ 可得圆台体积公式

$$S(u, v)=\int_u^v \pi k^2x^2\mathrm{d}x=\frac{\pi k^2x^3}{3}\bigg|_u^v=\frac{\pi k^2(v^3-u^3)}{3}. \tag{7-5}$$

若记 $h=v-u$，上底半径 $r=ku$，下底半径 $R=kv$，圆台体积为 $V(r, R, h)$，则得

$$V(r, R, h)=\frac{1}{3}\pi h(R^2+Rr+r^2), \tag{7-6}$$

当 $u=0$ 时 $r=0$，得到圆锥体积公式

$$V(R, h)=\frac{1}{3}\pi Rh. \tag{7-7}$$

这和中学里所学的公式相同.

7.2 变力所做的功

从物理学知道，若物体做直线运动时有一个不变的力 $\boldsymbol{F}$ 作用在此物体上，则在物体移动了位移 $\boldsymbol{s}$ 后，力 $\boldsymbol{F}$ 对物体所做的功应该为

$W=\boldsymbol{F}\cdot\boldsymbol{s}$. 这里力 $\boldsymbol{F}$ 和位移 $\boldsymbol{s}$ 都看作向量，而 $\boldsymbol{F}\cdot\boldsymbol{s}$ 表示两向量的点乘，即数量积. 如果物体在运动的过程中始终受到一个变力的作用，就可以应用定积分的概念来计算功了.

设 $a<b$ 是 x 轴上的两点，某物体 Q 从 a 到 b 做直线运动，作用于 Q 上的力沿 x 轴方向的分力设为 $F=F(x)\,(x\in[a,b])$. 当 $u<v$ 时设 $W(u,v)=-W(v,u)$ 是 F 在 Q 经过 $[u,v]$ 段过程中所做的功，则 $W(u,v)$ 显然有可加性. 如果 F 在 $[u,v]$ 段有上界 B 和下界 A，自然有 $A(v-u)\leqslant W(u,v)\leqslant B(v-u)$. 可见，当 $F=F(x)$ 连续或单调时应有

$$W(u,v)=\int_u^v F(x)\,\mathrm{d}x. \tag{7-8}$$

下面看一个例子.

【例 7.3】 将质量为 m 的物体 Q 从地面垂直提升到高度 H，为克服地心引力需要做的功是多少？特别地，如将此物体发射，使其脱离地球引力需要的初始速度是多大？

解　物体 Q 与地心距离为 x 时，它所受的地心引力的大小为

$$F(x)=\frac{GmM}{x^2}, \tag{7-9}$$

这里 G 是万有引力常数，M 是地球质量. 若记地球半径为 R，$GmM=C$，由(7-8)式可知，将物体从地面提升到高度 H 时所做的功应为

$$W(H)=\int_R^{R+H}\frac{C}{x^2}\mathrm{d}x. \tag{7-10}$$

因为 $\left(\frac{-C}{x}\right)'=\frac{C}{x^2}$，故得

$$W(H)=\int_R^{R+H}\frac{C}{x^2}\mathrm{d}x=\frac{-C}{x}\bigg|_R^{R+H}=\frac{-C}{R+H}+\frac{C}{R}=\frac{CH}{R(R+H)}. \tag{7-11}$$

比值 $\frac{H}{R+H}$ 小于1，但当 H 很大时接近于1，故可以认为此物体脱离地球引力所需要的能量为 $\frac{C}{R}$，所以物体发射的初速 V 应满足

$$\frac{mV^2}{2}=\frac{C}{R}=\frac{GMm}{R}. \tag{7-12}$$

比较地面重力与万有引力公式有

$$\frac{GMm}{R^2}=mg \tag{7-13}$$

从而有 $GM=R^2g$，这里重力加速度 $g=9.8(\mathrm{m/s^2})$，地球半径 $R=6371$ (km)代入(7-12)式得

$$V=\sqrt{2Rg}\approx\sqrt{2\times6371\times9.8\times10^{-3}}\approx11.2(\mathrm{km/s^2}).$$

所以，垂直向上发射的物体，在不计空气阻力时，只要初速达到每秒11.2km，即可脱离地球引力，此即所谓第二宇宙速度.

定积分应用很多，各种书上有丰富的例子，但都是用无穷分割取极限的办法入手. 这里以及后面第9章略举数例，主要说明不借助极限概念如何用定积分解决问题.

第 8 章
积分法初步

微分学的基本运算，是求已知函数的导数，
积分学反问，已知函数是谁的导数？

8.1　原函数和不定积分

为了应用微积分基本定理(牛顿 - 莱布尼茨公式)，常常要找出已知函数的甲函数，也就是要问已知函数是谁的导数？

如果 $f(x)$ 是 $F(x)$ 的导数，就称 $F(x)$ 是 $f(x)$ 的一个原函数．

若 $F(x)$ 是 $f(x)$ 的一个原函数，C 是任意常数，则 $F(x)+C$ 显然也是 $f(x)$ 的原函数．

如果 $G(x)$ 也是 $f(x)$ 的原函数，则 $(F(x)-G(x))'=0$，从而 $F(x)-G(x)$ 是常数．这表明 $f(x)$ 的所有的原函数都可以表示成 $F(x)+C$ 的形式．

定义 8.1　设 $F(x)$ 是函数 $f(x)$ 的一个原函数，我们把函数 $f(x)$ 的所有原函数 $F(x)+C$(C 为任意常数)叫做函数 $f(x)$ 的不定积分，记作

$$\int f(x)\,dx\ ,$$

也就是说

$$\int f(x)\,dx=F(x)+C. \qquad (8\text{-}1)$$

其中 $\int$ 叫做积分号，$f(x)$ 叫做被积函数，x 叫做积分变量，$f(x)\,\mathrm{d}x$ 叫做被积式，C 叫做积分常数.

对(8-1)式求微分得

$$\mathrm{d}\int f(x)\,\mathrm{d}x=\mathrm{d}(F(x)+C)=F'(x)\,\mathrm{d}x=f(x)\,\mathrm{d}x. \qquad (8\text{-}2)$$

另外，积分表达式 $f(x)\,\mathrm{d}x$ 可以写成 $\mathrm{d}F(x)=F'(x)\,\mathrm{d}x=f(x)\,\mathrm{d}x$，故

$$\int \mathrm{d}F(x)=\int F'(x)\,\mathrm{d}x=\int f(x)\,\mathrm{d}x=F(x)+C. \qquad (8\text{-}3)$$

联系(8-2)和(8-3)式，看出微分运算 d 和积分运算 $\int$ 的互逆关系.

8.2 基本积分表

根据不定积分的定义和 4.3 中的基本初等函数求导公式，可得如下不定积分公式，这些公式构成基本积分表.

基本积分表：

(1) $\int k\,\mathrm{d}x=kx+C \quad (k\neq 0)$；

(2) $\int x^k\,\mathrm{d}x=\dfrac{x^{k+1}}{k+1}+C \quad (k\neq -1)$；

(3) $\int \dfrac{\mathrm{d}x}{x}=\ln|x|+C$；

(4) $\int \mathrm{e}^x\,\mathrm{d}x=\mathrm{e}^x+C$；

(5) $\int a^x\,\mathrm{d}x=\dfrac{a^x}{\ln a}+C \quad (a>0,\ a\neq 1)$；

(6) $\int \cos x\,\mathrm{d}x=\sin x+C$；

(7) $\int \sin x\,\mathrm{d}x=-\cos x+C$；

(8) $\int \frac{dx}{\cos^2 x}=\tan x+C$;

(9) $\int \frac{dx}{\sin^2 x}=-\cot x+C$;

(10) $\int \frac{dx}{\sqrt{1-x^2}}=\arcsin x+C$;

(11) $\int \frac{dx}{1+x^2}=\arctan x+C$;

(12) $\int \frac{\sin x}{\cos^2 x}dx=\frac{1}{\cos x}+C$;

(13) $\int \frac{\cos}{\sin^2 x}dx=-\frac{1}{\sin x}+C$;

(14) $\int \text{sh}x dx=\text{ch}x+C$;

(15) $\int \text{ch}x dx=\text{sh}x+C$.

直接应用基本积分表，可以求出一些函数的不定积分．

【例 8.1】 求 $\int x\sqrt{x\sqrt{x}}\,dx$.

解

$$\int x\sqrt{x\sqrt{x}}\,dx=\int x^{\frac{7}{4}}dx=\frac{1}{1+\frac{7}{4}}x^{1+\frac{7}{4}}+C=\frac{4}{11}x^{\frac{11}{4}}+C.$$

【例 8.2】 求 $\int 2^x e^x dx$.

解

$$\int 2^x e^x dx=\int (2e)^x dx=\frac{(2e)^x}{\ln 2e}+C=\frac{2^x e^x}{1+\ln 2}+C.$$

8.3　求不定积分的分拆与分部方法

从单个的函数求导公式写出相应的不定积分公式很容易．自然会想到，能不能从求导运算法则反过来写出相应的不定积分公式呢？下面就来讨论这个问题．

根据微分的基本运算法则，显然有下列计算不定积分的法则：

(i) $\int k f(x)\mathrm{d}x = k\int f(x)\mathrm{d}x$;

(ii) $\int (f(x)+g(x))\mathrm{d}x=\int f(x)\mathrm{d}x+\int g(x)\mathrm{d}x$.

这两条可以写成一条，即

$$\int(\alpha f(x)+\beta g(x))\mathrm{d}x=\alpha\int f(x)\mathrm{d}x+\beta\int g(x)\mathrm{d}x. \tag{8-4}$$

这表明不定积分运算是线性运算．利用这个性质，可以将被积函数适当分拆后使用基本积分表解决问题．

下面两例说明求不定积分的分拆方法．

【例 8.3】 求 $\int\frac{x^4}{x^2+1}\mathrm{d}x$.

解

$$\int\frac{x^4}{x^2+1}\mathrm{d}x=\int\frac{(x^4-1)+1}{1+x^2}\mathrm{d}x=\int\left[(x^2-1)+\frac{1}{1+x^2}\right]\mathrm{d}x$$

$$=\int x^2\mathrm{d}x-\int\mathrm{d}x+\int\frac{1}{1+x^2}\mathrm{d}x$$

$$=\frac{1}{3}x^3-x+\arctan x+C. \tag{8-5}$$

【例 8.4】 求 $\int\tan^2 x\mathrm{d}x$.

解 利用三角恒等式变换得

$$\int\tan^2 x\mathrm{d}x=\int\left(\frac{1}{\cos^2 x}-1\right)\mathrm{d}x=\int\frac{1}{\cos^2 x}\mathrm{d}x-\int\mathrm{d}x$$

$$=\tan x-x+C. \tag{8-6}$$

下面从函数乘积的微分法则找寻计算不定积分的法则．

设 $u=u(x)$，$v=v(x)$连续可导，从(4-13)式有

$$\mathrm{d}(uv)=v\mathrm{d}u+u\mathrm{d}v, \tag{8-7}$$

两端求不定积分，得 $uv+C=\int u\mathrm{d}v+\int v\mathrm{d}u$，于是有

$$\int u\mathrm{d}v=uv-\int v\mathrm{d}u \tag{8-8}$$

或

$$\int u(x)v'(x)\,\mathrm{d}x=u(x)v(x)-\int v(x)u'(x)\,\mathrm{d}x. \tag{8-9}$$

公式(8-8)或(8-9)称为**不定积分的分部积分公式**，也有些书上称它为**不定积分的部分积分公式**.

分部积分公式的使用颇有技巧，下面举两个例子.

【例 8.5】 求 $\int \ln x\mathrm{d}x$.

解 取 $u(x)=\ln x$，$v(x)=x$，则

$$\int \ln x\mathrm{d}x=\int u(x)\mathrm{d}v(x)=u(x)v(x)-\int v(x)\mathrm{d}u(x)$$

$$=x\ln x-\int x\mathrm{d}\ln x=x\ln x-x+C.$$

【例 8.6】 求 $\int x\cos x\mathrm{d}x$

解 令 $u(x)=x$，$v(x)=\sin x$，得

$$\int x\cos x\mathrm{d}x=\int x(\sin x)'\mathrm{d}x=x\sin x-\int \sin x\mathrm{d}x=x\sin x+\cos x+C.$$

8.4 求不定积分的换元法

将复合函数求导的链式法则反其道而用之，得到求不定积分的换元法. 它有两种形式.

第一类换元积分公式

设 $F(u)$ 为 $f(u)$ 的原函数，即 $\int f(u)\mathrm{d}u=F(u)+C$；如果 $u=\varphi(x)$，且 $\varphi(x)$ 可导，则由复合函数求导法则，有

$$\begin{aligned}(F[\varphi(x)])'&=F'(u)\varphi'(x)=f(u)\varphi'(x)\\&=f[\varphi(x)]\varphi'(x),\end{aligned} \tag{8-10}$$

即 $F[\varphi(x)]$ 为 $f[\varphi(x)]\varphi'(x)$ 的一个原函数，

$$\int f[\varphi(x)]\varphi'(x)\mathrm{d}x=F[\varphi(x)]+C. \tag{8-11}$$

或者

$$\int f[\varphi(x)]\varphi'(x)\mathrm{d}x=\left(\int f(u)\mathrm{d}u\right)_{u=\varphi(x)}. \tag{8-12}$$

或者直接写成 $\int f[\varphi(x)]\varphi'(x)\mathrm{d}x=\int f(\varphi(x))\mathrm{d}\varphi(x)$.

【例 8.7】 求 $\int 2\cos 2x\mathrm{d}x$.

解 取 $u=2x$，得

$$\int 2\cos 2x\mathrm{d}x=\int(\cos 2x)\mathrm{d}(2x)=\int\cos u\mathrm{d}u$$

$$=\sin u+C=\sin 2x+C. \tag{8-13}$$

【例 8.8】 求 $\int(3x-2)^{2009}\mathrm{d}x$.

解 取 $u=3x-2$，得

$$\int(3x-2)^{2009}\mathrm{d}x=\frac{1}{3}\int(3x-2)^{2009}\mathrm{d}(3x-2)$$

$$=\frac{1}{6030}(3x-2)^{2010}+C. \tag{8-14}$$

使用第一类换元积分法的关键是凑出微分形式 $\mathrm{d}u=\varphi'(x)\mathrm{d}x$. 如果这样做不方便，可以采用另一种方法.

第二类换元积分公式

若关于 t 的函数 $\psi(t)$ 的值域在 $f(x)$ 的定义域中，并且 $\psi(t)$ 可导，可以直接把 $x=\psi(t)$ 代入被积函数 $f(x)$ 中. 找到代换后的被积函数 $f(\psi(t))\psi'(t)$ 的原函数后，要用函数 $x=\psi(t)$ 的反函数 $t=\varphi(x)$ 回代一下. 也就是有

$$\int f(x)\mathrm{d}x=\left[\int f[\psi(t)]\psi'(t)\mathrm{d}t\right]_{t=\varphi(x)}. \tag{8-15}$$

其中 $t=\varphi(x)$ 为 $x=\psi(t)$ 的反函数.

【例 8.9】 求 $\int\sqrt{a^2-x^2}\mathrm{d}x\quad(a>0)$.

解 令 $x=a\sin t\left(-\frac{\pi}{2}\leqslant t\leqslant\frac{\pi}{2}\right)$，则 $\sqrt{a^2-x^2}=a\cos t$，$\mathrm{d}x=a\cos t\mathrm{d}t$，故

$$\int\sqrt{a^2-x^2}\,dx=\int a\cos t(a\cos t)\,dt=a^2\int\cos^2t\,dt$$
$$=a^2\int\frac{1+\cos2t}{2}\,dt=\frac{a^2}{2}t+\frac{a^2}{4}\sin2t+C$$
$$=\frac{a^2}{2}\arcsin\frac{x}{a}+\frac{a^2}{2}\left(\frac{x}{a}\cdot\frac{\sqrt{a^2-x^2}}{a}\right)+C$$
$$=\frac{a^2}{2}\arcsin\frac{x}{a}+\frac{1}{2}x\sqrt{a^2-x^2}+C.\qquad(8\text{-}16)$$

【例8.10】 求 $\int\frac{\sqrt{1-x^2}}{x^4}dx\quad(x>0)$.

解　令 $x=\frac{1}{t}$，由 $x>0$ 知 $t>0$，于是

$$\int\frac{\sqrt{1-x^2}}{x^4}dx=\int t^4\frac{\sqrt{t^2-1}}{t}\left(-\frac{1}{t^2}\right)dt=-\frac{1}{2}\int\sqrt{t^2-1}\,d(t^2-1)$$
$$=-\frac{1}{3}(t^2-1)^{\frac{3}{2}}+C=-\frac{\sqrt{(1-x^2)^3}}{3x^3}+C.\qquad(8\text{-}17)$$

从上面的方法和例子看到，求不定积分不像求导数那样有章可循，而是依赖一些技巧．在传统的微积分书中，常常用相当大的篇幅来讲解积分法，即求不定积分的方法．初等函数的导数还是初等函数，但初等函数的原函数却不一定是初等函数了！事实上，很多初等函数的原函数不再是初等函数．例如，数学家已经证明，$\frac{\sin x}{x}$的原函数就不是初等函数，$\frac{1}{\ln x}$的原函数也不是初等函数．这种情形似乎令人失望，其实不是坏事，它提供了发现新函数的可能性，大大丰富了微积分研究的对象．

在计算机上使用具有符号计算功能的数学软件，可以方便地计算初等函数的导数．如果一个初等函数的原函数仍是初等函数，也能够算出来．因此，微积分课程中导数和原函数的计算已经不是最重要的了．最重要的是对微积分原理的理解，以及如何灵活应用微积分的方法来解决各种各样的实际问题和科学技术中遇到的问题．

8.5 定积分换元积分法和分部积分法

计算不定积分时，若采用换元法和分部积分法求出原函数，自然可以用牛顿－莱布尼茨公式求出对应的定积分．但有时不必把原函数求出来，直接对定积分使用换元法和分部积分法，会更为快捷地得到结果．

定积分的换元积分法

设函数$f(x)$在$[a, b]$上连续，有原函数$F(x)$．函数$x=\varphi(t)$满足条件：

(i) $\varphi(u)=a$，$\varphi(v)=b$；

(ii) $\varphi(t)$在$[u, v]$(或$[v, u]$)上连续可导，且$\varphi(t)\in[a, b]$，则有

$$\int_a^b f(x)\,\mathrm{d}x=\int_u^v f[\varphi(t)]\varphi'(t)\,\mathrm{d}t. \tag{8-18}$$

证明 由微积分基本定理，

$$\int_a^b f(x)\,\mathrm{d}x=F(b)-F(a). \tag{8-19}$$

另外，由于$\varphi(t)$在$[u, v]$(或$[v, u]$)连续可导，且其值域在$[a, b]$中，故

$$[F(\varphi(t))]'=F'(\varphi(t))\varphi'(t)=f(\varphi(t))\varphi'(t). \tag{8-20}$$

因此

$$\begin{aligned}\int_u^v f[\varphi(t)]\varphi'(t)\,\mathrm{d}t&=[F(\varphi(t))]_u^v=F(\varphi(v))-F(\varphi(u))\\&=F(b)-F(a).\end{aligned} \tag{8-21}$$

比较(8-21)与(8-19)式，即得所要的(8-18)式．

使用定积分换元法与不定积分换元法的区别，在于无需代换回原变量，只要代入新的积分上下限即可．

【例 8.11】 计算$\int_1^2 \frac{\sqrt{4-x^2}}{x^2}\mathrm{d}x$．

解　令 $\frac{\sqrt{4-x^2}}{x}=t$，则 $x^2=\frac{4}{1+t^2}$，因此 $dx=-2t(1+t^2)^{-\frac{3}{2}}dt$，$t=\sqrt{3}$ 时 $x=1$，$t=0$ 时 $x=2$，故

$$\int_1^2 \frac{\sqrt{4-x^2}}{x^2}dx=\int_{\sqrt{3}}^0 \frac{2t\sqrt{1+t^2}}{4}\cdot\left(-2t(1+t^2)^{-\frac{3}{2}}\right)dt=\int_0^{\sqrt{3}}\frac{t^2}{1+t^2}dt$$

$$=\int_0^{\sqrt{3}}\frac{t^2+1-1}{1+t^2}dt=[t-\arctan t]\Big|_0^{\sqrt{3}}$$

$$=\sqrt{3}-\frac{\pi}{3}. \tag{8-22}$$

【例 8.12】　计算积分 $\int_0^\pi \frac{x\sin x}{1+\cos^2 x}dx$.

解　设 $x=\pi-t$，则

$$\int_0^\pi \frac{x\sin x}{1+\cos^2 x}dx=\int_\pi^0 \frac{(\pi-t)\sin(\pi-t)}{1+\cos^2(\pi-t)}d(\pi-t)=-\int_\pi^0 \frac{(\pi-t)\sin t}{1+\cos^2 t}dt$$

$$=\int_0^\pi \frac{\pi\sin t}{1+\cos^2 t}dt-\int_0^\pi \frac{t\sin t}{1+\cos^2 t}dt. \tag{8-23}$$

因为定积分的值与积分变量名无关，所以最后一项与左端相等，故得

$$\int_0^\pi \frac{x\sin x}{1+\cos^2 x}dx=\frac{1}{2}\int_0^\pi \frac{\pi\sin t}{1+\cos^2 t}dt=\frac{1}{2}\int_0^\pi \frac{\pi d(-\cos t)}{1+\cos^2 t}$$

$$=\frac{\pi}{2}\int_1^{-1}\frac{\pi du}{1+u^2}=\frac{\pi}{2}\arctan u\Big|_{-1}^{1}$$

$$=\frac{\pi}{2}\left(\frac{\pi}{4}-\left(-\frac{\pi}{4}\right)\right)$$

$$=\frac{\pi^2}{4}. \tag{8-24}$$

这个题目如果先求 $f(x)=\frac{x\sin x}{1+\cos^2 x}$ 的原函数表达式，就做不出，说明定积分直接换元有时很有效.

定积分也可以直接进行分部积分.

分部积分法

根据函数乘积求导公式，当 $u(x)$ 和 $v(x)$ 在 $[a, b]$ 上连续可导时，有

$$(u(x)v(x))' = u'(x)v(x) + u(x)v'(x), \tag{8-25}$$

对上式两端求 $[a, b]$ 上的定积分，有

$$\int_a^b (u(x)v(x))'\mathrm{d}x = \int_a^b u'(x)v(x)\mathrm{d}x + \int_a^b u(x)v'(x)\mathrm{d}x, \tag{8-26}$$

即

$$\int_a^b u(x)v'(x)\mathrm{d}x = (u(x)v(x))\Big|_a^b - \int_a^b v(x)u'(x)\mathrm{d}x, \tag{8-27}$$

简单表述就是 $\int_a^b u\mathrm{d}v = uv\Big|_a^b - \int_a^b v\mathrm{d}u$，但要记住 a 和 b 是变量 x 的值.

称(8-27)式为定积分的**分部积分公式**.

【例 8.13】 设 n 为非负整数，求 $I_n = \int_0^\pi \sin^n x\mathrm{d}x$.

解 容易求出 $I_0 = \pi$ 和 $I_1 = 2$.

当 $n > 1$ 时，令 $u(x) = \sin^{n-1}x$，$v(x) = -\cos x$，则由分部积分公式(8-27)可得

$$\begin{aligned} I_n &= \int_0^\pi \sin^{n-1}x \cdot (-\cos x)'\mathrm{d}x \\ &= \sin^{n-1}x \cdot (-\cos x)\Big|_0^\pi - \int_0^\pi (-\cos x)(\sin^{n-1}x)'\mathrm{d}x \\ &= (n-1)\int_0^\pi \cos^2 x \cdot \sin^{n-2}x\mathrm{d}x \\ &= (n-1)\int_0^{\frac{\pi}{2}} (1 - \sin^2 x) \cdot \sin^{n-2}x\mathrm{d}x \\ &= (n-1)I_{n-2} - (n-1)I_n, \end{aligned} \tag{8-28}$$

故
$$I_n = \frac{n-1}{n} I_{n-2}.$$

由此递推公式即得

（1）当 n 为偶数时，

$$I_n = \frac{n-1}{n} \cdot \frac{n-3}{n-2} \cdot \cdots \cdot \frac{3}{4} \cdot \frac{1}{2} \cdot I_0$$

$$= \frac{n-1}{n} \cdot \frac{n-3}{n-2} \cdot \cdots \cdot \frac{3}{4} \cdot \frac{\pi}{2}; \qquad (8\text{-}29)$$

（2）当 $n>1$ 为奇数时，

$$I_n = \frac{n-1}{n} \cdot \frac{n-3}{n-2} \cdot \cdots \cdot \frac{4}{5} \cdot \frac{2}{3} \cdot I_1$$

$$= \frac{n-1}{n} \cdot \frac{n-3}{n-2} \cdot \cdots \cdot \frac{4}{5} \cdot \frac{4}{3}. \qquad (8\text{-}30)$$

此题若先用不定积分的分部积分法再用牛顿－莱布尼茨公式，计算起来就烦琐得多．

第9章 定积分的更多应用

许多曾经使饱学之士百思不解的问题，
只要照章办事就能够轻松地获取答案．

9.1 一般曲线包围的面积

在第7章说明了曲边梯形面积的计算方法．下面讨论更一般的曲线所包围的面积．

这时，曲线往往不是直角坐标系里的函数图像．

将要计算的面积分割成几块，使得每块都是函数图像形成的曲边梯形．分别计算后再加起来，是最普通的思路．

【例9.1】 如图9-1，求椭圆 $\frac{x^2}{a^2}+\frac{y^2}{b^2}=1(a>0,\ b>0)$ 的扇形 AOB（图9-1中阴影部分）的面积，进而计算椭圆面积．

解 如图，A 和 B 的横坐标分别为0和 $u(u>0)$，则弧 $\overset{\frown}{AB}$ 可以看成函数 $f(x)=\frac{b}{a}\sqrt{a^2-x^2}$ 在 $[0,\ u]$ 上的图像，于是要求的扇形的面积 $S(u)$ 等于 $f(x)$ 在 $[0,\ u]$ 上的曲边梯形面积减去一个三角形的面

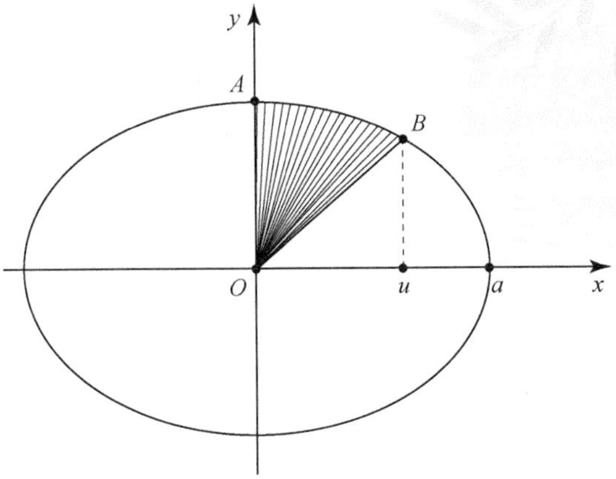

图 9-1　椭圆的扇形

积 $\frac{uf(u)}{2}$：

$$S(u) = \int_0^u \frac{b}{a}\sqrt{a^2 - x^2}\,\mathrm{d}x - \frac{uf(u)}{2}. \tag{9-1}$$

根据前面用换元法求不定积分的例 8.9 可得

$$\int \sqrt{a^2 - x^2}\,\mathrm{d}x = \frac{a^2}{2}\arcsin\frac{x}{a} + \frac{1}{2}x\sqrt{a^2 - x^2} + C. \tag{9-2}$$

用牛顿－莱布尼茨公式计算得出

$$\begin{aligned}\int_0^u \frac{b}{a}\sqrt{a^2 - x^2}\,\mathrm{d}x &= \frac{b}{a}\left(\frac{a^2}{2}\arcsin\frac{x}{a} + \frac{1}{2}x\sqrt{a^2 - x^2}\right)\Bigg|_0^u \\ &= \frac{ab}{2}\arcsin\frac{u}{a} + \frac{b}{2a}u\sqrt{a^2 - u^2},\end{aligned} \tag{9-3}$$

于是所求扇形面积为

$$S(u) = \frac{ab}{2}\arcsin\frac{u}{a} + \frac{b}{2a}u\sqrt{a^2 - u^2} - \frac{uf(u)}{2}. \tag{9-4}$$

当 $u = a$ 时扇形面积是半个椭圆的面积的一半，所以

$$\text{椭圆面积} = 4S(a) = 2ab\arcsin\frac{a}{a} = 2ab\cdot\frac{\pi}{2} = \pi ab.$$

下面考虑极坐标下的情形.

设有极坐标曲线 L：$r = \varphi(\theta)$，$\theta \in [\alpha, \beta]$. 对于 $[\alpha, \beta]$ 的任意闭子区间 $[u, v]$，记由曲线 L 和射线 $\theta = u$ 及 $\theta = v$ 所围成的曲边扇形面积

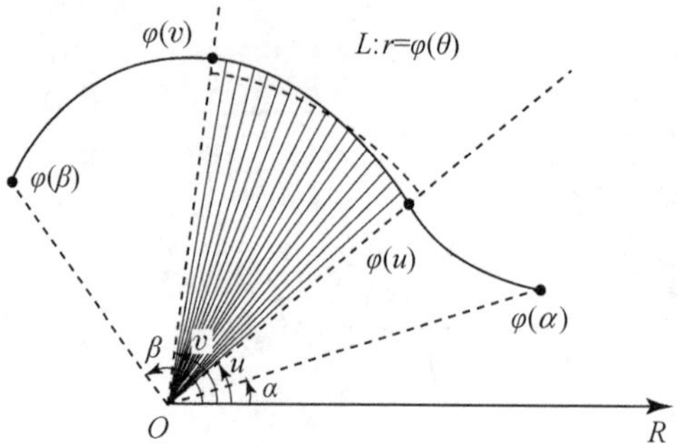

图 9-2 曲边扇形的面积

为 $S(u, v)$，则 $S(u, v)$ 显然具有可加性；另外，与此曲边扇形面积相等且圆心角同为 $v-u$ 的扇形，其半径应为 $R=\sqrt{\dfrac{2S(u, v)}{v-u}}$. 显然在 $[u, v]$ 上有 p 和 q，使得 $\varphi(p) \leqslant R \leqslant \varphi(q)$（图 9-2），即得

$$\frac{1}{2}\varphi^2(p)(v-u) \leqslant S(u, v) \leqslant \frac{1}{2}\varphi^2(q)(v-u), \tag{9-5}$$

可见 $S(u, v)$ 是 $f(\theta)=\frac{1}{2}\varphi^2(\theta)$ 在 $[\alpha, \beta]$ 上的积分系统．若 $r=\varphi(\theta)$ 在 $[\alpha, \beta]$ 上连续或单调，则此积分系统唯一，从而有

$$S(\alpha, \beta)=\frac{1}{2}\int_\alpha^\beta \varphi^2(\theta)\,\mathrm{d}\theta. \tag{9-6}$$

这就是极坐标系下曲边扇形面积的计算公式．这里的 $\frac{1}{2}\varphi^2(\theta)\mathrm{d}\theta$ 称作极坐标系下的面积元素．

在实际问题中，只要能求出被积函数的初等的原函数，由微积分基本定理即可知道定积分的存在性，并且可以用牛顿－莱布尼茨公式来计算，因此不必担心计算公式中涉及的定积分的存在问题．

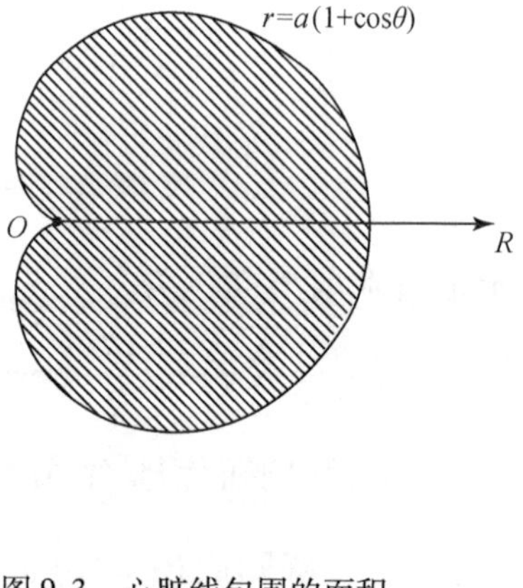

图 9-3 心脏线包围的面积

【例 9.2】 计算心脏线 $r=a(1+\cos\theta)(a>0)$ 所围成的图形面积（图 9-3）.

解 应用公式(9-6)得

$$S=\frac{1}{2}\int_0^{2\pi} a^2(1+\cos\theta)^2\mathrm{d}\theta=\frac{a^2}{2}\int_0^{2\pi}(1+2\cos\theta+\cos^2\theta)\,\mathrm{d}\theta$$

$$= \frac{a^2}{2}\int_0^{2\pi}\left(1+2\cos\theta+\frac{1+\cos2\theta}{2}\right)d\theta$$

$$= \frac{a^2}{2}\left(\int_0^{2\pi}\frac{3}{2}d\theta+\int_0^{2\pi}2\cos\theta d\theta+\frac{1}{2}\int_0^{2\pi}\cos2\theta d\theta\right)$$

$$= \frac{a^2}{2}\left(\frac{3\theta}{2}+2\sin\theta+\frac{1}{4}\sin2\theta\right)\Big|_0^{2\pi}=\frac{3}{2}\pi a^2.$$

9.2　平面曲线的弧长

设函数$f(x)$在区间$[a, b]$上有定义，$[u, v]\subseteq[a, b]$. 把曲线$y=f(x)$在$[u, v]$上的这段长度记作$S(u, v)$，则$S(u, v)$显然具有可加性.

如果能够进一步说明$S(u, v)$是$[a, b]$上的某个函数$g(x)$的积分系统，就有了计算曲线长度的办法. 关键是把函数$g(x)$找出来.

如果曲线$y=f(x)$是一条斜率为k的线段，由勾股定理有$S(u, v)=(v-u)\sqrt{1+k^2}$；也就是说，斜率的绝对值越大，线段越长（图9-4）.

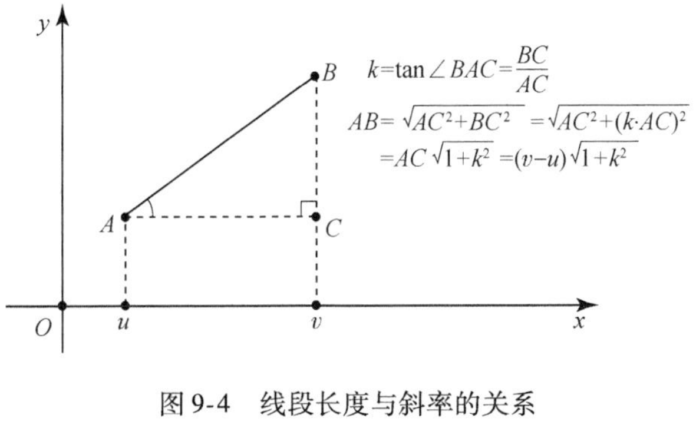

图9-4　线段长度与斜率的关系

进一步，如果曲线$y=f(x)$是一条折线，而对$x\in[u, v]$，组成折线的线段的斜率为$k(x)$，则必有$[u, v]$上的p和q，使得

$$\sqrt{1+k^2(p)}(v-u)\leqslant S(u, v)\leqslant\sqrt{1+k^2(q)}(v-u). \tag{9-7}$$

亦即$S(u, v)$应当是$[a, b]$上的函数$g(x)=\sqrt{1+k^2(x)}$的积分系统. 把

对折线情形的分析推广到曲线情形，并且注意到曲线 $y=f(x)$ 在 $x\in[u,v]$ 处的斜率 $k(x)=f'(x)$，便可以合理地认为，$S(u,v)$ 是 $[a,b]$ 上的函数 $g(x)=\sqrt{1+(f'(x))^2}$ 的积分系统. 如果 $y=f(x)$ 逐段连续可导，则此积分系统唯一，便有

$$S(u,v)=\int_u^v\sqrt{1+(f'(x))^2}\,\mathrm{d}x, \tag{9-8}$$

于是 $[a,b]$ 上曲线 $y=f(x)$ 的弧长计算公式为

$$s=\int_a^b\sqrt{1+(f'(x))^2}\,\mathrm{d}x. \tag{9-9}$$

【例 9.3】 计算曲线 $y=x^{\frac{3}{2}}(0\leqslant x\leqslant 2)$ 的弧长(图 9-5).

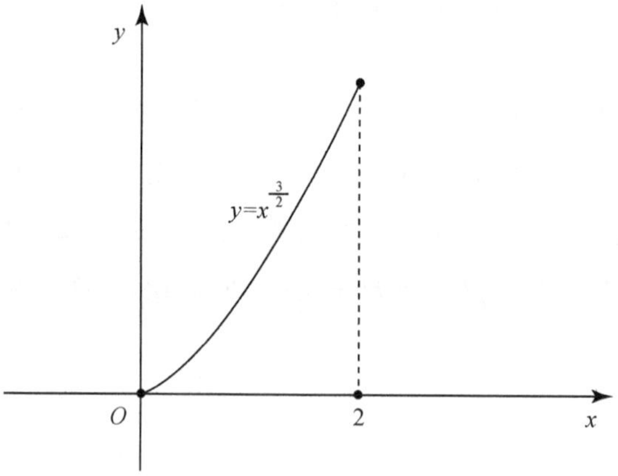

图 9-5 曲线 $y=x^{\frac{3}{2}}$ $(0\leqslant x\leqslant 2)$

解 由于 $f'(x)=\dfrac{3\sqrt{x}}{2}$，故由弧长公式(9-9)知

$$s=\int_0^2\sqrt{1+\frac{9x}{4}}\mathrm{d}x=\frac{2}{3}\cdot\frac{4}{9}\left(1+\frac{9x}{4}\right)^{\frac{3}{2}}\Bigg|_0^2=\frac{8}{27}(5.5^{\frac{3}{2}}-1)$$
$$\approx 3.53. \tag{9-10}$$

若曲线由参数方程

$$\begin{cases}x=\varphi(t)\\ y=\psi(t)\end{cases}\quad(\alpha\leqslant t\leqslant\beta), \tag{9-11}$$

给出，则利用定积分的换元法易得曲线由参数方程给出时的弧长计算

公式为

$$s=\int_{\alpha}^{\beta}\sqrt{(\varphi'(t))^2+(\psi'(t))^2}\,\mathrm{d}t. \tag{9-12}$$

若曲线由极坐标方程

$$r=r(\theta)\quad(\alpha\leqslant\theta\leqslant\beta) \tag{9-13}$$

给出，要导出它的弧长计算公式，只需要将极坐标方程化成参数方程

$$\begin{cases}x=r(\theta)\cos\theta\\ y=r(\theta)\sin\theta\end{cases}\quad(\alpha\leqslant\theta\leqslant\beta), \tag{9-14}$$

容易求出

$$\begin{aligned}&\sqrt{((x'(\theta))^2+(y'(\theta))^2}\\ =&\sqrt{(r'(\theta)\cos\theta-r(\theta)\sin\theta)^2+(r'(\theta)\sin\theta+r(\theta)\cos\theta)^2}\\ =&\sqrt{r^2+r'^2},\end{aligned} \tag{9-15}$$

从而有极坐标方程曲线弧长公式

$$s=\int_{\alpha}^{\beta}\sqrt{r^2(\theta)+(r'(\theta))^2}\,\mathrm{d}\theta. \tag{9-16}$$

【例 9.4】 计算心脏线 $r=a(1+\cos\theta)(0\leqslant\theta\leqslant2\pi)$ 的弧长．

解 因为

$$\begin{aligned}\sqrt{r^2(\theta)+(r'(\theta))^2}&=\sqrt{a^2(1+\cos\theta)^2+(-a\sin\theta)^2}\\ &=\sqrt{4a^2\left(\cos^4\frac{\theta}{2}+\sin^2\frac{\theta}{2}\cos^2\frac{\theta}{2}\right)}\\ &=2a\left|\cos\frac{\theta}{2}\right|,\end{aligned} \tag{9-17}$$

所以

$$s=\int_0^{2\pi}2a\left|\cos\frac{\theta}{2}\right|\mathrm{d}\theta=4a\int_0^{\pi}|\cos\varphi|\,\mathrm{d}\varphi=8a\int_0^{\frac{\pi}{2}}\cos\varphi\,\mathrm{d}\varphi=8a. \tag{9-18}$$

第 10 章 泰勒公式

10.1 从微积分基本定理导出泰勒公式

微积分基本定理用定积分的形式表达了函数 $F(x)$ 和它的导数 $F'(x)$ 之间的关系：

$$\int_u^v F'(x)\,\mathrm{d}x = F(v) - F(u). \tag{10-1}$$

前面有关定积分的应用，都是将这个等式从左向右看，利用$F(x)$来计算 $F'(x)$ 的定积分.

如果反其道而行之，从右向左看，能有什么收获吗?

把变量 u 固定下来，设 $u=a$. 记 $v-u=h$，即 $v=u+h$，把上面的等式写成

$$F(a+h)=F(a)+\int_a^{a+h} F'(x)\,\mathrm{d}x, \tag{10-2}$$

就可以利用 $F'(x)$的定积分和 $F(a)$来计算 $F(a+h)$. 现在还看不出这样做有什么好处，继续做下去，好处就显现出来了.

对(10-2)式中的定积分做变量代换 $x=a+t$，得到

$$F(a+h) = F(a)+\int_0^h F'(a+t)\,\mathrm{d}t, \tag{10-3}$$

同理若 $F'(x)$连续可导就有

$$F'(a+t)=F'(a)+\int_0^t F''(a+t_1)\mathrm{d}t_1. \qquad (10\text{-}4)$$

把(10-4)式代入(10-3)式得

$$\begin{aligned}F(a+h)&=F(a)+\int_0^h\left(F'(a)+\int_0^t F''(a+t_1)\mathrm{d}t_1\right)\mathrm{d}t\\&=F(a)+\int_0^h F'(a)\mathrm{d}t+\int_0^h\int_0^t F''(a+t_1)\mathrm{d}t_1\mathrm{d}t\\&=F(a)+F'(a)h+\int_0^h\int_0^t F''(a+t_1)\mathrm{d}t_1\mathrm{d}t. \qquad (10\text{-}5)\end{aligned}$$

如果 $F''(x)$ 连续可导，其导数叫做 $F(x)$ 的三阶导数，记作 $F'''(x)$ 或 $F^{(3)}(x)$. 一般说来，可以归纳地定义 $F(x)$ 的 n 阶导数是其 $n-1$ 阶导数的导数，并且记作 $F^{(n)}(x)$，即记 $F^{(0)}(x)=F(x)$，而对正整数 n 则定义

$$(F^{(n-1)}(x))'=F^{(n)}(x). \qquad (10\text{-}6)$$

这样将(10-3)式用于 $F''(x)$ 有

$$F''(a+t_1)=F''(a)+\int_0^{t_1}F^{(3)}(a+t_2)\mathrm{d}t_2, \qquad (10\text{-}7)$$

更一般地则有

$$F^{(n)}(a+t_{n-1})=F^{(n)}(a)+\int_0^{t_{n-1}}F^{(n+1)}(a+t_n)\mathrm{d}t_n, \qquad (10\text{-}8)$$

将(10-7)式代入(10-5)式的最后一行得到

$$\begin{aligned}F(a+h)&=F(a)+F'(a)h+\int_0^h\int_0^t\left(F''(a)+\int_0^{t_1}F^{(3)}(a+t_2)\mathrm{d}t_2\right)\mathrm{d}t_1\mathrm{d}t\\&=F(a)+F'(a)h+\int_0^h\int_0^t F''(a)\mathrm{d}t_1\mathrm{d}t\\&\quad+\int_0^h\int_0^t\int_0^{t_1}F^{(3)}(a+t_2)\mathrm{d}t_2\mathrm{d}t_1\mathrm{d}t\\&=F(a)+F'(a)h+\frac{F''(a)h^2}{2}\\&\quad+\int_0^h\int_0^t\int_0^{t_1}F^{(3)}(a+t_2)\mathrm{d}t_2\mathrm{d}t_1\mathrm{d}t. \qquad (10\text{-}9)\end{aligned}$$

计算过程中用到

$$\int_0^h\int_0^t F''(a)\mathrm{d}t_1\mathrm{d}t = \int_0^h\left(F''(a)t_1\Big|_0^t\right)\mathrm{d}t = \int_0^h F''(a)t\mathrm{d}t$$
$$= \frac{F''(a)t^2}{2}\Big|_0^h = \frac{F''(a)h^2}{2}. \tag{10-10}$$

在(10-8)式中取 $n=3$ 代入(10-9)式，可以得到

$$F(a+h)=F(a)+F'(a)h+\frac{F''(a)h^2}{2}+\frac{F^{(3)}(a)h^3}{6}$$
$$+\int_0^h\int_0^t\int_0^{t_1}\int_0^{t_2}F^{(4)}(a+t_3)\mathrm{d}t_3\mathrm{d}t_2\mathrm{d}t_1\mathrm{d}t. \tag{10-11}$$

反复使用这种方法或用归纳法，不难得到

定理 10.1 若 $F(x)$ 在区间 I 上 $n+1$ 阶连续可导，a 和 $a+h$ 是 I 上两点，则有

$$F(a+h)=\sum_{k=0}^{n}\frac{F^{(k)}(a)h^k}{k!}+\int_0^h\int_0^t\int_0^{t_1}\cdots\int_0^{t_{n-1}}F^{(n+1)}(a+t_n)\mathrm{d}t_n\cdots\mathrm{d}t_1\mathrm{d}t. \tag{10-12}$$

若设 $a+h=x$，则 $h=x-a$，此等式成为

$$F(x)=\sum_{k=0}^{n}\frac{F^{(k)}(a)(x-a)^k}{k!}$$
$$+\int_0^h\int_0^t\int_0^{t_1}\cdots\int_0^{t_{n-1}}F^{(n+1)}(a+t_n)\mathrm{d}t_n\cdots\mathrm{d}t_1\mathrm{d}t. \tag{10-13}$$

等式(10-13)叫做 $F(x)$ 在 $x=a$ 处的 n 阶泰勒展开式，或泰勒公式. 右端的和式叫做 $F(x)$ 在 $x=a$ 处的 n 阶泰勒多项式，通常记作

$$T_n(x,F)=\sum_{k=0}^{n}\frac{F^{(k)}(a)(x-a)^k}{k!}, \tag{10-14}$$

而 $F(x)$ 与它的 n 阶泰勒多项式之差则称为其 n 阶泰勒展开式的余项，记作

$$R_n(x,F)=F(x)-T_n(x,F). \tag{10-15}$$

泰勒展开式的余项有多种表示方法. 在(10-13)式中有

$$R_n(x,F)=\int_0^h\int_0^t\int_0^{t_1}\cdots\int_0^{t_{n-1}}F^{(n+1)}(a+t_n)\mathrm{d}t_n\cdots\mathrm{d}t_1\mathrm{d}t, \tag{10-16}$$

叫做泰勒展开式余项的积分表示方法. 在不至于混淆时，可以简单地

用$R_n(x)$和$T_n(x)$分别表示$R_n(x, F)$和$T_n(x, F)$.

通常，$F(x)$在$x=0$处的泰勒展开式也叫做麦克劳林展开式.

如果当$x\in[a, a+h]$时，有$|F^{(n+1)}(x)|\leqslant M$，则容易估计出

$$|R_n(x, F)|\leqslant\frac{M|x-a|^{n+1}}{(n+1)!}. \tag{10-17}$$

当n较大或$|x-a|$较小时，$|R_n(x, F)|$就会很小，因此，泰勒公式提供了用四则运算计算函数值的一个有效的方法.

10.2 用导数性质估计泰勒公式余项

在泰勒多项式中只用到函数的导数而没有用到积分，能不能只用导数的性质来估计出其余项呢？为此需要

定理 10.2 设$F(x)$和$G(x)$在$[a, b]$上均连续可导，$f(x)$和$g(x)$分别是$F(x)$和$G(x)$的导数. 如果对一切$x\in[a, b]$有$f(x)\leqslant g(x)$，则对一切$x\in[a, b]$有

$$F(x)-F(a)\leqslant G(x)-G(a). \tag{10-18}$$

证明 令$H(x)=F(x)-G(x)$，则对一切$x\in[a, b]$有

$$H'(x)=(F(x)-G(x))'=f(x)-g(x)\leqslant 0, \tag{10-19}$$

故$H(x)$在$[a, b]$上单调不增，从而$H(a)\geqslant H(x)$，即(10-18)成立. 证毕.

定理 10.3(预备泰勒定理) 设$H(x)$在$[a, b]$上$n+1$阶连续可导，且

(i) $k=0, 1, 2, \cdots, n$时，有$H^{(k)}(a)=0$;

(ii) 在$[a, b]$上有$m\leqslant H^{(n+1)}(x)\leqslant M$.

则对$x\in[a, b]$上有

$$\frac{m(x-a)^{n+1}}{(n+1)!}\leqslant H(x)\leqslant\frac{M(x-a)^{n+1}}{(n+1)!}. \tag{10-20}$$

证明 先对$k=0, 1, 2, \cdots, n+1$作不完全的数学归纳证明

$$\frac{m(x-a)^{k}}{k!}\leqslant H^{(n+1-k)}(x)\leqslant\frac{M(x-a)^{k}}{k!}. \tag{10-21}$$

事实上，当 $k=0$ 时，在 $[a, b]$ 上有 $m \leqslant H^{(n+1)}(x) \leqslant M$，由定理 10.2 得

$$m(x-a) \leqslant H^{(n)}(x) \leqslant M(x-a). \tag{10-22}$$

设 $k<n+1$ 时有(10-21)式成立，则由定理 10.2 对 $k+1$ 有

$$\frac{m(x-a)^{k+1}}{(k+1)!} \leqslant H^{(n-k)}(x) \leqslant \frac{M(x-a)^{k+1}}{(k+1)!}, \tag{10-23}$$

特别当 $k=n$ 时得到要证明的(10-20)式，证毕.

定理 10.4(泰勒定理) 设 $F(x)$ 在 $[a, b]$ 上 $n+1$ 阶连续可导，且在 $[a, b]$ 上有 $|F^{(n)}(x)| \leqslant M$，则对 $[a, b]$ 上任意点 c 和 x，有泰勒展开式

$$F(x)=F(c)+F'(c)(x-c)+\frac{F^{(2)}(c)}{2!}(x-c)^2+\cdots$$
$$+\frac{F^{(n-1)}(c)}{(n-1)!}(x-c)^{n-1}+R_n(x), \tag{10-24}$$

并且

$$|R_n(x)|=|F(x)-T_n(x, c)| \leqslant \frac{M|x-c|^{n+1}}{(n+1)!}. \tag{10-25}$$

证明 令 $H(x)=F(x)-T_n(x, c)$，易验证 $H(x)$ 在 $[c, b]$ 上满足定理 10.3 中的条件，从而当 $x \in [c, b]$ 时，有(10-25)式成立.

当 $x \in [a, c]$ 时，取 $u=-x$，$G(u)=F(-u)$，对 $G(u)$ 在 $[-c, -a]$ 上应用上述已经获证的结论，再将 G 回代为 F，就完全证明了所要的结论，证毕.

10.3 泰勒公式的初步应用

利用泰勒公式展开多项式，得到的是准确的表达式.

【例 10.1】 按 $(x+1)$ 的幂展开函数 $F(x)=x^4-7x^3+2x^2-3x+5$.

解 函数 $F(x)=x^4-7x^3+2x^2-3x+5$ 在任意闭区间 $[a, b]$ 上任意阶连续可导,且

$$F^{(n)}(x)=\begin{cases}4! & (n=4),\\ 0 & (n \geqslant 5),\end{cases} \tag{10-26}$$

故当 $n\geqslant 4$ 时 $|R_n(x,F)|=0$，即 $F(x)=T_4(x,F)=T_n(x,F)$.

下面用待定系数法求 $T_4(x,F)$，设

$$F(x)=A+B(x+1)+C(x+1)^2+D(x+1)^3+E(x+1)^4, \tag{10-27}$$

两端取 $x=-1$ 得

$$A=F(-1)=(-1)^4-7\cdot(-1)^3+2\cdot(-1)^2-3\cdot(-1)+5=18. \tag{10-28}$$

将(10-27)式两端求导后取 $x=-1$ 得

$$B=F'(-1)=4\cdot(-1)^3-21\cdot(-1)^2+4\cdot(-1)-3=-32, \tag{10-29}$$

再求导取 $x=-1$ 得

$$2C=F''(-1)=12\cdot(-1)^2-42\cdot(-1)+4=58,\ C=29, \tag{10-30}$$

再求导取 $x=-1$ 得

$$6D=F^{(3)}(-1)=24\cdot(-1)-42=-66,\ D=-11. \tag{10-31}$$

最后显然有 $E=1$，从而所求的展开式为

$$F(x)=18-32(x+1)+29(x+1)^2-11(x+1)^3+(x+1)^4. \tag{10-32}$$

【例 10.2】 写出函数 $F(x)=\mathrm{e}^x$ 的 n 阶麦克劳林公式，并求 e 的近似值，使其误差不超过 10^{-6}.

解 容易计算出

$$F'(x)=F''(x)=\cdots=F^{(n)}(x)=\mathrm{e}^x,$$

$$F'(0)=F''(0)=\cdots=F^{(n)}(0)=1. \tag{10-33}$$

根据泰勒定理，对于任意的 $a\leqslant 0\leqslant b$ 和 $x\in[a,b]$ 得

$$\mathrm{e}^x=1+x+\frac{1}{2!}x^2+\frac{1}{3!}x^3+\cdots+\frac{1}{n!}x^n+R_n(x). \tag{10-34}$$

若记 $A=\max\{|a|,|b|\}$，则

$$|R_n(x)|\leqslant\frac{|e^A x^n|}{n!}. \tag{10-35}$$

取 $x=1$，则得无理数 e 的近似式为

$$\mathrm{e}\approx 1+1+\frac{1}{2!}+\frac{1}{3!}+\cdots+\frac{1}{(n-1)!}. \tag{10-36}$$

因为 $x=1\in[0,1]$，所以

$$|R_n(1)|<\frac{3}{(n+1)!}, \qquad (10\text{-}37)$$

取 $n=9$，可得 $R_n(1)<10^{-6}$，此时 $e\approx 2.718282$ 即为所求.

图 10-1 画出了函数 $y=e^x$ 和它的前几个泰勒多项式的图像.

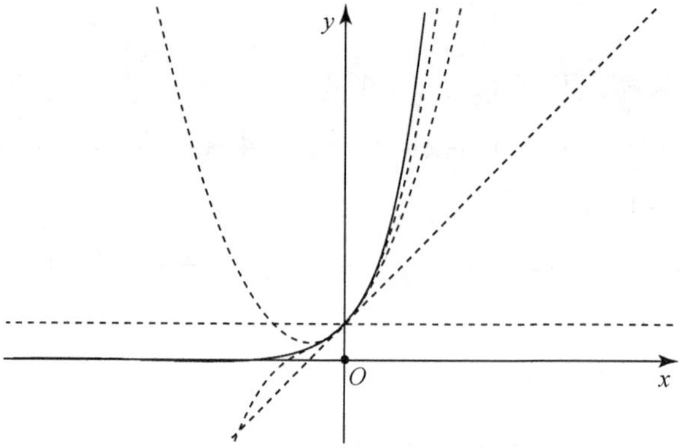

图 10-1 指数函数的泰勒多项式

【例 10.3】 求函数 $F(x)=\sin x$ 的 n 阶麦克劳林展开式.

解 计算给出

$$\sin x=x-\frac{x^3}{3!}+\frac{x^5}{5!}-\cdots+(-1)^{k-1}\frac{x^{2k-1}}{(2k-1)!}+R_{2k}(x), \qquad (10\text{-}38)$$

其中 $|R_{2k}(x)|\leqslant\frac{|x^{2k+1}|}{(2k+1)!}$.

如果取 $k=1$，则得近似公式 $\sin x\approx x$，分别取 $k=2,3$，则可得 $\sin x$ 的三次近似公式 $\sin x\approx x-\frac{x^3}{3!}$ 和五次近似公式 $\sin x\approx x-\frac{x^3}{3!}+\frac{x^5}{5!}$. 如图 10-2.

类似地有

$$\cos x=1-\frac{x^2}{2!}+\frac{x^4}{4!}-\cdots+(-1)^k\frac{x^{(2k)}}{(2k)!}+R_{2k+1}(x),$$

其中 $|R_{2k+1}(x)|\leqslant\frac{|x|^{2(k+1)}}{(2(k+1))!}$.

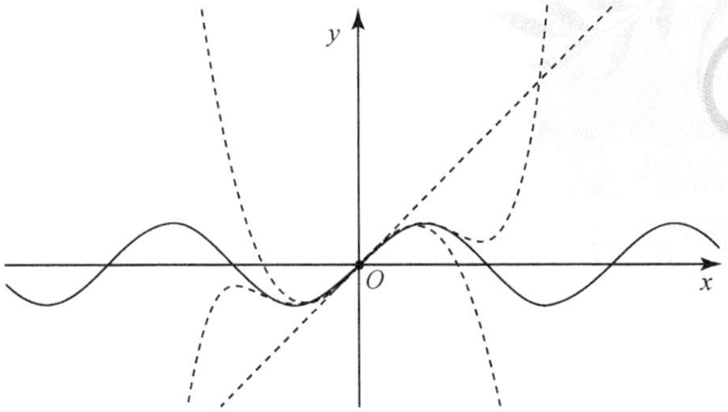

图 10-2 正弦函数的泰勒多项式

$$\ln(1+x)=x-\frac{x^2}{2}+\frac{x^3}{3}-\cdots+(-1)^{n-1}\frac{x^n}{n}+R_n(x),$$

其余项估计当 $x\in[0,1]$ 时有 $|R_n(x)|\leqslant\frac{|x|^{n+1}}{n+1}$，而当 $x\in(0,1)$ 时有 $|R_n(x)|\leqslant\frac{|x|^{n+1}}{(n+1)(1-|x|)^{n+1}}$.

$$(1+x)^{\alpha}=1+\alpha x+\frac{\alpha(\alpha-1)}{2!}x^2+\cdots+\frac{\alpha(\alpha-1)\cdots(\alpha-n+1)}{n!}x^n+R_n(x),$$

其余项估计当 $x\in[0,1]$ 且 $\alpha\leqslant n+1$ 时有 $|R_n(x)|\leqslant\frac{|x|^{n+1}}{n+1}$，当 $x\in[0,1]$ 且 $\alpha>n+1$ 时有 $|R_n(x)|\leqslant\frac{|x|^{n+1}(1+x)^{\alpha-n-1}}{n+1}$，当 $x\in(0,1)$ 且 $\alpha\leqslant n+1$ 时有 $|R_n(x)|\leqslant\frac{|x|^{n+1}}{(n+1)(1-|x|^{n+1-\alpha})}$. 当 $x\in(0,1)$ 且 $\alpha>n+1$ 时有 $|R_n(x)|\leqslant\frac{|x|^{n+1}}{(n+1)}$.

在多种数学书或数学手册上有基本初等函数的麦克劳林展开式，这里不再赘述.

第 11 章 实数与连续性

严谨的实数理论，
揭示出连续性的奥秘.

11.1 实数系统的特性

我们已经建立了微积分的基本概念和理论.

一路走来，比较顺利，好像也比较严谨.

但认真反思起来，有些地方还是应当进一步说清楚.

例如，在定义 4.2 中利用曲边梯形的面积引进了自然对数 $\ln x$，用 $\ln x$ 的反函数定义了指数函数 e^x. 我们说 e^x 的定义域是$(-\infty, +\infty)$，这有什么依据呢？根据反函数的概念，e^x 的定义域是 $\ln x$ 的值域，怎么知道 $\ln x$ 的值域是全体实数的集合呢？

要严谨地回答这种问题，就需要知道实数系统的性质.

前面讲到的函数，定义域大都是区间. 区间是由实数组成的集合，实数包括有理数和无理数. 有理数系包含哪些元素、有哪些性质，我们是清楚的. 那么，扩大成为实数系，又有什么新的特性呢？

实数系和有理数系的不同之处，就在于实数系是连续的，有理数系则是不连续的.

为何说有理数系不连续呢？

因为有理数之间有很多的“缝隙”. 如图 11-1，设数轴上的所有

的有理点组成虚线 OX. 作边长为 1 的正方形 $OABC$，以 O 为心过点 B 作圆弧穿过 OX，但圆弧不可能与虚线 OX 相交，因为圆的半径 $\sqrt{2}$ 是无理数！圆弧从密密麻麻的有理数之间穿过而不碰上任何一个有理数，说明有理数系在这里有缝隙.

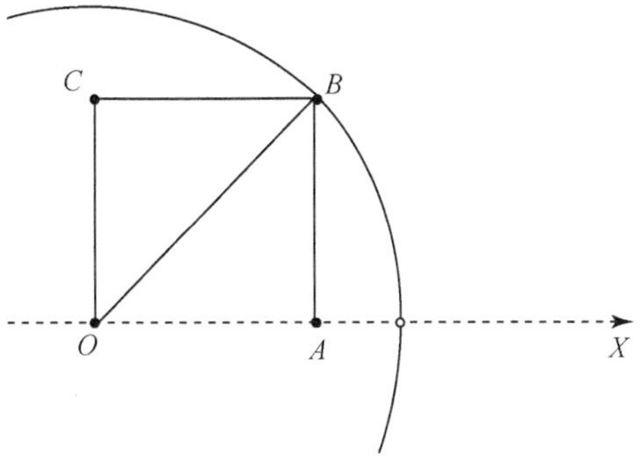

图 11-1　圆弧穿越有理数系的缝隙

把有理数系的所有缝隙都用无理数填上，就得到了实数系. 既然缝隙都填上了，实数系就是连续的. 怎样用数学的语言刻画实数的连续性呢？下面做一个思想实验.

设想所有的实数组成了连续的天衣无缝的数直线. 用一把无比锋利的大刀来砍这条直线. 因为无缝，所以就砍在某个点 P 上；因为直线很细，所以就在点 P 处砍成了两段，如图 11-2. 那么，点 P 在哪一段上呢？

只能说，不在左边就在右边；两边都有或都没有是不可能的.

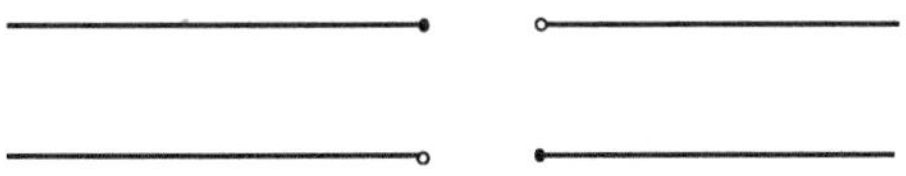

图 11-2　砍断数直线的思想实验

从这里领悟到，所谓实数系的连续性，就是满足下面由数学家戴德金所提出的公理：

关于实数系连续性的戴德金公理　把全体实数分成 A，B 两个非空集合. 如果对任意的 $x \in A$ 和 $y \in B$ 总有 $x < y$，则 A 中有最大数或 B

中有最小数，两者必居其一，且仅居其一.

连续性是自古以来哲学家感兴趣的问题，但一直说不清楚. 有了上述公理，实数系的连续性得到了严谨的界定，物理上的连续性和几何的连续性都有了合理的数学模型.

从戴德金公理，可以推出下面一个更便于应用的命题. 为此先引入

定义 11.1(实数集的上下确界) 设 S 是实数集，M 和 m 是实数. 如果对任意的 $x\in S$ 都有 $x\leqslant M$，则称 M 是 S 的一个上界；如果对任意的 $x\in S$ 都有 $x\geqslant m$，则称 m 是 S 的一个下界. 所有 S 的上界中最小者称为 S 的最小上界，也称上确界，记作 $\sup S$；所有 S 的下界中最大者称为 S 的最大下界，也称下确界，记作 $\inf S$. 上确界和下确界通称为确界.

注意，数集 S 的上界或下界如果是 S 的元素，显然它一定是确界. 反过来不然，确界也可能不是 S 的元素. 例如，$[0,1]$ 的最小上界 $1\in[0,1]$，而 $[0,1)$ 的最小上界 $1\notin[0,1)$.

在有理数系中，有上界的非空数集不一定有最小上界. 例如，所有平方小于 2 的有理数之集，在有理数系中就没有最小上界.

在实数系中，却有下面有用的结果：

定理 11.1(确界定理) 非空有上界的实数集合 S 必有最小上界，非空有下界的实数集合 S 必有最大下界.

证明 先证明非空有上界的实数集合 S 必有最小上界.

设 S 的所有上界组成集 B，其余的实数构成集 A，则对任意的 $x\in A$ 和 $y\in B$，总有 $x<y$，由戴德金公理可知 A 中有最大数或 B 中有最小数.

若 $a\in A$，则 a 不是 S 的上界，从而有 $c\in S$，使得 $a<c$，于是 (a,c) 中的实数都不是 S 的上界，这证明 A 中没有最大数；于是 B 中有最小数，即 S 有最小上界.

设非空实数集合 U 有下界 m，则所有 U 中元素的相反数构成的集合 V 有上界 $-m$，由已经证明的结论知 V 有最小上界 b，则 $-b$ 显然是 U 的最大下界. 定理获证.

今后，若数集 S 有正的下界，则称 S 隔离于 0.

容易证明，确界定理等价于戴德金公理．这样和戴德金公理等价的命题至少有六个，每一个都可以用来作为实数连续性公理而替代戴德金公理，而戴德金公理则成为定理．这六个命题中有一个非常有趣的“区间套定理”，它是确界定理的简单推论．

定理 11.2（区间套定理）　若有一列无穷多个闭区间 $\Delta_n=[a_n, b_n]$，$\Delta_n \subseteq \Delta_{n+1}$ 且数集合 $\{b_n-a_n\}$ 无正的下界，则这些区间有唯一的公共点．

证明　每个 b_k 都是数集合 $\{a_n\}$ 的上界，故 $\{a_n\}$ 的最小上界 a 不大于每个 b_k，故 a 是这些区间的公共点．若又有公共点 b，则 $|b-a|$ 是 $\{b_n-a_n\}$ 的下界．由 $\{b_n-a_n\}$ 无正的下界故 $|b-a|=0$，即 $a=b$，从而公共点唯一．

也可以在有理数系的基础上构造性地引进无理数，例如把无穷不循环小数叫做无理数，从而建立实数系．这样可以用无穷小数的性质证明上述“戴德金公理”，它就成为一条定理．

关于实数理论，众多的微积分教程有更详细的论述．在文献中（张景中和曹培生，1989；Liusternik and Sobolev，1965）有新的研究和较通俗的阐述．

11.2　反函数的存在性

在定义 2.5 中引进了连续函数的概念．为何叫做连续函数？它有什么性质？下面来逐步研究．

从连续函数的局部保号性（定理 3.4），推出下面非常直观的结果．

定理 11.3（连续函数的介值定理）　设函数 $f(x)$ 在 $[a, b]$ 上连续且 $f(a)\cdot f(b)<0$，则存在 $c\in(a, b)$，使得 $f(c)=0$（图 11-3）．

分析　函数 $f(x)$ 在 $[a,b]$ 两端正负不同，x 从一端连续变化到另一端的过程中必有一个转变符号之点，此点处函数值应为 0．据此有下列证明．

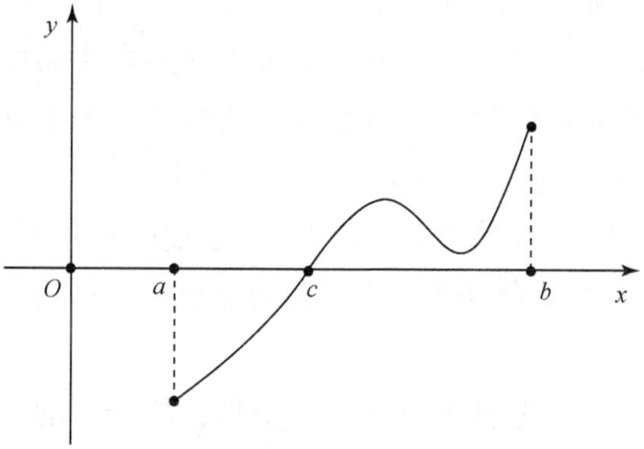

图 11-3 介值定理示意

证明 不妨设$f(a)<0$而$f(b)>0$. 设$[a, b]$上所有使得$f(x)<0$的点x构成集合A，则A非空有上界. 由确界定理，A有最小上界$x=c$. 于是在点c的任意邻域$f(x)$必然有正有负. 于是由连续函数保号性，$f(c)$既不能为正也不能为负，只可能有$f(c)=0$，证毕.

推论 设函数$F(x)$在$[a, b]$上连续，则$F(x)$在$[a, b]$上取到$F(a)$与$F(b)$之间的所有实数.

证明 为确定不妨设$F(a)<V<F(b)$，往证有$c\in(a, b)$，使得$F(c)=V$. 只要令$f(x)=F(x)-V$，则$f(x)$在$[a, b]$上连续且$f(a)\cdot f(b)<0$，由介值定理有$c\in(a, b)$，使得$f(c)=0$，即$F(c)=V$. 推论得证.

现在可以回答本章开始提出的反函数存在问题了.

定理 11.4（反函数存在性） 设函数$F(x)$在$[a, b]$上连续而且严格单调，分别记A和B为$F(a)$和$F(b)$中较小者和较大者，则有唯一的定义于$[A, B]$的函数$G(x)$，使得对任意$x\in[A, B]$有$F(G(x))=x$；且$G(x)$严格单调，值域为$[a, b]$，对任意$x\in[a, b]$有$G(F(x))=x$.

证明 根据条件，当$F(x)$递增时令$G(A)=a$而$G(B)=b$，当$F(x)$递减时令$G(A)=b$而$G(B)=a$；对于$x\in(A, B)$，应用介值定理及其推论可知有$c\in(a, b)$，使得$F(c)=x$，定义$G(x)=c$. 这样就在$[A, B]$上定义了函数$G(x)$. 由定义知道$F(G(x))=F(c)=x$.

下面证明定义于$[A, B]$且满足 $F(G(x))=x$ 的函数 $G(x)$ 是唯一的.

设有$[A, B]$上的函数 $H(x)$ 也满足 $F(H(x))=x$，则对任意的 $u\in(A, B)$有

$$F(G(u))=u=F(H(u)). \tag{11-1}$$

由 $F(x)$严格单调得 $G(u)=H(u)$，这证明了唯一性.

函数 $F(x)$在$[a, b]$上递增或递减分别等价于对任意$[a, b]$上两点 u 和 v，$(F(u)-F(v))(u-v)$恒正或恒负，取 $u=G(x)$和 $v=G(y)$代入得

$$(F(u)-F(v))(u-v)=(x-y)(G(x)-G(y)), \tag{11-2}$$

这表明函数 $F(x)$在$[a, b]$上递增或递减分别等价于 $G(x)$在$[A, B]$上递增或递减. $G(x)$值域显然为$[a, b]$. 最后，在 $F(G(x))=x$ 中取 $u=G(x)$得$u=G(x)=G(F(G(x)))=G(F(u))$. 证毕.

在上述定理中的函数 $G(x)$叫做函数 $F(x)$在$[a, b]$上的反函数.

从本节推理过程看到，我们在中学数学课程中习以为常的一些断言，要严谨地说清楚还是颇费口舌的. 同时也澄清了，要说清楚仅仅需要增加一条命题，即戴德金公理或确界定理.

从介值定理可以得出不少有用的推论，例如

区间上的不动点定理　若$f(x)$在$[a, b]$上连续，且当 $x\in[a, b]$时有 $f(x)\in[a, b]$，则存在 $c\in[a, b]$，使得$f(c)=c$.

道理很简单，从$f(x)\in[a, b]$可知 $f(a)\geqslant a$ 和$f(b)\leqslant b$. 取 $g(x)=f(x)-x$，则有 $g(a)\geqslant 0$ 和 $g(b)\leqslant 0$. 由介值定理有 $c\in[a, b]$，使得 $g(c)=0$ 即$f(c)=c$.

拉格朗日中值定理　若 $F(x)$在区间 I 连续可导，则对任意$[a, b]\subseteq I$，有 $c\in[a, b]$，使得 $F(b)-F(a)=F'(c)(b-a)$.

这是因为 $F'(x)$是 $F(x)$的乙函数，故存在$[a, b]$上的 p 和 q，使得

$$F'(p)\leqslant\frac{F(b)-F(a)}{b-a}\leqslant F'(q);$$

取 $G(x)=F(b)-F(a)-F'(x)(b-a)$，则 $G(p)\geqslant 0$ 且 $G(q)\leqslant 0$. 由介值

定理有 c 在 p 和 q 之间，使得 $G(c)=0$，即 $F(b)-F(a)=F'(c)(b-a)$.

在讲了点式可导后，可以减弱拉格朗日中值定理的条件，不要求导数连续. 不过在实际应用中考虑连续可导已经足够.

11.3 定积分的存在性

在第 6 章最后一节证明了连续函数或单调函数的积分系统如果存在必然是唯一，至于是否存在，则没有回答.

有了确界定理，可以解决这个问题了.

下面说明解决此问题的主要步骤和方法，详细推导从略.

设 $f(x)$ 定义于区间 I，对任意 $[u, v]\subseteq I$，设 $f(x)$ 是 $[u, v]$ 上的有界函数. 如果 $[u, v]$ 上的逐段线性函数 $g(x)\leqslant f(x)$，则称它是 $f(x)$ 的一个下函数；如果 $[u, v]$ 上的逐段线性函数 $g(x)\geqslant f(x)$，则称它是 $f(x)$ 的一个上函数；上函数和下函数在 $[u, v]$ 上显然都可积. 所有上函数在 $[u, v]$ 上的定积分组成有下界的实数集，记其最大下界为 $L(u, v)$；所有下函数在 $[u, v]$ 上的定积分组成有上界的实数集，记其最小上界为 $H(u, v)$. 显然有不等式 $L(u, v)\leqslant H(u, v)$. 可以证明（见 17.2 定理 17.7 和定理 17.8），如果 $L(u, v)=H(u, v)$，取 $S(u, v)=H(u, v)=L(u, v)$，则 $S(u, v)$ 是 $f(x)$ 在区间 I 上的唯一积分系统.

具体说来，容易证明若 $f(x)$ 为逐段连续或单调的函数，总有 $L(u, v)=H(u, v)$. 所以逐段连续或单调的函数在闭区间上可积.

【补充资料：连续归纳法和实数系的基本定理】

数学归纳法是十分重要的常用解题工具，大家很熟悉. 那么，在实数系统里能不能建立相应的归纳推理方法呢?

“非空的自然数集里必有最小数”，这是数学归纳法的正确性的依据. 实数集按照自然大小顺序，它的子集不一定有最小数. 例如 $(0,1)$ 中既没有最大数，也没有最小数. 这给实数的归纳推理造成了困难. 因为这个原因，实数的归纳法很晚才被发现（张景中等，1989）.

为了从自然数的数学归纳法引出实数的连续归纳法，要变通一下归纳法的表述形式.

首先，关于自然数的数学归纳法可以这样表述：

设 P_n 是涉及自然数 n 的一个命题，如果

(i) 存在某个自然数 n_0，使得对一切 $n<n_0$ 有 P_n 真；

(ii) 若对一切 $n<m$ 有 P_n 真，则存在 $k>m$，使得 P_n 对一切 $n<k$ 也真；那么，对一切自然数 n，P_n 真.

相应地，给出关于实数的连续归纳法如下：

设 P_x 是涉及实数 x 的一个命题，如果

(i) 存在某个实数 x_0，使得对一切 $x<x_0$ 有 P_x 真；

(ii) 若对一切 $x<y$ 有 P_x 真，则存在 $z>y$，使得 P_x 对一切 $x<z$ 也真；那么对一切实数 x，P_x 真.

比较一下，两种归纳法的表述一字不差.

今后，称归纳法中的条件(i)为归纳起点，(ii)为归纳推断.

首先自然要问，连续归纳法成立吗？如何证明？下面就是回答.

定理 11.5　连续归纳法等价于戴德金公理.

证明　首先用戴德金公理导出连续归纳法，用反证法.

若连续归纳法不成立，则存在一个涉及实数 x 的命题 P_x，使得归纳法叙述中的(i)和(ii)都成立，但仍存在实数 u，使得 P_u 不真.

规定：若对一切 $x\in(-\infty,\ y)$ 有 P_x 真，则 y 属于甲集，其余的实数属于乙集. 显然，甲、乙两个集合皆非空. 并且甲集中的每一个数皆比乙集中的每一个数小. 由戴德金公理，或者甲集有最大数，或者乙集有最小数，记此数为 a.

对任意一个 $x\in(-\infty,\ a)$，取 $y_0=\dfrac{x+a}{2}<a$，则 y_0 属于甲集. 再由 $x\in(-\infty,\ y_0)$，及甲集的定义知 P_x 真. 这样证得对一切 $x<a$ 有 P_x 真.

由归纳法陈述中的(ii)，存在 $y>a$，使得 P_x 对一切 $x<y$ 也真，因而 y 属于甲集，这与“a 或者是甲集中最大数，或者是乙集中最小数”矛盾. 所以反证法假设不成立，即连续归纳法成立.

下面再由连续归纳法推出戴德金公理.

如果把全体实数分成甲、乙两个非空集合，使得甲集里的每个数 x 比乙集里任一个数 y 都小，要证明的是：要么甲集里有最大数，要么乙集里有最小数.

用反证法. 倘若甲集里没有最大数且乙集里也没有最小数. 约定命题 P_x 的意义是“x 属于甲集”. 由甲集非空，存在某数 x_0 属于甲集. 于是对任意的 $x \in (-\infty, x_0)$，x 必属于甲集，因而 P_x 真. 这就有了归纳起点.

设对一切 $x \in (-\infty, y)$，有 P_x 真. 由于乙集中没有最小数，故 y 属于甲集. 又因甲集没有最大数，故存在 $z > y$，使得 z 属于甲集，从而对 $x \in (-\infty, z)$，x 属于甲集，因而 P_x 真. 这就完成了归纳推断.

由连续归纳法知对一切实数 x，P_x 真. 即一切实数 x 皆属于甲集，与乙集为非空集合矛盾. 即所欲证.

有此等价定理做保证，连续归纳法也可以作为实数的公理，用它取代戴德金公理或其他等价形式的实数连续性公理.

为了说明连续归纳法的用法，下面用它推出其他实数基本定理. 下面的定理就是定理 11.1，这里用连续归纳法来证明它.

定理 11.6 非空有上界的数集必有最小上界.

证明 用反证法，设数集 S 无最小上界，来推出矛盾.

设命题 P_x 为“x 不是 S 的上界”.

(i) 由 S 不空，有 $x_0 \in S$. 于是对一切 $x \in (-\infty, x_0)$，x 不是 S 的上界，即 P_x 为真. 这就有了归纳起点.

(ii) 若对一切 $x \in (-\infty, y)$，P_x 成立，即 x 不是 S 的上界，则 y 也不是 S 的上界. 否则，y 将成为 S 的最小上界而与假设矛盾. 既然 y 不是 S 的上界，则必存在 $z > y$，使得 $z \in S$. 于是对一切 $x \in (-\infty, z)$ 有 P_x 真. 于是归纳推断成立.

由连续归纳法，对一切实数 x，P_x 真. 即任意的 x 不是 S 的上界，即 S 无上界，与命题条件矛盾.

有了连续归纳法，一系列涉及实数连续性的定理都可以较容易地得到验证.

定理 11.7(有限覆盖定理)　设$\{\Delta_s\}$是一些开区间的集合，若这些开区间的并集包含了$[a, b]$，则其中必存在有限个开区间其并集包含$[a, b]$.

证明　考虑命题

P_x:$\{\Delta_s\}$中存在有限个开区间其并集包含$(-\infty, x]\cap[a, b]$.

则有

(i) 显然，则当$x<a$时P_x成立；

(ii) 如果对一切小于y的x，P_x成立；

若$y<a$或$y>b$，显然有$z>y$，使得对一切小于z的x，P_x成立.

若$y\in[a, b]$，则$\{\Delta_s\}$中存在开区间(c, d)，使得$y\in(c, d)$；

取$x_1\in(c, y)$，则由归纳条件$(-\infty, x_1]\cap[a, b]$存在有限覆盖；

对任意的$x\in[y, d)$，由于

$$(-\infty, x]\cap[a, b]=((-\infty, x_1]\cap[a, b])\cup([x_1, x]\cap[a, b]),$$

所以$(-\infty, x]\cap[a, b]$存在有限覆盖. 令$z=d$，于是对一切小于z的x，有P_x成立.

由连续归纳法，对一切实数x，P_x成立. 取$x>b$，推出$\{\Delta_s\}$中存在有限个开区间覆盖了$[a, b]$. 证毕.

事实上，有限覆盖定理可以有更广泛的内容. 为此，要引入开集和闭集的概念.

一些开区间之并叫做开集. 若点x属于开集G，则存在一个包含点x的开区间Δ，其中所有点都属于G；反过来，具有这种性质的点集G必为开集. 规定空集是开集.

从$(-\infty, +\infty)$中去掉一个开集，剩下的点组成的集合叫做闭集. 闭区间显然是闭集，有限个闭区间之并也是闭集. 设F是闭集；由开集的定义可知，若点x不属于F，则存在一个包含点x的开区间Δ，其中所有点都不属于F；反过来，若包含点x的每个开区间都含有F中的点，则点x本身也属于F. 这个性质也可以作为闭集的定义.

利用上述概念，定理 11.7 可以推广为

定理 11.7*（一般的有限覆盖定理） 设 M 是 $[a, b]$ 的一个闭子集，而 $\{\Delta_s\}$ 是一些开区间的集合，若这些开区间的并集包含了 M，则其中必存在有限个开区间，其并集包含 M.

证明 考虑命题

P_x：$\{\Delta_s\}$ 中存在有限个开区间，其并集包含 $(-\infty, x]\cap M$.

则有

(i) 显然，则当 $x<a$ 时，P_x 成立；

(ii) 如果对一切小于 y 的 x，P_x 成立，有两种情形：

若 $y\notin M$，则存在以 y 为内点的区间 $[u, z]$，其中所有点都不属于 M. 于是由 P_u 成立可知对一切小于 z 的 x，P_x 成立.

若 $y\in M$，则 $\{\Delta_s\}$ 中存在开区间 (c,d)，使得 $y\in(c, d)$；

取 $x_1\in(c, y)$，则由归纳条件 $(-\infty, x_1]\cap M$ 存在有限覆盖；

对任意的 $x\in[y, d)$，由于

$$(-\infty, x]\cap M=((-\infty, x_1]\cap M)\cup([x_1, x]\cap M),$$

所以 $(-\infty, x]\cap M$ 存在有限覆盖. 令 $z=d$，于是对一切小于 z 的 x，有 P_x 成立.

由连续归纳法，对一切实数 x，P_x 成立. 取 $x>b$，推出 $\{\Delta_s\}$ 中存在有限个开区间覆盖了 M. 证毕.

比较定理 11.7 和定理 11.7* 的证明，看出两者几乎一样！

定理 11.8（区间套定理） 若区间序列 $\{[a_n, b_n]\}$ 满足 $a_n\leqslant a_{n+1}\leqslant b_{n+1}\leqslant b_n$，则必有实数 c 属于每个 $[a_n, b_n]$；若 $\{b_n-a_n\}$ 没有正下界，这样的 c 是唯一的.

证明 先证存在性. 用反证法，设没有实数 c 属于每个 $[a_n, b_n]$. 考虑命题 P_x："x 不是 $\{a_n\}$ 的上界"，则有

(i) 设 $a=a_1$，则当 $x<a$ 时 P_x 成立；

(ii) 如果对一切小于 y 的 x 有 P_x 成立，则 y 不能是 $\{a_n\}$ 的上界，否则它属于每个 $[a_n, b_n]$，与反证法假设不符，故存在 k，使得 $a_k>y$. 令 $z=a_k$，则对一切小于 z 的 x，P_x 成立.

由连续归纳法，一切实数 x 不是 $\{a_n\}$ 的上界. 这与 b_1 是 $\{a_n\}$ 的上

界矛盾，这证明有实数 c 属于每个 $[a_n, b_n]$.

再证明唯一性：若存在 d 属于每个$[a_n, b_n]$，则 $b_n - a_n \geqslant |c-d|$. 因为$\{b_n - a_n\}$没有正下界，故 $|c-d| = 0$，即 $d = c$. 证毕.

为表述下面的定理，引进"极限点"的概念. 若包含点 u 的每个开区间中都有点集 M 中的无穷多个点，则称 u 为点集 M 的极限点. 例如，每个实数 u 都是有理数集的极限点，$[a, b]$上的每个点都是(a, b)的极限点.

定理 11.9(波尔查诺 - 魏尔斯特拉斯定理)　若无穷点集 M 被$[a, b]$所包含，则 $[a, b]$中必有 M 的极限点.

证明　用反证法. 设 $[a, b]$中没有 M 的极限点(即 M 无极限点. 因 M 的极限点当然不会在 $[a, b]$外)，引入命题

$$P_x:\text{"在}(-\infty, x]\text{中只有 } M \text{ 的有限个点"},$$

则有

(i) 取 $x_0 = a$，对任一个 $x < x_0$ 显然 P_x 成立.

(ii) 设有 y，使得对一切 $x < y$ 有 P_x 成立. 因为 y 不是 M 的极限点，故存在含 y 的开区间(α, β)，其中只有 M 的有限个点. 取 $u \in (\alpha, y)$(图 11-4)，由归纳假定可知$(-\infty, u]$中只有 M 的有限个点，从而$(-\infty, \beta)$中只有 M 的有限个点. 令 $z = \beta > y$，则对一切 $x < z$ 有 P_x 成立.

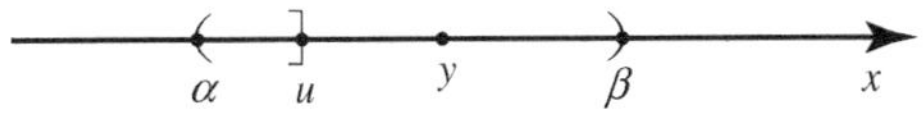

图 11-4　取 $u \in (\alpha, y)$，则$(-\infty, u]$中只有 M 的有限个点

由连续归纳法，对一切 x，$(-\infty, x]$中只有 M 的有限个点. 当$x = b$ 时推出 M 中只有有限个点，与题设矛盾. 这否定了反证法假设，定理得证.

第 12 章 数列极限与无穷级数

无穷多个数之和长期使人困惑，
极限概念的建立使之水落石出．

12.1 数列的极限

在前面 1 ~10 章，不借助于极限概念建立了一元函数微积分的理论框架，证明了微积分的一系列基本结果．但极限理论毕竟是高等数学的重要内容，不可不学．从本章开始，我们引入极限概念，使前面建立的微积分新体系和传统教程的体系接轨．读者将看到，在掌握了微积分的基本方法和工具后，极限理论更易于理解和便于应用．

定义域为自然数集合的函数 $a(n)$ 叫做无穷数列，简称数列．通常表示为 $\{a_n\}$ 或

$$a_0,\ a_1,\ \cdots,\ a_n,\ \cdots, \tag{12-1}$$

其中 a_0 叫做数列的首项，a_n 叫做数列的第 n 项．有时数列编号从 1 开始，a_1 就是首项了．这并不重要．

例如，若 $F(x)$ 任意次连续可导，它在 $x=a$ 处的泰勒级数的各项系数按顺序组成数列；对于确定的 x，泰勒级数的各项按顺序组成数列；次数自低到高的泰勒多项式的值组成数列；对应的余项也组成数列．

数列各项的变化可能有多种情形，最简单的是常数列，一直不

变．常数列太简单，很难有丰富的内容，意思不大，用处也不大．很有意思并且很有用的一类数列是在变化中越来越接近某个常数的数列，即所谓有极限的数列．在例 10.2 用指数函数的麦克劳林级数计算 e 的近似值，多加一项，误差就小一些，一项一项地加，得到一个数列，这个数列的极限就是无理数 e.

但是，什么叫做极限，这里还没有严谨的定义．在数学发展的历史上，对极限的认识经历了 100 多年的过程．这不是一个轻松的任务．我们试图从最熟悉的数列开始，建立严谨而容易理解的数列极限概念.

我们最熟悉的数列之一是自然数列 $\{n\}$：

$$0, 1, 2, \cdots, n, \cdots, \tag{12-2}$$

这个数列有两个特点，其一是单调不减，其二是无界．具有这两个特点的数列，在后面的讨论中有特别重要的意义．

在微积分中讨论问题，常常涉及有界与无界．这里有数集的有界与无界，函数的有界与无界，数列的有界与无界，函数差商的有界与无界，等等．这些概念最终都可归结为某个数集合有界与无界的问题．无界的数集合可以看成是和无穷大相接触的数集合；有界的数集合则是和无穷大隔离的数集合．无界非 0 数集合中的数取倒数，得到和 0 相接触的数集合；有界的非 0 数集合中的数取倒数，得到隔离于 0 的数集合．

定义 12.1（D 数列和 d 数列）　单调不减并且无界的非负数列 $\{D_n\}$ 叫做 D 数列；D 数列各非 0 项的倒数 $d_n=\dfrac{1}{D_n}$ 构成的数列 $\{d_n\}$ 叫做 d 数列．也可以说，d 数列是单调非增且无正下界的非负数列．

显然，D 数列除了开始的至多有限项外，后面各项都是正数．两 D 数列对应项之和仍然是 D 数列；D 数列与单调不减非负数列对应项之和仍然是 D 数列；两 D 数列对应项之积仍然是 D 数列；D 数列各项乘上同一个正的常数仍然是 D 数列；D 数列的无穷子数列仍然是 D 数列；D 数列换掉有限项后如不改变其单调性和非负性则仍然是 D 数列.

常见的 D 数列有 $\{n\}$, $\{n^2\}$, $\{\sqrt{n}\}$, $\{\ln n\}$, $\{2^n\}$, $\{n!\}$ 等.

定义 12.2(无穷大列) 设 $\{a_n\}$ 是一数列. 若存在 D 数列 $\{D_n\}$, 使得

$$|a_n| \geqslant D_n \tag{12-3}$$

除了有限项外均成立, 则称 $\{a_n\}$ 为无穷大列或无穷大, 也称 a_n 趋于无穷, 记作

$$a_n \to \infty \text{ 或 } \lim_{n\to\infty} a_n = \infty. \tag{12-4}$$

类似地, 若(12-3)式改为 $a_n \geqslant D_n$, 则称 $\{a_n\}$ 为正无穷大列或正无穷大, 也称 a_n 趋于正无穷, 记作

$$a_n \to +\infty \text{ 或 } \lim_{n\to\infty} a_n = +\infty, \tag{12-5}$$

若(12-3)式改为 $-a_n \geqslant D_n$, 则称 $\{a_n\}$ 为负无穷大列或负无穷大, 也称 a_n 趋于负无穷, 记作

$$a_n \to -\infty \text{ 或 } \lim_{n\to\infty} a_n = -\infty. \tag{12-6}$$

显然, D 数列是无穷大列, 而且是正无穷大. 正无穷大列和负无穷大列都是无穷大列.

无穷大列不一定是 D 数列. 例如, $\{(-1)^n n\}$ 是无穷大列, 不是 D 数列.

容易想到, 无穷大的倒数是无穷小.

定义 12.3(无穷小列) 设 $\{a_n\}$ 是一数列. 若存在 d 数列 $\{d_n\}$, 使得

$$|a_n| \leqslant d_n \tag{12-7}$$

除了有限项外均成立, 则称 $\{a_n\}$ 为无穷小列或无穷小, 也称 a_n 趋于 0, 记作

$$a_n \to 0 \text{ 或 } \lim_{n\to\infty} a_n = 0. \tag{12-8}$$

容易推出无穷小列的基本性质, 例如有限个无穷小列之和仍为无穷小列, 无穷小列与有界数列之积仍为无穷小列, 无穷小列的部分无穷列仍为无穷小列, 等等.

有了无穷小的概念, 极限概念就呼之欲出了.

定义 12.4(数列的极限)　设$\{a_n\}$是一数列．若存在数 a，使得$\{a_n-a\}$为无穷小列，则称 a 为数列$\{a_n\}$的极限，也称 a_n 趋于 a，记作

$$a_n\to a \text{ 或 } \lim_{n\to\infty}a_n=a. \tag{12-9}$$

由此可见，所谓有极限的数列，就是常数列与无穷小列之和．因此，从无穷小的性质可以推出有关极限的运算法则（张景中和曹培生，1989）．

按定义，无穷小列就是极限为 0 的数列．

这里的数列极限定义与如下的传统 $\varepsilon-N$ 定义方法表面上有所不同．

传统的数列极限的定义　设$\{a_n\}$是无穷数列．如果存在一个数 a，使得对于任给的 $\varepsilon>0$，总有 $N>0$，使当 $n\geqslant N$ 时总有 $|a_n-a|<\varepsilon$，就说数列$\{a_n\}$以 a 为极限．记作 $a_n\to a$ 或 $\lim\limits_{n\to\infty}a_n=a$．

容易证明两种定义是等价的（张景中和曹培生，1989）．下面的几个例子表明，用这里的定义处理数列极限有时相当有效．传统的 $\varepsilon-N$ 定义方法对于初学者理解起来有些困难，但在高等数学中已经普遍使用，在有些理论分析场合也可能比较方便，故对于想深入学习数学的读者，也有必要了解．本书也将在某些场合使用传统的 $\varepsilon-N$ 定义方法，以说明其用法．

【例 12.1】　求证 $\lim\limits_{n\to\infty}\sqrt[n]{n}=1$.

证明　记 $\alpha_n=\sqrt[n]{n}-1$，只要证明 $\alpha_n\to0$ 即可．

将等式$\sqrt[n]{n}=1+\alpha_n$ 两端自乘 n 次，由 $\alpha_n\geqslant0$ 可得

$$n=(1+\alpha_n)^n>1+n\alpha_n+\frac{n(n-1)}{2}\alpha_n^2>\frac{n(n-1)}{2}\alpha_n^2, \tag{12-10}$$

从而当 $n>1$ 时得 $|\alpha_n|<\dfrac{2}{\sqrt{n-1}}$．因 $\sqrt{n-1}$是 D 数列，$\dfrac{2}{\sqrt{n-1}}$ 是 d 数列，故 $\alpha_n\to0$. 证毕．

【例 12.2】　设 a_1，a_2，…，a_n，…是无穷小列，$S_n=a_1+a_2+\cdots+a_n$，求证$\left\{\dfrac{S_n}{n}\right\}$是无穷小列．

证明 由无穷小列定义，存在 d 数列 $\{d_n\}$，使得 $|a_n| \leqslant d_n$.

记 m 为不大于 $\sqrt{n}$ 的最大整数，注意 $\{d_n\}$ 单调，有

$$\left|\frac{S_n}{n}\right| \leqslant \frac{d_1+\cdots+d_n}{n} = \frac{d_1+\cdots+d_m}{n} + \frac{d_{m+1}+\cdots+d_n}{n}$$

$$\leqslant \frac{md_1}{n} + \frac{(n-m)d_{m+1}}{n} \leqslant \frac{d_1}{\sqrt{n}} + d_{m+1}. \tag{12-11}$$

右端显然是 d 数列，故 $\left\{\frac{S_n}{n}\right\}$ 是无穷小列.

【例 12.3】 求证

$$\lim_{n\to\infty}\left(1+\frac{1}{n}\right)^n = \mathrm{e}. \tag{12-12}$$

证明 在不等式(4-14)中取 $u=1$ 和 $v=1+\frac{1}{n}$ 得到

$$\frac{n}{n+1} < n\ln\left(1+\frac{1}{n}\right) < 1. \tag{12-13}$$

由指数函数单调性和上列不等式得

$$\mathrm{e}^{\frac{n}{n+1}} < \left(1+\frac{1}{n}\right)^n < \mathrm{e}, \tag{12-14}$$

于是

$$\left|\mathrm{e}-\left(1+\frac{1}{n}\right)^n\right| < \mathrm{e}-\mathrm{e}^{\frac{n}{n+1}} = \mathrm{e}^{\frac{n}{n+1}}\left(\mathrm{e}^{\frac{1}{n+1}}-1\right) < 4\left(\mathrm{e}^{\frac{1}{n+1}}-1\right). \tag{12-15}$$

记 $\beta_n = \mathrm{e}^{\frac{1}{n+1}}-1$，则 $\mathrm{e}^{\frac{1}{n+1}} = 1+\beta_n$，从而 $4>\mathrm{e}=(1+\beta_n)^{n+1}>1+(n+1)\beta_n$，由此得 $\beta_n < \frac{3}{n+1}$，这证明 $\mathrm{e}-\left(1+\frac{1}{n}\right)^n$ 是无穷小列，故 $\left(1+\frac{1}{n}\right)^n$ 以 e 为极限.

上述三个例子见于多种微积分教程，读者可从有关教程中了解如何用传统方法解决这些问题，并与此处的解法对照比较.

下面的例子提示，定积分和数列极限之间有深刻联系.

【例 12.4】 利用等式

$$\ln(1+u) = \int_1^{1+u} \frac{dx}{x} \tag{12-16}$$

求数列$\{S_n\}$的极限，这里 u 是一个给定的正数，而

$$S_n = \sum_{k=0}^{n-1} \frac{u}{n+ku}. \tag{12-17}$$

解　把（12-16）式右端的积分区间分成 n 段，估计其一段得

$$\begin{aligned}\frac{u}{n+(k+1)u} &= \frac{u}{n}\left(1+\frac{(k+1)u}{n}\right)^{-1} < \int_{1+\frac{ku}{n}}^{1+\frac{(k+1)u}{n}} \frac{dx}{x} \\ &< \frac{u}{n}\left(1+\frac{ku}{n}\right)^{-1} = \frac{u}{n+ku},\end{aligned} \tag{12-18}$$

将上式对 k 从 0 到 $n-1$ 求和得

$$\sum_{k=1}^{n} \frac{u}{n+ku} < \ln(1+u) = \int_1^{1+u} \frac{dx}{x} < \sum_{k=0}^{n-1} \frac{u}{n+ku}, \tag{12-19}$$

于是得

$$\left|\ln(1+u) - \sum_{k=0}^{n-1} \frac{u}{n+ku}\right| < \frac{u}{n} + \frac{u}{n(1+u)} < \frac{1}{n}(u+1), \tag{12-20}$$

这证明了 $S_n \to \ln(1+u)$.

什么样的数列才有极限，自然是应当关心的问题．下面是有关数列极限存在的最基本的结果．

定理 12.1　单调不减有上界的数列必有极限．

证明　设$\{a_n\}$单调不减有上界，记其最小上界为 a，则$\{a-a_n\}$为单调不增的非负数列．若数列$\{a-a_n\}$有下界 m，则 $a_n \leqslant a-m$，故 $a \leqslant a-m$，从而$m \leqslant 0$，即数列$\{a-a_n\}$没有正下界因而是 d 数列，由定义得 $a_n \to a$. 证毕．

此定理的传统方法证明为：设$\{a_n\}$递增有上界，记其最小上界为 a. 往证 a 为$\{a_n\}$的极限．任给 $\varepsilon > 0$，由于 a 为$\{a_n\}$的最小上界，故 $a-\varepsilon$不是$\{a_n\}$的上界，从而存在 $N>0$，使得 $a-\varepsilon < a_N \leqslant a$. 由$\{a_n\}$递增，故对一切 $n \geqslant N$ 均有 $a-\varepsilon < a_n \leqslant a$，这推出 $|a_n - a| < \varepsilon$. 由定义得 $a_n \to a$. 证毕．

请读者对照两种方法各自的特点．

在4.1节中引进了大O和小o的记法，这种记法也适用于数列．用o(1)表示无穷小列，O(1)表示有界数列，则有关的运算法则(4-2)仍然适用．而极限表示式 $a_n \to a$ 可以写成 $a_n = a + o(1)$．使用类似于第4章的方法，可以推出有关数列极限的四则运算法则，例如已知当 $a_n \to a$ 和 $b_n \to b$ 时，有

(i) $\lim\limits_{n\to\infty}(a_n + b_n) = \lim\limits_{n\to\infty} a_n + \lim\limits_{n\to\infty} b_n$，即

$$a + o(1) + b + o(1) = a + b + o(1);$$

(ii) $\lim\limits_{n\to\infty}(a_n \cdot b_n) = \lim\limits_{n\to\infty} a_n \cdot \lim\limits_{n\to\infty} b_n$，即

$$\begin{aligned}(a + o(1))(b + o(1)) &= a \cdot b + a \cdot o(1) + b \cdot o(1) + o(1) \cdot o(1)\\ &= a \cdot b + o(1);\end{aligned}$$

(iii) 当 $\lim\limits_{n\to\infty} b_n \neq 0$ 时有 $\lim\limits_{n\to\infty} \frac{a_n}{b_n} = \frac{\lim\limits_{n\to\infty} a_n}{\lim\limits_{n\to\infty} b_n}$，即

$$\frac{a + o(1)}{b + o(1)} = \frac{\frac{a + o(1)}{b}}{\frac{b + o(1)}{b}} = \frac{\frac{a}{b} + \frac{o(1)}{b}}{1 + \frac{o(1)}{b}} = \frac{a}{b} + o(1). \tag{12-21}$$

定理12.1给出了数列极限存在的一个充分条件．容易推出数列极限存在的一些必要条件：

定理12.2 若数列 $\{a_n\}$ 有极限，则 $\{a_n - a_{n+1}\}$ 的极限为0．

定理12.3 有极限的数列必为有界数列，即 $a + o(1) = O(1)$．

至于数列极限存在的充分必要条件，则有所谓柯西判别准则：

定理12.4(柯西判别准则) 数列 $\{a_n\}$ 有极限的充分必要条件是

$$\lim_{n\to\infty}(\sup\{|a_n - a_m| : m > n\}) = 0. \tag{12-22}$$

这个命题用传统的 $\varepsilon - N$ 语言表示为：数列 $\{a_n\}$ 有极限的充分必要条件是，对于任给的 $\varepsilon > 0$，存在 $N > 0$，使得当 n 和 m 都不小于 N 时，总有不等式 $|a_m - a_n| < \varepsilon$．

若用这里提出的 d 数列表示则为：数列 $\{a_n\}$ 有极限的充分必要条件是，有 d 数列 $\{d_n\}$，使得当 $m > n$ 时有 $|a_m - a_n| < d_n$．

柯西准则虽然是充分必要条件，但实际应用起来不方便．有一个比较方便的方法是“两面夹”：

定理 12.5(两面夹) 若三个数列$\{a_n\}$,$\{b_n\}$,$\{c_n\}$之间有不等式 $a_n \leqslant b_n \leqslant c_n$，则当 $\lim\limits_{n\to\infty} a_n = \lim\limits_{n\to\infty} c_n = a$ 时，必有 $\lim\limits_{n\to\infty} b_n = a$.

上面四个定理的证明从略.

12.2 无穷级数求和

数学家很早就在使用无穷多个数相加的运算，这种运算有时看起来很合理，例如

$$1 + \frac{1}{2} + \frac{1}{4} + \frac{1}{8} + \frac{1}{16} + \cdots = 2 . \tag{12-23}$$

无穷循环小数也可以看成无穷多个数相加的结果，如

$$0.333\cdots = 0.3 + 0.03 + 0.003 + 0.0003 + \cdots = \frac{1}{3} . \tag{12-24}$$

但是，有些现象又使人困惑.一个著名的问题是

$$1 - 1 + 1 - 1 + 1 - 1 + \cdots = ? \tag{12-25}$$

一个答案是

$$1 - 1 + 1 - 1 + 1 - 1 + \cdots = (1 - 1) + (1 - 1) + (1 - 1) + \cdots = 0, \tag{12-26}$$

另一个似乎同样合理的答案是

$$1 - 1 + 1 - 1 + 1 - 1 + 1 \cdots = 1 + (-1 + 1) + (-1 + 1) + (-1 + 1) + \cdots = 1 . \tag{12-27}$$

大数学家欧拉认为，如果令

$$1 + x + x^2 + x^3 + \cdots = \alpha, \tag{12-28}$$

则有

$$\alpha = 1 + x(1 + x + x^2 + x^3 + \cdots) = 1 + x \cdot \alpha, \tag{12-29}$$

于是求出

$$1 + x + x^2 + x^3 + \cdots = \alpha = \frac{1}{1 - x} . \tag{12-30}$$

这个结果在 $|x| < 1$ 时看来是合理的. 欧拉取 $x = -1$ 得到

$$1+(-1)+(-1)^2+(-1)^3+\cdots=1-1+1-1+\cdots=\frac{1}{1-(-1)}=\frac{1}{2}. \tag{12-31}$$

直到柯西和魏尔斯特拉斯建立了严谨的极限概念，并利用部分和数列的极限定义了无穷级数的和，才结束了这种令人困惑的局面.

设有数列$\{u_n\}$，由此数列构成的表达式

$$\sum_{n=1}^{\infty} u_n = u_1 + u_2 + u_3 + \cdots + u_n + \cdots \tag{12-32}$$

叫做一个数项无穷级数，也称无穷级数或简称级数. 数列$\{u_n\}$的第 n 项也称为该级数的第 n 项. 数列前 n 项的和

$$S_n=\sum_{k=1}^{n} u_n= u_1 + u_2 + \cdots + u_n, \tag{12-33}$$

叫做级数(12-32)的前 n 项部分和，由这些部分和构成的数列$\{S_n\}$称为该级数的部分和数列.

级数的每一项都是数，所以也称数项级数.

在这些术语的基础上，可以建立级数和的概念.

定义 12.5 若级数 $\sum\limits_{n=1}^{\infty} u_n$ 的部分和数列$\{S_n\}$存在极限 S,

$$\lim_{n\to+\infty} S_n = S, \tag{12-34}$$

则称级数 $\sum\limits_{n=1}^{\infty} u_n$ 收敛，并称此极限 S 为该级数的和，记作

$$\sum_{n=1}^{\infty} u_n= S . \tag{12-35}$$

若数列$\{S_n\}$没有极限，则称级数 $\sum\limits_{n=1}^{\infty} u_n$ 发散. 发散的级数没有和.

例如，根据在例 10.2 中得到的泰勒展开式

$$e^x=1+x+\frac{1}{2!}x^2+\frac{1}{3!}x^3+\cdots+\frac{1}{n!}x^n+R_n(x), \ |R_n(x)|\leqslant\frac{|e^A x^n|}{n!}; \tag{12-36}$$

显然有 $R_n(x)\to 0$，故有

$$\lim_{n\to+\infty}\sum_{k=0}^{n}\frac{x^k}{k!} = e^x. \tag{12-37}$$

这说明级数 $\sum\limits_{k=0}^{\infty}\frac{x^k}{k!}$ 收敛于 e^x，即

$$\sum_{n=0}^{\infty}\frac{x^n}{n!}=e^x. \tag{12-38}$$

这种写法与(12-37)式等价，但较为直观简洁.

12.3　无穷级数收敛判别法

既然级数收敛问题可归结为其部分和数列是否有极限的问题，根据前面几个数列极限存在条件的定理，就可以得到相应的级数收敛性.

若级数的每一项都是正数，则叫做正项级数．正项级数的部分和构成递增数列．于是由定理 12.1 得

定理 12.6　部分和有界的正项级数必收敛.

对应于数列收敛的必要条件定理 12.2，则有

定理 12.7（收敛级数的通项趋于 0）　若级数 $\sum\limits_{n=1}^{\infty}u_n$ 收敛，则 $\{u_n\}$ 为无穷小列，即 $u_n\to 0$.

由此可见上面提到的级数(12-25)发散，不该有和．一定要求和，就会得到矛盾的结果，如(12-26)式和(12-27)式.

对应于数列收敛的必要条件定理 12.3 有

定理 12.8　收敛级数的部分和有界.

注意，部分和有界的非正项级数不一定收敛．例如 $\sum\limits_{n=1}^{\infty}(-1)^n$ 是发散的，但其部分和有界.

对应于数列极限存在性的柯西准则，可得级数收敛的充要条件

定理 12.9　级数 $\sum\limits_{n=0}^{\infty}u_n$ 收敛的充分必要条件是

$$\lim_{n\to+\infty}\sup\left\{\left|\sum_{k=n}^{m}u_k\right|: m>n\right\}=0. \tag{12-39}$$

这个命题用传统的 $\varepsilon - N$ 语言表示为：级数 $\sum_{n=0}^{\infty} u_n$ 收敛的充分必要条件是，对于任给的 $\varepsilon>0$，存在 $N>0$，使得当 n 和 m 都不小于 N 时，总有不等式

$$\left|\sum_{k=n}^{m} u_k\right|<\varepsilon .$$

若用这里提出的 d 数列表示则为：级数 $\sum_{n=0}^{\infty} u_n$ 收敛的充分必要条件是，存在 d 数列 $\{d_n\}$，使得当 $m>n$ 时，有

$$\left|\sum_{k=n}^{m} u_k\right|<d_n .$$

上面根据数列极限存在性转化而来的级数收敛判别方法，主要是考虑级数的部分和的性质．更为方便的是直接根据级数通项性质来判断其收敛性．这方面常用的级数收敛判别方法有

定理 12.10（比值法，即达朗贝尔判敛法） 若正项级数 $\sum_{n=0}^{\infty} u_n$ 中有 $\lim_{n\to\infty}\frac{u_{n+1}}{u_n}=p$，则当 $p<1$ 时级数收敛，$p>1$ 或 $\frac{u_{n+1}}{u_n}\to\infty$ 时级数发散．

定理 12.11（根值法，即柯西判敛法） 若正项级数 $\sum_{n=0}^{\infty} u_n$ 中有 $\lim_{n\to\infty}\sqrt[n]{u_n}=p$，则当 $p<1$ 时级数收敛，$p>1$ 或 $\sqrt[n]{u_n}\to\infty$ 时级数发散．

容易证明，级数(12-23)式和(12-24)式收敛；更一般地，级数 $\sum_{n=0}^{\infty} x^n=1+x+x^2+x^3+\cdots$ 当 $|x|<1$ 时收敛，其和为 $\frac{1}{1-x}$．与此类似的级数适用上述两种判敛法．

【例 12.5】 设 x 为正数，讨论级数 $\sum_{n=1}^{\infty} nx^n=x+2x^2+3x^3+\cdots$ 的收敛性．

解 用比值法，求出

$$\lim_{n\to\infty}\frac{u_{n+1}}{u_n}=\lim_{n\to\infty}\frac{(n+1)x^{n+1}}{nx^n}=\lim_{n\to\infty}\frac{(n+1)x}{n}=x, \qquad (12\text{-}40)$$

故 $0<x<1$ 时级数收敛，$x>1$ 时级数发散．当 $x=1$ 时其通项不趋于0，

故发散.

在上面两个定理条件下，$p=1$ 时不能确定级数是收敛还是发散. 最常见的例子是 $\sum_{n=1}^{\infty}\frac{1}{n^2}$ 收敛而 $\sum_{n=1}^{\infty}\frac{1}{n}$ 发散. 这类级数可以通过与积分的比较而确定其是收敛还是发散.

【例 12.6】 设 $k>0$，求证级数 $\sum_{n=1}^{\infty}\frac{1}{n^k}$ 在 $k>1$ 时收敛，而在 $k\leqslant 1$ 时发散.

证明 显然有

$$\frac{1}{(n+1)^k}<\int_n^{n+1}\frac{dx}{x^k}<\frac{1}{n^k}. \tag{12-41}$$

将上式对 n 从 1 到 m 求和得

$$\sum_{n=2}^{m+1}\frac{1}{n^k}<\int_1^{m+1}\frac{dx}{x^k}<\sum_{n=1}^{m}\frac{1}{n^k}. \tag{12-42}$$

当 $k>1$ 时，由

$$\sum_{n=2}^{m+1}\frac{1}{n^k}<\int_1^{m+1}\frac{dx}{x^k}=\frac{1-(m+1)^{1-k}}{k-1}<\frac{1}{k-1} \tag{12-43}$$

可知级数收敛；当 $k<1$ 时，由

$$\sum_{n=1}^{m}\frac{1}{n^k}>\int_1^{m+1}\frac{dx}{x^k}=\frac{(m+1)^{1-k}-1}{1-k} \tag{12-44}$$

可知级数发散. 最后当 $k=1$ 时，由

$$\sum_{n=1}^{m}\frac{1}{n}>\int_1^{m+1}\frac{dx}{x}=\ln(m+1) \tag{12-45}$$

可知级数发散. 证毕.

上面讨论的都是正项级数. 对于变号级数，则有

定理 12.12 若级数 $\sum_{n=1}^{\infty}|u_n|$ 收敛，则级数 $\sum_{n=1}^{\infty}u_n$ 收敛.

此定理的证明可用级数收敛的充要条件(定理 12.9)来完成.

如果级数 $\sum_{n=1}^{\infty}|u_n|$ 收敛，则称级数 $\sum_{n=1}^{\infty}u_n$ 绝对收敛. 如果级数 $\sum_{n=1}^{\infty}|u_n|$ 不收敛而级数 $\sum_{n=1}^{\infty}u_n$ 收敛，则称 $\sum_{n=1}^{\infty}u_n$ 为条件收敛. 绝对收敛的

级数与有限项求和类似，例如其各项可以交换求和顺序而不影响其收敛性和求和的结果，两级数相乘可以按分配律展开等．条件收敛的级数则有些古怪的性质，例如改变求和顺序可以收敛到任意实数，也可以发散到正的或负的无穷！

由此进一步可知，例 12.5 讨论的级数 $\sum_{n=1}^{\infty} nx^n = x + 2x^2 + 3x^3 + \cdots$ 在 $|x|<1$ 时收敛，否则发散．

关于变号级数还有一个常用的收敛判别法：

定理 12.13（莱布尼茨判别法） 若 $\{a_n\}$ 为单调递减趋于 0 的正数列，则 $\sum_{n=1}^{\infty}(-1)^n a_n$ 收敛．

上面诸定理的证明可在一般教程中看到，此处从略．

【关于数列极限的补充：上极限和下极限】

在考虑极限问题时，上极限和下极限的概念很有用．

定义 12.6 从数列 $\{a_n\}$ 中去掉前 m 项，得到其子列 $\{a_{m+n}\}$，这里 m 是非负整数．若 $\{a_n\}$ 无上界，则称其上极限为 $+\infty$，若 $\{a_n\}$ 无下界，则称其下极限为 $-\infty$．其他情形下记 $\overline{a}_m$ 为 $\{a_{m+n}\}$ 的最小上界，$\underline{a_m}$ 为 $\{a_{m+n}\}$ 的最大下界，则数列 $\{\overline{a_n}\}$ 单调不增，其极限 $\lim\limits_{n\to\infty}\overline{a_n} = \overline{a}$ 叫做 $\{a_n\}$ 的上极限；数列 $\{\underline{a_n}\}$ 单调不减，其极限 $\lim\limits_{n\to\infty}\underline{a_n} = \underline{a}$ 叫做 $\{a_n\}$ 的下极限．

注意，上极限 $\lim\limits_{n\to\infty}\overline{a_n} = \overline{a}$ 是集 $\{\overline{a_n}\}$ 的最大下界，下极限 $\lim\limits_{n\to\infty}\underline{a_n} = \underline{a}$ 是集 $\{\underline{a_n}\}$ 的最小上界．而 $\{\overline{a_n} - \overline{a}\}$ 和 $\{\underline{a} - \underline{a_n}\}$ 都是 d 数列．

有界数列不一定有极限，但必有上极限和下极限．显然 $\overline{a_n} \geqslant a_n \geqslant \underline{a_n}$，从而上极限不小于下极限．如果上下极限相等，则此数列有极限并与其上下极限相等；如果上下极限不相等，则此数列没有极限．这也可以作为数列极限的定义．数列极限的性质可由此导出．

第 13 章 函数的极限

只有用极限过程，
才能建立微积分的基本概念.
这是人们长期形成的认识.
这认识可能改变，但极限依然重要.

13.1　函数极限的概念

数列也是函数，所以数列的极限也是函数的极限. 现在说到函数的极限，其实是专指自变量连续变化时函数的极限.

数列 $\{a_n\}$ 的自变量 n 只能取正整数值，其变化趋势只能是趋于无穷. 函数 $f(x)$ 的自变量 x 能取任意实数值，其变化趋势灵活多样，可以趋于无穷，也可以趋于 0，还可以趋于任意的常数 u. 不但如此，它还可以专门从左边趋于 u，专门从右边趋于 u，或从两边趋于 u. 不过花样虽多，本质却大同小异，只要掌握一种，便可以此类推.

数学惯于温故知新和推陈出新，与数列极限的引进方法类似，可以引进函数的极限. 引入数列的极限是从考虑 D 数列和 d 数列入手的. 对于函数而言，可以先引进 $+\infty$ 邻域的 D 函数和 d 函数.

定义 13.1（D 函数和 d 函数）　定义于 $[a, +\infty)$ 上的非负无界不减的函数 $D(x)$ 叫做 $+\infty$ 邻域的 D 函数. 定义于 $[a, +\infty)$ 上的非负不增无正下界的函数 $d(x)$ 叫做 $+\infty$ 邻域的 d 函数.

显然，d 函数是非负不增且非隔离于 0 的函数.

定义 13.2（无穷大） 设 $f(x)$ 在 $[a, +\infty)$ 有定义. 如果存在一个 $+\infty$ 邻域的 D 函数 $D(x)$，使得不等式

$$|f(x)| \geqslant D(x) \tag{13-1}$$

在某个区间 $[b, +\infty)$ 上成立，则称 $f(x)$ 当 x 趋于正无穷时趋于无穷，或称 $f(x)$ 是 x 趋于正无穷时的无穷大，记作

$$\lim_{x \to +\infty} f(x) = \infty \text{ 或 } f(x) \to \infty \quad (x \to +\infty). \tag{13-2}$$

若(13-1)式换为 $f(x) \geqslant D(x)$，则称 $f(x)$ 当 x 趋于正无穷时趋于正无穷，或称 $f(x)$ 是 x 趋于正无穷时的正无穷大，记作 $\lim\limits_{x \to +\infty} f(x) = +\infty$ 或 $f(x) \to +\infty\ (x \to +\infty)$；若(13-1)式换为 $-f(x) \geqslant D(x)$，则称 $f(x)$ 当 x 趋于正无穷时趋于负无穷，或称 $f(x)$ 是 x 趋于正无穷时的负无穷大，记作

$$\lim_{x \to +\infty} f(x) = -\infty \text{ 或 } f(x) \to -\infty \quad (x \to +\infty).$$

类似地有

定义 13.3（无穷小） 设 $f(x)$ 在 $[a, +\infty)$ 有定义. 如果存在一个 $+\infty$ 邻域的 d 函数 $d(x)$，使得不等式

$$|f(x)| \leqslant d(x) \tag{13-3}$$

在某个区间 $[b, +\infty)$ 上成立，则称 $f(x)$ 当 x 趋于正无穷时趋于 0，或称 $f(x)$ 是 x 趋于正无穷时的无穷小，记作

$$\lim_{x \to +\infty} f(x) = 0 \text{ 或 } f(x) \to 0 \quad (x \to +\infty), \tag{13-4}$$

也记作 $f(x) = o(1)\ (x \to +\infty)$.

比照数列极限的定义，自然就有

定义 13.4（函数在 $+\infty$ 处的极限） 设 $f(x)$ 在 $[a, +\infty)$ 有定义. 如果存在实数 a，使得

$$\lim_{x \to +\infty} (f(x) - a) = 0, \tag{13-5}$$

则称 $f(x)$ 当 x 趋于正无穷时趋于 a，或称 $f(x)$ 当 x 趋于正无穷时极限为 a，记作

$$\lim_{x \to +\infty} f(x) = a \text{ 或 } f(x) \to a \quad (x \to +\infty), \tag{13-6}$$

也记作 $f(x) = a + o(1)\ (x \to +\infty)$.

由定义，$f(x)$是无穷小也就是极限为0.

至于x趋于负无穷或双边无穷的情形，则可以简单地转化为趋于正无穷的情形.

定义 13.5　设$f(x)$在$(-\infty, a]$有定义，则表达式

$$\lim_{x\to -\infty} f(x)=\Lambda \text{ 或 } f(x)\to\Lambda \quad (x\to -\infty) \tag{13-7}$$

等价于

$$\lim_{x\to +\infty} f(-x)=\Lambda \text{ 或 } f(-x)\to\Lambda \quad (x\to +\infty), \tag{13-8}$$

此处记号Λ可以代表∞，$+\infty$，$-\infty$或任意实数a.

定义 13.6　设$f(x)$在$(-\infty, a]\cup[b, +\infty)$有定义，则表达式

$$\lim_{x\to\infty} f(x)=\Lambda \text{ 或 } f(x)\to\Lambda \quad (x\to\infty) \tag{13-9}$$

等价于

$$\lim_{|x|\to +\infty} f(x)=\Lambda \text{ 或 } f(x)\to\Lambda \quad (|x|\to +\infty). \tag{13-10}$$

此处记号Λ可以代表∞，$+\infty$，$-\infty$或任意实数a.

显然，$\lim\limits_{x\to\infty} f(x)=\Lambda$等价于$\lim\limits_{x\to +\infty} f(x)=\Lambda$和$\lim\limits_{x\to -\infty} f(x)=\Lambda$同时成立.

【例 13.1】　试根据上述定义证明

（1）$\lim\limits_{x\to +\infty}(2x+9\sqrt{x}\cos x)=+\infty$；

（2）$\lim\limits_{x\to\infty}\dfrac{1}{x}\sin\dfrac{1}{x}=0$；

（3）$\lim\limits_{x\to\infty}\dfrac{2x^2+3x-\sin 5x}{x^2-x-1}=2$.

证明　（1）当$x>100$时有

$$2x+9\sqrt{x}\cos x\geqslant 2x-9\sqrt{x}>x+\sqrt{x}(\sqrt{x}-9)>x. \tag{13-11}$$

因$D(x)=x$是$[100, +\infty)$上的无界不减正值函数，结论得证.

（2）当$|x|>1$时有

$$\left|\frac{1}{x}\sin\frac{1}{x}\right|\leqslant\frac{1}{|x|}. \tag{13-12}$$

$D(x)=x$是$[1, +\infty)$上的D函数，$d(x)=\dfrac{1}{x}$是$[1, +\infty)$上的d函数，结论得证.

(3) 由于

$$\frac{2x^2+3x-\sin 5x}{x^2-x-1}=\frac{2(x^2-x-1)+5x+2-\sin 5x}{x^2-x-1}=2+\frac{5x+2-\sin 5x}{x^2-x-1},\tag{13-13}$$

故只要证明

$$\frac{5x+2-\sin 5x}{x^2-x-1}\to 0\quad (x\to\infty).\tag{13-14}$$

简单估计知当 $|x|>4$ 时有

$$\left|\frac{5x+2-\sin 5x}{x^2-x-1}\right|<\frac{5|x|+3}{|x|^2-2|x|}<\frac{6}{|x|-2}.\tag{13-15}$$

因 $x-2$ 是 $+\infty$ 邻域的 D 函数，故(13-14)式成立.

三个例子中的函数分别如图 13-1 ~ 图 13-3.

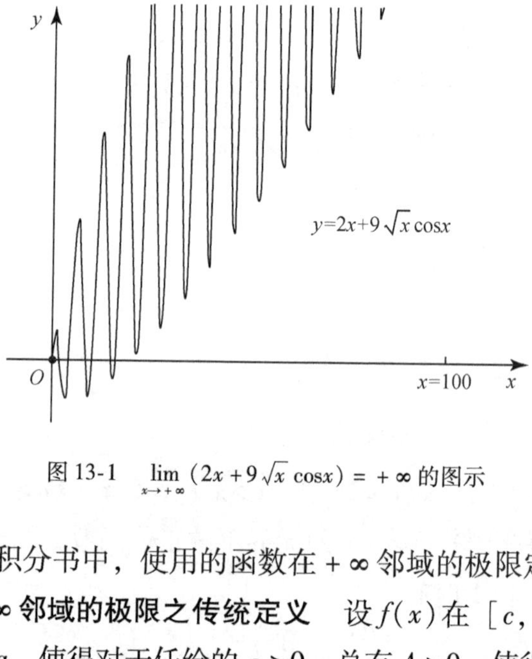

图 13-1 $\lim\limits_{x\to+\infty}(2x+9\sqrt{x}\cos x)=+\infty$ 的图示

常见的微积分书中，使用的函数在 $+\infty$ 邻域的极限定义为

函数在 $+\infty$ 邻域的极限之传统定义 设 $f(x)$ 在 $[c,+\infty)$ 有定义. 如果存在实数 a，使得对于任给的 $\varepsilon>0$，总有 $A>0$，使得 $x\geqslant A$ 时总有 $|f(x)-a|<\varepsilon$，就说当 x 趋于 $+\infty$ 时函数 $f(x)$ 以 a 为极限，记作

$$f(x)\to a\quad (x\to+\infty)\text{或}\lim_{x\to+\infty}f(x)=a.$$

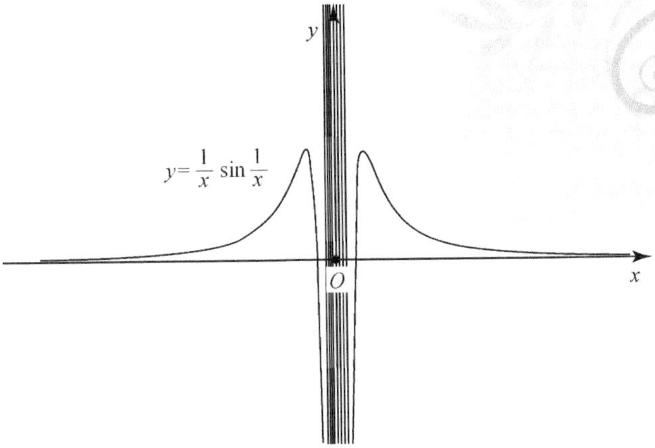

图 13-2　$\lim\limits_{x\to\infty}\frac{1}{x}\sin\frac{1}{x}=0$ 的图示

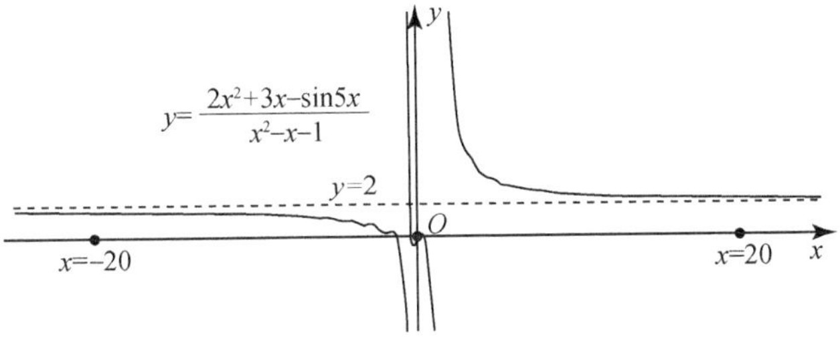

图 13-3　$\lim\limits_{x\to\infty}\frac{2x^2+3x-\sin 5x}{x^2-x-1}=2$ 的图示

读者不难以此类推写出正负无穷邻域的其他几种情形函数极限的传统表达方式．容易证明传统定义和这里提出的定义等价．

当自变量 x 趋于一个实数时，函数极限的概念可以借助于定义 2.3 中所引进的 d 函数来定义，也可以转化为 $+\infty$ 邻域的情形．

定义 13.7（函数的右极限）　设函数 $f(x)$ 在 $(x_0, x_0+H]$ 有定义 $(H>0)$，如果存在一个实数 a 和定义于 $(0, H]$ 的 d 函数 $d(h)$，使得对一切 $x\in(x_0, x_0+H]$ 有

$$|f(x)-a|\leqslant d(x-x_0),\tag{13-16}$$

则称 $f(x)$ 在 $x=x_0$ 处有右极限 a，记作

$$\lim_{x\to x_0^+}f(x)=a \text{ 或 } f(x)\to a\quad(x\to x_0^+).\tag{13-17}$$

也称在 $x=x_0$ 的右半邻域有 $f(x)=a+\mathrm{o}(1)$．若 $a=0$，则称 $f(x)$ 在

$x=x_0$的右半邻域为无穷小.

函数的右极限也可能是无穷，容易类比想象出来下面的说法：

若函数$f(x)$在$(x_0, x_0+H]$有定义$(H>0)$，如果存在一个定义于$(0, H]$的d函数$d(h)$，使得对一切$x\in(x_0, x_0+H]$，有

$$f(x)\geqslant\frac{1}{d(x-x_0)},\tag{13-18}$$

则称$f(x)$在$x=x_0$的右半邻域为正无穷，记作

$$\lim_{x\to x_0^+}f(x)=+\infty \text{ 或 } f(x)\to+\infty\quad(x\to x_0^+).\tag{13-19}$$

类似地，可以建立$\lim\limits_{x\to x_0^+}f(x)=-\infty$以及$\lim\limits_{x\to x_0^+}f(x)=\infty$的概念.

依样画葫芦，有函数的左极限.

定义 13.8（函数的左极限） 设函数$f(x)$在$[x_0-H, x_0)$有定义$(H>0)$，如果存在一个实数a和定义于$(0, H]$的d函数$d(h)$，使得对一切$x\in[x_0-H, x_0)$，有

$$|f(x)-a|\leqslant d(x_0-x),\tag{13-20}$$

则称$f(x)$在$x=x_0$处有左极限a，记作

$$\lim_{x\to x_0^-}f(x)=a \text{ 或 } f(x)\to a\quad(x\to x_0^-).\tag{13-21}$$

也称在$x=x_0$的左半邻域有$f(x)=a+o(1)$. 若$a=0$，则称$f(x)$在$x=x_0$的左半邻域为无穷小.

读者不难自己建立函数在左半邻域为无穷大的定义.

有了左右极限的概念，自然容易理解下面的定义了.

定义 13.9（函数的双边极限） 设函数$f(x)$在$x=x_0$处有左右极限且都等于a，则称$f(x)$在$x=x_0$处有双边极限a，或说当x趋于x_0时，$f(x)$趋于a，记作

$$\lim_{x\to x_0}f(x)=a \text{ 或 } f(x)\to a\quad(x\to x_0).\tag{13-22}$$

或称在$x=x_0$邻域有$f(x)=a+o(1)$.

注意$f(x)$在$x=x_0$处可能有左右极限，但$f(x_0)$没有定义，例如

$$f(x)=\frac{\sin x}{x}\tag{13-23}$$

在$x=0$处无定义，但有左右极限（证明见例 13.1），如图 13-4.

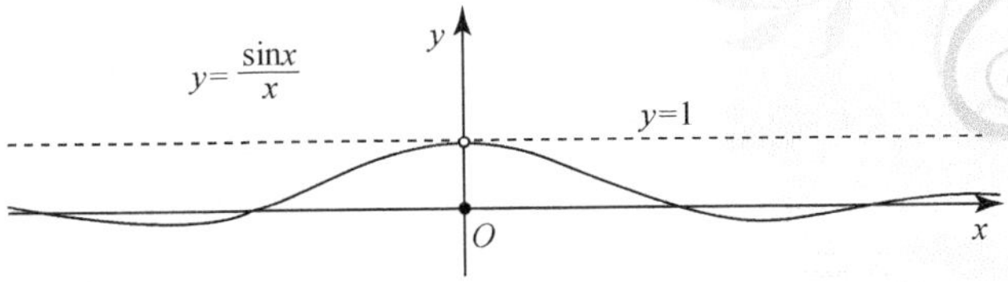

图 13-4　函数在 $x=0$ 处无定义，但有左右极限

类似地，可建立 $f(x)$ 在 $x=x_0$ 处双边趋于无穷的定义.

如不借助左右极限，也可以直接引入双边极限的定义，通常不加"双边"两字，简单称为函数的极限.

函数的极限　设函数 $f(x)$ 在 $[x_0-H,\ x_0)\cup(x_0,\ x_0+H]$ 有定义 $(H>0)$，如果存在一个实数 a 和定义于 $(0,\ H]$ 的 d 函数 $d(h)$，使得对一切 $x\in[x_0-H,\ x_0)\cup(x_0,\ x_0+H]$，有

$$|f(x)-a|\leqslant d(|x-x_0|), \tag{13-24}$$

则称 $f(x)$ 在 $x=x_0$ 处有极限 a，记作

$$\lim_{x\to x_0}f(x)=a \text{ 或 } f(x)\to a \quad (x\to x_0). \tag{13-25}$$

也称在 $x=x_0$ 的邻域有 $f(x)=a+\mathrm{o}(1)$. 若 $a=0$，则称 $f(x)$ 在 $x=x_0$ 的邻域为无穷小.

此定义与定义 13.9 等价，也与常见微积分书中使用的函数在一点处极限的如下定义等价：

函数在一点处的极限之传统定义　设 $f(x)$ 在 $[x_0-H,\ x_0)\cup(x_0,\ x_0+H]$ 有定义 $(H>0)$. 如果存在实数 a，使得对于任给的 $\varepsilon>0$，总有 $\delta>0$，使得当 $0<|x-x_0|<\delta$ 时总有 $|f(x)-a|<\varepsilon$，就说当 x 趋于 x_0 时函数 $f(x)$ 以 a 为极限. 记作 $f(x)\to a(x\to x_0)$ 或 $\lim\limits_{x\to x_0}f(x)=a$. 也称在 $x=x_0$ 的邻域有 $f(x)=a+\mathrm{o}(1)$. 若 $a=0$，则称 $f(x)$ 在 $x=x_0$ 的邻域为无穷小.

严谨而细致地说明函数极限的概念是相当烦琐的工作. 上面仅仅就两种情形介绍了传统的定义. 事实上函数极限可分为 20 多种情形来定义，这对教师和学生确实都不是一件轻松愉快的事情. 这也是近年来国内外都对"不用极限的微积分"感兴趣的主要原因.

13.2 函数极限计算初步

计算函数的极限是传统微积分课程的重要基本内容．本书不拟用较多篇幅讨论这个主题，仅仅指出下列初步的方法．

定理 13.1（单调函数极限存在性） 设函数 $f(x)$ 在 (a, b) 上单调（不排除 a 为 $-\infty$ 或 b 为 $+\infty$ 的情形），则有下列八种情形：

(i) $f(x)$ 不减有上界，则存在实数 B，使得 $\lim\limits_{x\to b^-} f(x)=B$；

(ii) $f(x)$ 不减有下界，则存在实数 A，使得 $\lim\limits_{x\to a^+} f(x)=A$；

(iii) $f(x)$ 不增有上界，则存在实数 A，使得 $\lim\limits_{x\to a^+} f(x)=A$；

(iv) $f(x)$ 不增有下界，则存在实数 B，使得 $\lim\limits_{x\to b^-} f(x)=B$；

(v) $f(x)$ 不减无上界，则 $\lim\limits_{x\to b^-} f(x)=+\infty$；

(vi) $f(x)$ 不减无下界，则 $\lim\limits_{x\to a^+} f(x)=-\infty$；

(vii) $f(x)$ 不增无上界，则 $\lim\limits_{x\to a^+} f(x)=+\infty$；

(viii) $f(x)$ 不增无下界，则 $\lim\limits_{x\to b^-} f(x)=-\infty$.

上述定理中前四款的证明均类似于定理 12.1（递增有上界的数列必有极限），后面四款的证明直接从定义得出．

定理 13.2（两面夹） 若在 (a, b) 上函数 $f(x)$，$g(x)$，$h(x)$ 满足 $f(x)\leqslant g(x)\leqslant h(x)$，则当 $\lim\limits_{x\to a^+} f(x)=\lim\limits_{x\to a^+} h(x)=a$ 时必有 $\lim\limits_{x\to a^+} g(x)=a$；当 $\lim\limits_{x\to b^-} f(x)=\lim\limits_{x\to b^-} h(x)=a$ 时必有 $\lim\limits_{x\to b^-} g(x)=a$.

此定理类似于数列极限的两面夹，是计算极限的传统手法，证明略去．

根据一致连续函数的定义 2.5，立刻得到

定理 13.3 若函数 $f(x)$ 在 $[a, b]$ 上一致连续且 $x_0\in(a, b)$，则有

$$\lim_{x\to x_0} f(x)=f(x_0),\ \lim_{x\to a^+} f(x)=f(a),\ \lim_{x\to b^-} f(x)=f(b). \quad (13\text{-}26)$$

证明 按 $f(x)$ 在 $[a, b]$ 上一致连续的定义，存在 d 函数 $d(h)$，使得对 $[a, b]$ 上的任两点 x_0 和 $x=x_0+h$，成立不等式 $|f(x_0+h)-$

$f(x_0)| \leqslant d(h)$，固定 x_0 后此不等式可以写成

$$|f(x)-f(x_0)| \leqslant d(|x-x_0|). \tag{13-27}$$

这正是 $\lim\limits_{x\to x_0} f(x)=f(x_0)$ 的定义．其余两式类似可证．

根据连续可导的定义 2.4，得到

定理 13.4　若函数 $f(x)$ 在 $[a,b]$ 上连续可导且 $x_0\in(a,b)$，则有

$$\lim_{x\to x_0}\frac{f(x)-f(x_0)}{x-x_0}=f'(x_0), \tag{13-28}$$

在区间端点有

$$\lim_{x\to a^+}\frac{f(x)-f(a)}{x-a}=f'(a),\quad \lim_{x\to b^-}\frac{f(x)-f(b)}{x-b}=f'(b). \tag{13-29}$$

证明　按定义，存在一个 d 函数 $d(h)$，使得对 $[a,b]$ 中任意两点 x_0 和 $x=x_0+h$ 有

$$\left|\frac{f(x_0+h)-f(x_0)}{h}-f'(x_0)\right| \leqslant d(h). \tag{13-30}$$

固定点 x_0，将上式改写为

$$\left|\frac{f(x)-f(x_0)}{x-x_0}-f'(x_0)\right| \leqslant d(|x-x_0|), \tag{13-31}$$

即知 $\lim\limits_{x\to x_0}\dfrac{f(x)-f(x_0)}{x-x_0}=f'(x_0)$．同理可证(13-29)式．

因为初等函数都是连续可导的，更是连续的，所以定理 13.3 和定理 13.4 提供了大量求函数极限的例子．下面略用定理 13.4 就算出了几个极限．

【例 13.2】　(1) 求 $\lim\limits_{x\to 0}\dfrac{\sin x}{x}$；

(2) 求 $\lim\limits_{x\to 0}\dfrac{\ln(1+x)}{x}$；

(3) 求 $\lim\limits_{x\to 1}\dfrac{a^x-a}{1-x}$；

(4) 求 $\lim\limits_{x\to 0}\dfrac{\sqrt{1+x}-1}{x}$．

解 （1）$\lim\limits_{x\to 0}\frac{\sin x}{x}=\lim\limits_{x\to 0}\frac{\sin x-\sin 0}{x-0}=(\sin x)'|_{x=0}=\cos 0=1$；

（2）$\lim\limits_{x\to 0}\frac{\ln(1+x)}{x}=\lim\limits_{x\to 0}\frac{\ln(1+x)-\ln 1}{x-0}=(\ln(1+x))'|_{x=0}$

$$=\frac{1}{1+0}=1;$$

（3）$\lim\limits_{x\to 1}\frac{a^x-a}{1-x}=-\lim\limits_{x\to 1}\frac{a^x-a}{x-1}=-(a^x)'|_{x=1}$

$$=-(a^x\ln a)'|_{x=1}=-a\ln a;$$

（4）$\lim\limits_{x\to 0}\frac{\sqrt{1+x}-1}{x}=\lim\limits_{x\to 0}\frac{\sqrt{1+x}-\sqrt{1+0}}{x-0}=(\sqrt{1+x})'|_{x=0}$

$$=\frac{1}{2\sqrt{1+x}}\Big|_{x=0}=\frac{1}{2}.$$

此例中（1）的图形见图13-4，其他有关图形见图13-5～图13-7. 读者可试用不同方法计算这几个极限.

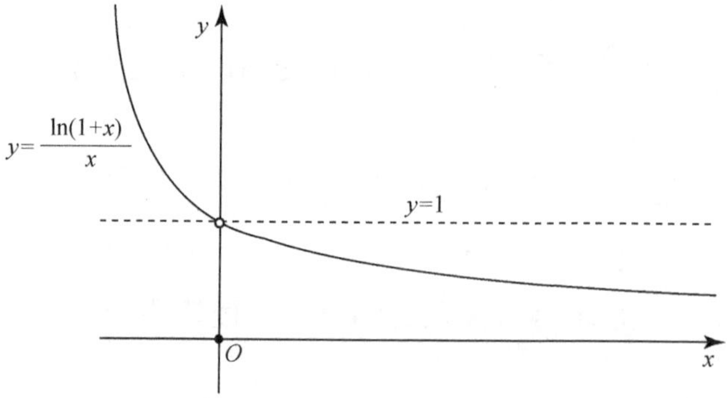

图13-5 $\lim\limits_{x\to 0}\frac{\ln(1+x)}{x}=1$ 的图示

极限概念由于情形分类较多，初学者常有眼花缭乱之感. 采用"时间过程"，可以高屋建瓴地把多种情形统一起来.

任何情形的极限都可以想象成一个无穷变化的过程. 变化就有时间先后的区别，而自变量 n 或 x 可以看成时间. 在自变量 $n\to\infty$ 或 $x\to+\infty$ 的极限过程中，自然把 n 或 x 看成时间 t. 而当考虑 $x\to a^+$ 的极

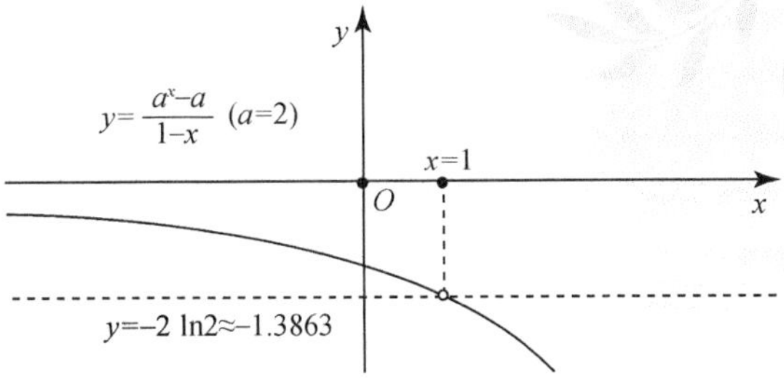

图 13-6　$\lim\limits_{x\to 1}\frac{2^x-2}{1-x}=-2\ln 2$ 的图示

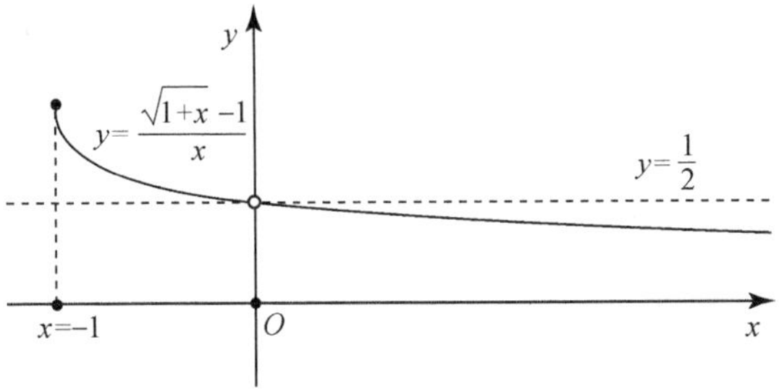

图 13-7　$\lim\limits_{x\to 0}\frac{\sqrt{1+x}-1}{x}=\frac{1}{2}$的图示

限过程时，可以把$\frac{1}{x-a}=t$ 看成时间，则 $x=a+\frac{1}{t}$，所以可约定

$$\lim_{x\to a^+}f(x)=\lim_{t\to+\infty}f\left(a+\frac{1}{t}\right).\tag{13-32}$$

类似地，有

$$\lim_{x\to a^-}f(x)=\lim_{t\to+\infty}f\left(a-\frac{1}{t}\right)\tag{13-33}$$

和

$$\lim_{x\to a}f(x)=\lim_{|t|\to+\infty}f\left(a+\frac{1}{t}\right).\tag{13-34}$$

这样，各种极限过程都可以转化成时间 t 趋于无穷的过程了．这样，可以统一地用早或晚来描述各种极限的共性，如

定理 13.5（极限保号性）　设在某个极限过程中 $F(x)\to A$，若在某时刻之后总有 $F(x)\in[u,v]$，则有 $A\in[u,v]$. 反过来，若 $A\in(u,v)$，则

在某时刻之后总有 $F(x)\in(u,v)$.

道理很简单，不论是 A 在 $[u,v]$ 外而 $F(x)$ 在 $[u,v]$ 内，或 $A\in(u,v)$ 内而 $F(x)$ 在 (u,v) 外，$|A-F(x)|$ 都有正的下界，从而与 $F(x)\to A$ 矛盾.

有趣的是，定理中的闭区间不能改为开的，开区间也不能改为闭的. 因为 A 在 (u,v) 外而 $F(x)$ 在 (u,v) 内时，A 可能是 (u,v) 的一个端点，而 $F(x)$ 可能从内部接近端点；反过来，$A\in[u,v]$ 时 A 可能是 $[u,v]$ 的一个端点，而 $F(x)$ 可能从外部接近端点！

极限的保号性是一个重要性质，有关极限的许多应用与此有关.

13.3 广义积分

有了极限概念，便于描述某些涉及无穷的现象. 用数列极限来说明无穷级数的和，是一个有说服力的例子.

函数极限的另一个应用是建立广义积分的概念.

按定义，定积分只对闭区间上的函数有意义. 在 11.3 中指出，逐段连续或单调的函数在闭区间上可积，其基本依据是确界定理. 但在开区间上即使是连续函数或单调函数也可能无界，而且函数有界时区间可能是无穷的. 这样定义的积分就没有意义了. 然而在有些理论问题和应用问题中，可能涉及无穷区间上的积分和有限区间上无界函数的积分. 它们统称为广义积分或反常积分. 相对而言，闭区间上通常的定积分叫做常义积分.

定义 13.10 设函数 $f(x)$ 在区间 $[a,+\infty)$ 上有定义，且对任意实数 $u>a$，函数 $f(x)$ 在 $[a,u]$ 上可积. 如果存在极限

$$\lim_{u\to+\infty}\int_a^u f(x)\,\mathrm{d}x=S,\tag{13-35}$$

则称此极限 S 为函数 f 在区间 $[a,+\infty)$ 上的无穷积分，记作

$$S=\int_a^{+\infty}f(x)\,\mathrm{d}x,\tag{13-36}$$

并称积分 $\int_a^{+\infty} f(x)\,\mathrm{d}x$ 收敛，极限(13-35) 不存在时称积分$\int_a^{+\infty} f(x)\,\mathrm{d}x$ 发散.

类似地可定义另外两种无穷积分

$$\int_{-\infty}^{b} f(x)\,\mathrm{d}x = \lim_{u\to-\infty}\int_{u}^{b} f(x)\,\mathrm{d}x, \tag{13-37}$$

$$\int_{-\infty}^{+\infty} f(x)\,\mathrm{d}x = \lim_{b\to-\infty}\int_{b}^{c} f(x)\,\mathrm{d}x + \lim_{a\to+\infty}\int_{c}^{a} f(x)\,\mathrm{d}x. \tag{13-38}$$

若在（13-38）式中，右端两个极限有一个不存在，则称左端的广义积分发散.

【例 13.3】　讨论 $\int_1^{+\infty} \frac{1}{x^p}\mathrm{d}x$ 是否收敛.

解　当 $p>1$ 时，有

$$\int_1^{+\infty} \frac{1}{x^p}\mathrm{d}x = \lim_{b\to+\infty}\int_1^{b} \frac{1}{x^p}\mathrm{d}x = \lim_{b\to+\infty}\left(\frac{1}{1-p}\,x^{1-p}\Big|_1^b\right) = \frac{1}{p-1}; \tag{13-39}$$

当 $p=1$ 时，有

$$\int_1^{+\infty} \frac{1}{x}\mathrm{d}x = \lim_{b\to+\infty}\int_1^{b} \frac{1}{x}\mathrm{d}x = \lim_{b\to+\infty}\ln b = +\infty; \tag{13-40}$$

当 $p<1$ 时，有

$$\int_1^{+\infty} \frac{1}{x^p}\mathrm{d}x = \lim_{b\to+\infty}\int_1^{b} \frac{1}{x^p}\mathrm{d}x = \lim_{b\to+\infty}\frac{1}{1-p}\,x^{1-p}\Big|_1^b = +\infty. \tag{13-41}$$

综上，积分 $\int_1^{+\infty} \frac{1}{x^p}\mathrm{d}x$ 当 $p\leqslant1$ 时发散，当 $p>1$ 时收敛，且

$$\int_1^{+\infty} \frac{1}{x^p}\mathrm{d}x = \frac{1}{p-1}. \tag{13-42}$$

【例 13.4】　判断 $a>1$ 时无穷积分 $\int_0^{+\infty} a^{-x}\mathrm{d}x$ 是否收敛，若收敛求其值.

解　对任给的 $u>0$，有

$$\int_0^{u} a^{-x}\mathrm{d}x = \frac{-a^{-x}}{\ln a}\Big|_0^u = \frac{1-a^{-u}}{\ln a}, \tag{13-43}$$

由于

$$\lim_{u\to+\infty}\int_0^u a^{-x}\mathrm{d}x=\lim_{u\to+\infty}\frac{(1-a^{-u})}{\ln a}=\frac{1}{\ln a}, \tag{13-44}$$

所以 $a>1$ 时无穷积分 $\int_0^{+\infty}a^{-x}\mathrm{d}x$ 收敛且 $\int_0^{+\infty}a^{-x}\mathrm{d}x=\frac{1}{\ln a}$.

【例 13.5】 计算 $\int_{-\infty}^{+\infty}\frac{1}{1+x^2}\mathrm{d}x$.

解 直接用牛顿－莱布尼茨公式得

$$\int_{-\infty}^{+\infty}\frac{1}{1+x^2}\mathrm{d}x=\int_{-\infty}^{0}\frac{1}{1+x^2}\mathrm{d}x+\int_{0}^{+\infty}\frac{1}{1+x^2}\mathrm{d}x$$
$$=\arctan x\Big|_{-\infty}^{0}-\arctan x\Big|_{0}^{+\infty}=-\left(-\frac{\pi}{2}\right)+\frac{\pi}{2}=\pi. \tag{13-45}$$

如图 13-8，$\int_{-\infty}^{+\infty}\frac{1}{1+x^2}\mathrm{d}x$ 的几何意义为函数 $f(x)=\frac{1}{1+x^2}$ 的曲线与 x 轴所围成的无界区域的面积.

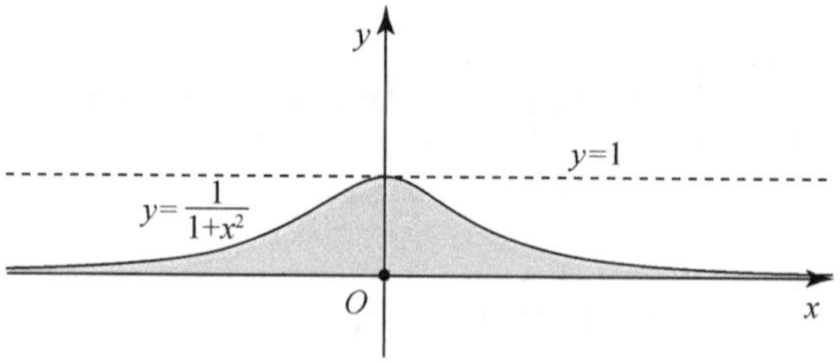

图 13-8 无界区域面积可能有限

上面讨论了无穷区间上的积分，下面考虑无界函数的积分.

定义 13.11 设函数 $f(x)$ 定义在区间 $(a,b]$ 上且无界，但在任何闭区间 $[u,b]\subset(a,b]$ 有界且可积. 如果存在极限

$$\lim_{u\to a+}\int_u^b f(x)\mathrm{d}x=S, \tag{13-46}$$

则称此极限为无界函数 $f(x)$ 在 $(a,b]$ 上的广义积分或反常积分，记为

$$S=\int_a^b f(x)\mathrm{d}x, \tag{13-47}$$

并称反常积分 $\int_a^b f(x)\mathrm{d}x$ 收敛. 如果极限(13-46)不存在，则说反常积

分$\int_a^b f(x)\,\mathrm{d}x$发散.

若上述被积函数$f(x)$在点a邻域无界，则点a称为$f(x)$的瑕点，而无界反常积分$\int_a^b f(x)\,\mathrm{d}x$又称为瑕积分.

类似地，若$f(x)$定义在$[a, b)$上，在b点左邻域内无界，但在任意$[a, u]\subset[a, b)$上可积，则定义

$$\int_a^b f(x)\,\mathrm{d}x = \lim_{u\to b^-}\int_a^u f(x)\,\mathrm{d}x. \tag{13-48}$$

定义 13.12　若$f(x)$在$[a, c)\cup(c, b]$上有定义，在点c的任一邻域无界，但在任何$[a, u]\subset[a, c)$，$[v, b]\subset(c, b]$上都可积，则当两个瑕积分$\int_a^c f(x)\,\mathrm{d}x$和$\int_c^b f(x)\,\mathrm{d}x$都收敛时，定义

$$\int_a^b f(x)\,\mathrm{d}x = \int_a^c f(x)\,\mathrm{d}x + \int_c^b f(x)\,\mathrm{d}x, \tag{13-49}$$

并称左边的瑕积分收敛.

类似地，若$f(x)$在点a与点b附近都无界，而$f(x)$在任何$[u, v]\subset(a, b)$上可积，则当存在c，使得两个瑕积分$\int_a^c f(x)\,\mathrm{d}x$和$\int_c^b f(x)\,\mathrm{d}x$都收敛时，定义

$$\int_a^b f(x)\,\mathrm{d}x = \int_a^c f(x)\,\mathrm{d}x + \int_c^b f(x)\,\mathrm{d}x, \tag{13-50}$$

并称左边的瑕积分收敛.

【例 13.6】　当$q>0$时，讨论广义积分$\int_0^1 \frac{1}{x^q}\mathrm{d}x$是否收敛.

解　当$q>0$时，$f(x)=\int_0^1 \frac{1}{x^q}\mathrm{d}x$在$x=0$附近无界. 当$u>0$时有

$$\int_u^1 \frac{1}{x^q}\mathrm{d}x = \begin{cases} \frac{1}{1-q}(1-u^{1-q}) & (q\neq 1) \\ -\ln u & (q=1) \end{cases} \quad (0<u<1), \tag{13-51}$$

故当$0<q<1$时有

$$\lim_{u\to 0^+}\int_u^1 \frac{1}{x^q}\mathrm{d}x = \frac{1}{1-q}, \tag{13-52}$$

而当 $q\geqslant 1$ 时有

$$\lim_{u\to 0^+}\int_u^1 \frac{1}{x^q}dx = +\infty. \tag{13-53}$$

综上所述，瑕积分 $\int_0^1 \frac{1}{x^q}dx$ 当 $q<1$ 时收敛且 $\int_0^1 \frac{1}{x^q}dx = \frac{1}{1-q}$，当 $q\geqslant 1$ 时发散.

如果反常积分既有无穷限又有瑕点，则应将此积分分成无穷积分及瑕积分之和，当且仅当两者都收敛时，所讨论的反常积分才收敛.

类似于无穷级数，广义积分收敛性的判别也是重要的问题，可参看通常的微积分书.

广义积分的一个有趣应用是所谓“Γ 函数”的引进.

考虑广义积分

$$\int_0^{+\infty} x^{s-1}e^{-x}dx = \int_0^1 x^{s-1}e^{-x}dx + \int_1^{+\infty} x^{s-1}e^{-x}dx, \tag{13-54}$$

其中前者是瑕积分，$x=0$ 是瑕点，后者是无穷积分. 因为

$$e^{-x}\cdot x^{s-1} = \frac{1}{x^{1-s}}\cdot\frac{1}{e^x} < \frac{1}{x^{1-s}} \tag{13-55}$$

和

$$\lim_{x\to+\infty}(x^2\cdot(x^{s-1}e^{-x})) = \lim_{x\to+\infty}\frac{x^{s+1}}{e^x} = 0, \tag{13-56}$$

故当 $s>0$ 时，两者都收敛. 这时称

$$\Gamma(s) = \int_0^{+\infty} x^{s-1}e^{-x}dx \quad (s>0) \tag{13-57}$$

为 Γ 函数. 它是数学、物理中常用的重要特殊函数. 利用分部积分法得

$$\begin{aligned}\Gamma(s+1) &= \int_0^{+\infty} x^{s+1-1}e^{-x}dx = \int_0^{+\infty} x^s e^{-x}dx = -\int_0^{+\infty} x^s d(e^{-x}) \\ &= -x^s e^{-x}\Big|_0^{+\infty} + \int_0^{+\infty} s x^{s-1}e^{-x}dx = s\int_0^{+\infty} x^{s-1}e^{-x}dx = s\,\Gamma(s).\end{aligned} \tag{13-58}$$

当 s 是正整数 n 时，有

$$\Gamma(n+1)=n\Gamma(n)=n(n-1)\Gamma(n-1)=\cdots=n!\ \Gamma(1), \tag{13-59}$$

由于 $\Gamma(1)=\int_0^{+\infty}\mathrm{e}^{-x}\mathrm{d}x=1$，故 $\Gamma(n+1)=n!$.

从极限概念引出广义积分，顺便得到了 $n!$ 的解析表达式，数学就是这样曲折有趣.

13.4　函数图像的渐近线

利用函数的导数和二阶导数，可以确定函数的极值点、拐点、单调性、凹凸性等重要性态，有助于作出较准确的图像. 使用计算机和数学软件，可以非常准确地画出函数的图形. 但图形只能反映出曲线在有界区域内的模样. 如何描述曲线在远处的形态呢？极限概念为回答这类问题提供了思路.

定义 13.13　如果曲线上的一动点沿着曲线移向无穷远时，该点到某条定直线 L 的距离趋于零，则直线 L 就称为曲线的一条渐近线.

图 13-9 是中学数学课程中熟悉的双曲线和它的两条渐近线.

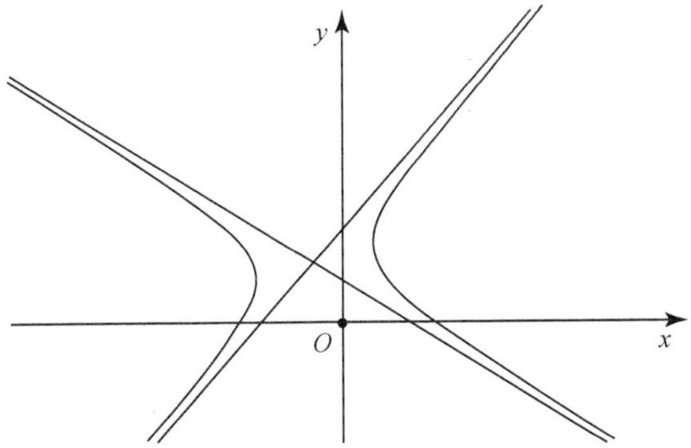

图 13-9　双曲线和它的两条渐近线

函数曲线的渐近线分为水平渐近线、垂直渐近线和斜渐近线三种.

若函数 $y=f(x)$ 的定义域是无穷区间，且

$$\lim_{x\to\infty} f(x) = C \ (\text{或} \lim_{x\to+\infty} f(x) = C,\ \lim_{x\to-\infty} f(x) = C), \qquad (13\text{-}60)$$

则称直线 $y=C$ 为曲线 $y=f(x)$ 的水平渐近线.

若函数 $y=f(x)$ 在 x_0 处有

$$\lim_{x\to x_0} f(x) = \infty \ (\text{或} \lim_{x\to x_0^+} f(x) = \infty,\ \lim_{x\to x_0^-} f(x) = \infty), \qquad (13\text{-}61)$$

这里符号∞含 $+\infty$ 和 $-\infty$，则称直线 $x=x_0$ 为曲线 $y=f(x)$ 的垂直渐近线.

对于函数 $y=\dfrac{1}{x+1}$，因为 $\lim\limits_{x\to\infty}\dfrac{1}{x+1}=0$，所以直线 $y=0$ 为其水平渐近线；又因为 $\lim\limits_{x\to-1}\dfrac{1}{x+1}=\infty$，$x=-1$ 为其垂直渐近线，如图 13-10.

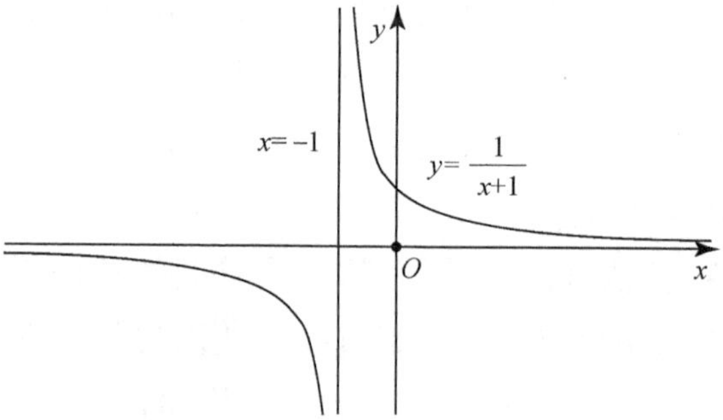

图 13-10　水平渐近线和垂直渐近线

若函数 $y=f(x)$ 的定义域是无穷区间，且 $\lim\limits_{x\to\infty}[f(x)-(ax+b)]=0$（含 x 趋于正无穷或负无穷情形），则称直线 $y=ax+b$ 为曲线 $y=f(x)$ 的斜渐近线. 这时容易证明必有下列两个极限式同时成立，缺一不可：

$$a=\lim_{x\to\infty}\frac{f(x)}{x} \quad (a\neq 0),\ \lim_{x\to\infty}[f(x)-ax]=b. \qquad (13\text{-}62)$$

【例 13.7】　讨论曲线 $f(x)=\dfrac{(x+1)^2}{3(x-1)}$ 有没有渐近线.

解　函数 $f(x)$ 的定义域为 $(-\infty, 1)\cup(1, +\infty)$，容易求出

$$\lim_{x\to1^+} f(x) = \lim_{x\to1^+}\frac{(x+1)^2}{3(x-1)} = +\infty,\ \lim_{x\to1^-} f(x) = \lim_{x\to1^-}\frac{(x+1)^2}{3(x-1)} = -\infty, \qquad (13\text{-}63)$$

以及

$$a=\lim_{x\to\infty}\frac{f(x)}{x}=\lim_{x\to\infty}\frac{(x+1)^2}{3(x^2-x)}=\frac{1}{3},$$
$$b=\lim_{x\to\infty}[f(x)-ax]=\lim_{x\to\infty}\left[\frac{(x+1)^2}{3(x-1)}-\frac{x}{3}\right]=1. \tag{13-64}$$

所以直线 $x=1$ 为垂直渐近线，直线 $y=\frac{1}{3}x+1$ 为斜渐近线，没有水平渐近线．如图 13-11.

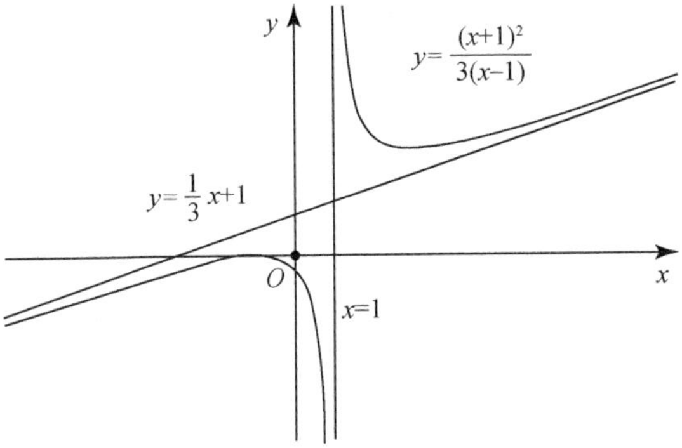

图 13-11　曲线 $f(x)=\frac{(x+1)^2}{3(x-1)}$ 的斜渐近线和垂直渐近线

细心的读者会发现，几个例子中的曲线都是双曲线．当然不仅仅双曲线有渐近线，本章的图 13-2 ~ 图 13-8 里都有渐近线，你能指出这些渐近线吗？这些图中确实还没有斜渐近线．想一想，如何改动一下这些函数的表达式，把水平渐近线变成斜的渐近线？还有，图 13-1 中有渐近线吗？为什么？

第 14 章 点式连续与点式可导

各点的局部行为汇成全局行为，
靠的是实数系统的连续性.

14.1 函数在一点连续的概念

直到现在，函数的连续性是区间上的性质. 根据定义 2.5，函数 $f(x)$ 在闭区间上一致连续，是指存在一个 d 函数 $d(h)$，使得对 $[a, b]$ 上的任两点 x 和 $x+h$ 成立不等式

$$|f(x+h)-f(x)| \leqslant d(h). \tag{14-1}$$

在传统的微积分书中，是先定义函数在一点连续的概念.

注意下面常常使用"邻域"的概念. 所谓点 u 的某邻域，就是包含点 u 的某个开区间. 而包含点 u 且以 u 为右端点的某个半开半闭区间，称为点 u 的某个左半邻域；包含点 u 且以 u 为左端点的某个半闭半开区间，称为点 u 的某个右半邻域.

定义 14.1（函数的点式连续） 设函数 $f(x)$ 在 x_0 的某邻域内有定义，若

$$\lim_{x \to x_0} f(x) = f(x_0), \tag{14-2}$$

则称函数 $f(x)$ 在 x_0 点处连续. 若函数 $f(x)$ 在开区间 (a, b) 内的每一点处都连续，就称函数 $f(x)$ 在 (a, b) 上点点连续.

根据函数极限的等价定义(13-24)，只要把不等式(14-1)中的点 x

固定为 x_0，并且仅仅要求 h 在 $x=0$ 某邻域变化，也得到函数在点 x_0 处连续的概念.

函数点式连续等价定义　设函数 $y=f(x)$ 在 x_0 的某个邻域 Δ 内有定义，如果存在一个 d 函数 $d(h)$，使得对任意点 $x\in\Delta$ 有

$$|f(x)-f(x_0)|\leqslant d(|x-x_0|), \tag{14-3}$$

则称函数 $f(x)$ 在点 x_0 处连续.

在一点处连续的函数显然有下列性质：

定理 14.1　若 $f(x)$ 在 x_0 点连续，则 $f(x)$ 在 x_0 的某个邻域有界.

定理 14.2(局部保号性)　若 $f(x)$ 在 x_0 点连续，且 $A<f(x_0)<B$，则存在 x_0 的某邻域 $U(x_0)$，使得对一切 $x\in U(x_0)$ 恒有 $A<f(x)<B$.

回顾前面定理 3.4 中对区间上连续函数的局部保号性的证明，实际上只用到了函数在一点的连续性，所以定理 14.2 可以用同样的方法证明. 也就是说，局部保号性不必要求函数在区间上连续，只要在所考虑的点连续就够了.

函数极限有左右极限，同样可以定义函数的左右连续性.

定义 14.2　设函数 $f(x)$ 在 x_0 的某左邻域内有定义，若

$$\lim_{x\to x_0^-}f(x)=f(x_0), \tag{14-4}$$

则称 $f(x)$ 在 x_0 点左连续；若

$$\lim_{x\to x_0^+}f(x)=f(x_0), \tag{14-5}$$

则称 $f(x)$ 在 x_0 点右连续.

如果函数 $f(x)$ 在 (a, b) 上连续，且 $f(x)$ 在 $x=a$ 处右连续，在 $x=b$ 处左连续，则称函数 $f(x)$ 在闭区间 $[a, b]$ 上点点连续. 一般地，如果函数 $f(x)$ 在区间 I 所含的端点单边连续而在内点连续，则称函数 $f(x)$ 在区间 I 上点点连续.

根据上面的定义，立刻得到

推论 14.1　若函数 $f(x)$ 在 $[a, b]$ 上一致连续，则 $f(x)$ 在闭区间 $[a, b]$ 上点点连续. 若函数 $f(x)$ 在区间 I 上连续，则 $f(x)$ 在区间 I 上点点连续.

显然，函数 $f(x)$ 在 x_0 点连续的充分必要条件是 $f(x)$ 在 x_0 点既左

连续又右连续.

如果函数$f(x)$在点x_0处有定义，但不是函数$f(x)$的连续点，则称点x_0为函数$f(x)$的间断点.

函数$f(x)$的间断点可作如下分类：

(1) 若$\lim\limits_{x\to x_0} f(x)=A\neq f(x_0)$，则称点$x_0$为函数$f(x)$的可去间断点.

(2) 如果函数$f(x)$在x_0处的左、右极限都存在，但不相等，则称点x_0为函数$f(x)$的跳跃间断点. 称数$\alpha=\left|\lim\limits_{x\to x_0^+} f(x)-\lim\limits_{x\to x_0^-} f(x)\right|$为函数$f(x)$在$x_0$处的跳跃度.

可去间断点与跳跃间断点统称第一类间断点，其主要特征是左右极限皆存在.

(3) 函数的所有其他形式的间断点，称为第二类间断点. 其特点是函数至少有一侧的极限不存在.

在图 14-1 ~ 图 14-3 中所显示的函数，分别在$x=0$处有这三种间断点.

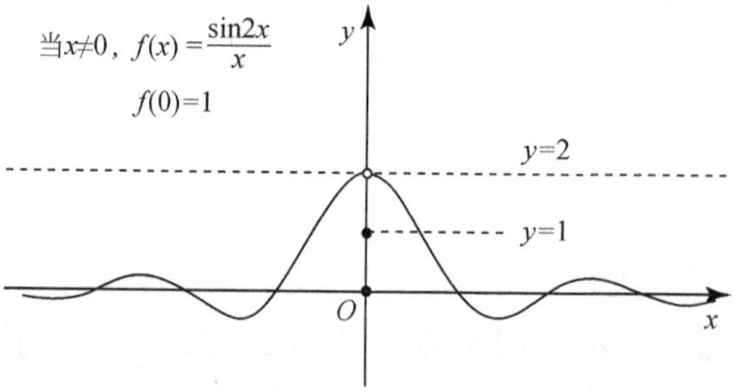

图 14-1 函数在$x=0$处有可去间断点

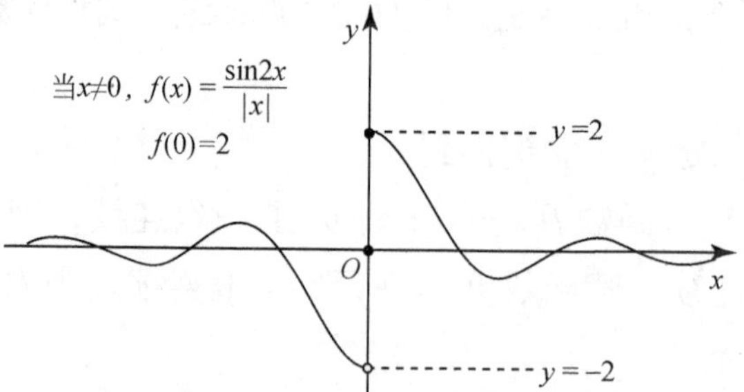

图 14-2 函数在$x=0$处有跳跃间断点

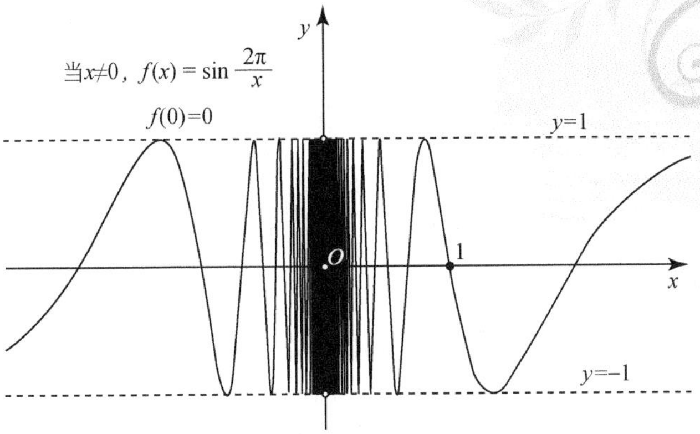

图 14-3　函数在 $x=0$ 处有第二类间断点

极限运算有四则运算法则，连续性也满足四则运算法则. 即

如果函数 $f(x)$ 和 $g(x)$ 在 x_0 处都连续，则它们的和、差、积在 x_0 处也连续，并且若 $g(x_0)\neq0$，则它们的商 $\frac{f(x)}{g(x)}$ 在 x_0 处也连续.

关于复合函数的连续性，有

定理 14.3　若函数 $f(x)$ 在 x_0 处连续，$g(u)$ 在 u_0 处连续，$u_0=f(x_0)$，则复合函数 $g(f(x))$ 在 x_0 处连续.

由于初等函数都是由基本初等函数经过有限次四则运算和复合运算得到的，所以任何初等函数都是其定义区间上的连续函数.

关于点式连续，传统微积分书一般都讲得相当详细，此处从略.

14.2　闭区间上点点连续函数的性质

函数在一点连续属于局部性质. 下面借助实数系的确界定理从局部性质获得闭区间上点点连续函数的整体性质. 本节几个定理的证明在一般高等数学教程中均从略. 下面提供用连续归纳法的证明，这和传统的处理方法不同，可供参考. 初读本书时也可以跳过证明，只要记取定理的表述即可.

定理 14.4（闭区间上点点连续函数最值定理）　若函数 $f(x)$ 在闭

区间 $[a, b]$ 上点点连续，则 $f(x)$ 在 $[a, b]$ 上取到最大值与最小值.

证明 先证取到最大值.

用反证法，设 $f(x)$ 在 $[a, b]$ 上取不到最大值. 引入命题：

p_x："存在一点 u，使得 $f(u)$ 大于 f 在 $(-\infty, x]$ 所取的一切值".

(i) 对 $x=a$，p_x 真. 若不然，$f(a)$ 便成为最大值了.

(ii) 设某个 y 使一切 $x<y$ 有 p_x 真. 由 $f(y)$ 不是最大值，故有 v，使得 $f(v)>f(y)$. 由连续函数局部保号性(定理14.2)，存在 $\delta>0$，使得对区间 $(y-\delta, y+\delta)$ 内的任意一点 u，都有 $f(u)<f(v)$. 记 $z=y+\delta$.

由归纳假设，存在 w，使得 $f(w)$ 大于 f 在 $(-\infty, y-0.5\delta]$ 上的一切值.

取 $f(w)$ 与 $f(v)$ 之中较大者记为 $f(p)$，则 $f(p)$ 大于 f 在 $(-\infty, y+\delta)$ 上的值. 即当 $x<z$ 时，p_x 真.

由连续归纳法，p_x 对一切 x 成立.

当 $x=b$ 时，这意味着存在 u，使得 $f(u)$ 大于 f 在 $[a, b]$ 上所取的一切值，导致矛盾. 这证明了 $f(x)$ 在 $[a, b]$ 上取到最大值.

因为 $-f(x)$ 在闭区间 $[a, b]$ 上点点连续，所以 $-f(x)$ 在 $[a, b]$ 上有最大值，记为 $-f(x_0)$. 显然，$f(x)$ 在 $[a, b]$ 上取到最小值 $f(x_0)$.

推论14.2(闭区间上点点连续函数有界性定理) 若函数 $f(x)$ 在闭区间 $[a, b]$ 上点点连续，则 $f(x)$ 在闭区间 $[a, b]$ 上有界.

定理11.3证明了区间上连续函数的介值定理. 其证明完全适用于区间上的点点连续函数. 这里再提供一个使用连续归纳法的证明.

定理14.5(闭区间上点点连续函数的介值定理) 若函数 $f(x)$ 在闭区间 $[a, b]$ 上点点连续，且 $f(a)\neq f(b)$，则对任意一个介于 $f(a)$ 与 $f(b)$ 之间的实数 C，至少存在一点 $u\in(a, b)$，使得 $f(u)=C$.

证明 设当 $x\in[a, b]$ 时 $F(x)=f(x)-C$，当 $x<a$ 时 $F(x)=F(a)$，且当 $x>b$ 时 $F(x)=F(b)$，则 $F(x)$ 点点连续且 $F(a)\cdot F(b)<0$. 不妨设 $F(a)<0$，$F(b)>0$. 只要证明有 $u\in(a, b)$，使得 $F(u)=0$ 即可.

用反证法，倘若对一切 $u\in[a, b]$ 都有 $F(u)\neq0$. 引入命题：

p_x："F 在$(-\infty, x]$上恒为负".

(i) 对 $x<a$，显然 p_x 真.

(ii) 设有 y 使得当 $x<y$ 时，p_x 真，即对一切 $x<y$ 有 $F(x)<0$.

按反证法假设知 $F(y)\neq 0$，由 $F(x)$ 在 y 连续，根据局部保号性(定理 14.2)存在 $\delta>0$，使得 F 在$(y-\delta, y+\delta)$上与 $F(y)$同号.

再由 $F\left(y-\dfrac{\delta}{2}\right)<0$，可知 F 在$(y-\delta, y+\delta)$上取负值.

取 $z=y+\delta$，则当 $x<z$ 时 p_x 真. 由连续归纳法，p_x 对一切 x 成立. 因而取 $x>b$ 时，可得 $F(b)<0$，导致矛盾. 定理得证.

由此得到：

推论 14.3(根的存在性定理)　若函数 $f(x)$在闭区间$[a, b]$上点点连续，且 $f(a)\cdot f(b)<0$，则至少存在一点 $x_0\in(a, b)$，使得 $f(x_0)=0$.

下面证明，闭区间$[a, b]$上点点连续函数一定是$[a, b]$上的一致连续函数.

在定义 2.5 中给出了一致连续的定义. 将它和点式连续的定义相比较，会发现其共同点和不同点. 两者都要求关于某 d 函数成立一个不等式. 不同之处在于，一致连续定义中区间上不同的点有一个共同的 d 函数，点式连续的定义中不同的点对应的 d 函数可能不同. 下面证明，在闭区间上点点连续的函数，不同的点仍有一个共同的 d 函数.

为了更清楚地论证闭区间上点点连续函数的一致连续性，这里引进函数的"振幅"概念. 它不仅有助于理解函数的连续性，也对后面对积分的进一步研究有用.

设 $f(x)$在区间 I 上有定义且有界，h 是一个正数. 记

$$\omega(h)=\sup\{|f(u)-f(v)|:|u-v|\leqslant h\}. \tag{14-6}$$

直白地说，$\omega(h)$是这样的数：当$|u-v|\leqslant h$ 时总有$|f(u)-f(v)|\leqslant\omega(h)$，而对任意 $w<\omega(h)$，则有 u 和 v 满足$|u-v|\leqslant h$ 且$|f(u)-f(v)|>w$. 称 $\omega(h)$是 $f(x)$在区间 I 上步长为 h 时的振幅，简称为 $f(x)$的振幅函数. 当 h 不小于区间 I 的长度时，$\omega(h)$就是 $f(x)$在 I 上的上下确界之差，叫做 $f(x)$在 I 上的振幅，记作 $\omega(f, I)$.

显然 $\omega(h)$ 非负不减，记其最大下界为 ω_0，叫做函数 $f(x)$ 在区间 I 上的最大局部振幅．显然有

$$\lim_{h\to 0}\omega(h)=\omega_0 . \tag{14-7}$$

如果 $\omega_0=0$，即 $\omega(h)$ 没有正的下界从而是 d 函数．这时按定义 $f(x)$ 在区间 I 上一致连续．

函数在一点的连续性也可以用振幅来描述．考虑 $f(x)$ 在半开区间 $[x_0, x_0+\delta)$ 上的振幅 $\omega(f, [x_0, x_0+\delta))$，当 δ 变小时它显然不增，从而当 $\delta\to 0$ 时 $\omega(f, [x_0, x_0+\delta))$ 有极限，记

$$\omega(f, x_0^+)=\lim_{\delta\to 0}\omega(f, [x_0, x_0+\delta)), \tag{14-8}$$

称之为 $f(x)$ 在点 x_0 处的右振幅；类似地，记

$$\omega(f, x_0^-)=\lim_{\delta\to 0}\omega(f, (x_0-\delta, x_0]), \tag{14-9}$$

称之为 $f(x)$ 在点 x_0 处的左振幅．当 $f(x)$ 在 $(x_0-\delta, x_0+\delta)$ 上有定义时还可以记

$$\omega(f, x_0)=\lim_{\delta\to 0}\omega(f, (x_0-\delta, x_0+\delta)), \tag{14-10}$$

称之为 $f(x)$ 在点 x_0 处的振幅．

显然，$f(x)$ 在点 x_0 连续的充分必要条件是它在点 x_0 处的振幅为 0；而左连续的充分必要条件是它在点 x_0 处的左振幅为 0；右连续的充分必要条件是它在点 x_0 处的右振幅为 0．

下面的定理揭示了点连续和区间上的一致连续的关系．

定理 14.6（闭区间上点点连续函数的一致连续性） 设函数 $f(x)$ 在 $[a, b]$ 上点点连续，则 $f(x)$ 在 $[a, b]$ 上一致连续．

证明 用反证法．若 $f(x)$ 在 $[a, b]$ 上的振幅函数 $\omega(h)$ 的最大下界 ω_0 为正，下面用连续归纳法推出矛盾．

设当 $x\in[a,b]$ 时 $F(x)=f(x)$，$x<a$ 时 $F(x)=f(a)$，$x>b$ 时 $F(x)=f(b)$，记 $F(x)$ 在 $(-\infty, x]$ 上的最大局部振幅为 w_x，引入

命题 P_x：“$2w_x<\omega_0$”．

则有（i）对 $x<a$，显然 $2w_x=0<\omega_0$，即 P_x 真．

（ii）设有 y 使当 $x<y$ 时 P_x 真．由 $F(x)$ 在 y 连续，故存在含 y 的开区间 (α, β)，使得 $F(x)$ 在 $(\alpha, \beta]$ 上的上、下确界之差小于 $0.5\omega_0$．

取 $u \in (\alpha, y)$，由归纳假设知道 $2w_u < \omega_0$，于是 $2w_\beta < \omega_0$，从而对一切 $x < z = \beta$ 有 P_x 真.

由连续归纳法，对所有 x 有 P_x 真. 当 $x = b$ 时因 $w_b = \omega_0$ 得 $2\omega_0 < \omega_0$，这推出矛盾. 命题获证.

在传统的"ε-δ"定义下，函数一致连续的定义是这样的：

函数一致连续的 ε-δ 定义　设函数 $f(x)$ 在区间 I 上有定义. 如果对任意的 $\varepsilon > 0$，总存在正数 δ，使得对任意的 u，$v \in I$，只要 $|u - v| < \delta$，就有

$$|f(u) - f(v)| < \varepsilon,$$

则称函数 $f(x)$ 在区间 I 上一致连续.

不难证明此定义和定义 2.5 等价.

由定理 14.6 可知，函数在区间 I 上点点连续和前面定义的在 I 上连续是一致的，以后就不再区别这两个概念了.

14.3　函数在一点可导的概念

由定理 13.4，当函数 $f(x)$ 在 $[a, b]$ 上连续可导且 $x_0 \in (a, b)$ 时有

$$\lim_{x \to x_0} \frac{f(x) - f(x_0)}{x - x_0} = f'(x_0), \tag{14-11}$$

而在区间端点则有

$$\lim_{x \to a^+} \frac{f(x) - f(a)}{x - a} = f'(a), \lim_{x \to b^-} \frac{f(x) - f(b)}{x - b} = f'(b). \tag{14-12}$$

导数和极限联系起来，既可以用极限的性质帮助我们更深刻地认识导数，又能够用导数的知识帮我们了解极限概念的丰富内涵.

在传统微积分中，是先建立极限概念，再用极限等式(14-11)和(14-12)来定义函数在一个点处的导数. 也就是下面的点式可导的定义：

定义 14.3(函数的点式可导)　设函数 $y = f(x)$ 在 x_0 的某个邻域

$U(x_0)$有定义．如果

$$\lim_{h\to 0}\frac{f(x_0+h)-f(x_0)}{h}=A \tag{14-13}$$

存在，则称函数$f(x)$在x_0可导，并称其极限值A为$f(x)$在x_0的导数，记作$f'(x_0)$，或$\left.\frac{\mathrm{d}y}{\mathrm{d}x}\right|_{x=x_0}$．若此极限不存在，则称$f(x)$在$x_0$不可导．

根据极限的定义，等式(14-13)可以用不等式表示为

$$\left|\frac{f(x_0+h)-f(x_0)}{h}-f'(x_0)\right|\leqslant d(h), \tag{14-14}$$

这里$d(h)$是某个d函数．这个不等式和一致可导定义2.4中的不等式(2-48)非常相像，不同之处在于，用一个指定的点x_0代替了一般的x，并且这里的d函数$d(h)$是针对x_0一个点有效，而在(2-48)式中的d函数$d(h)$则对整个区间有效．

函数$f(x)$在区间I上一致可导，其导数$f'(x)$在区间I上有定义并一致连续．而函数$f(x)$在区间I上一点x_0可导时，其导数在x_0邻域的其他点可能不存在，就谈不到导数在x_0是否连续了．

利用o(1)的记法，不等式(14-14)可以写成等式的形式，即

$$\frac{f(x_0+h)-f(x_0)}{h}-f'(x_0)=\mathrm{o}(1)\quad (h\to 0), \tag{14-15}$$

整理后得到

$$f(x_0+h)-f(x_0)=f'(x_0)h+\mathrm{o}(1)h\quad (h\to 0), \tag{14-16}$$

这里$f(x_0+h)-f(x_0)$作为$y=f(x)$的改变量，可以简单地写成Δy，而$\mathrm{o}(1)h$可以写成$\mathrm{o}(1)h=\mathrm{o}(h)$，因此(14-16)式又可以表示成

$$\Delta y=f'(x_0)h+\mathrm{o}(h)\quad (h\to 0), \tag{14-17}$$

这两个等式叫做有限增量公式，是$f(x)$在x_0处可导的充分必要条件，或看作等价的定义．公式中无穷小量不在分母上，当$h=0$时仍然成立，在推理时可以带来方便．

当$h\to 0$时，等式(14-16)的右端显然趋于0，这表明当$y=f(x)$在x_0可导时有$f(x_0+h)-f(x_0)=\mathrm{o}(1)$，即$\lim\limits_{h\to 0}f(x_0+h)=f(x_0)$，因而有

定理 14.7 若函数在一点可导，必在此点连续．

在符号的使用上，有时把 h 换成传统习惯常用的 Δx，则

$$f'(x_0)=\lim_{\Delta x\to 0}\frac{f(x_0+\Delta x)-f(x_0)}{\Delta x};\tag{14-18}$$

或把 h 换成 $x-x_0$，则

$$f'(x_0)=\lim_{x\to x_0}\frac{f(x)-f(x_0)}{x-x_0}.\tag{14-19}$$

总之，点式导数 $f'(x_0)$ 就是当自变量改变量趋于零时，函数改变量与自变量改变量之比的极限，它是 $f(x)$ 在 x_0 处的"瞬时变化率".

若只讨论函数在点 x_0 的右邻域(左邻域)上的变化率，则类似于函数的单侧连续性，可引进单侧导数的概念.

定义 14.4(单侧导数的定义)　设函数 $y=f(x)$ 在 x_0 的某个邻域 $[x_0,\ x_0+\delta)$ 有定义，若右极限

$$\lim_{h\to 0^+}\frac{f(x_0+h)-f(x_0)}{h}=A\quad(0<h<\delta)\tag{14-20}$$

存在，则称 A 为 $f(x)$ 在 x_0 的右导数，记作 $f'_+(x_0)$. 类似地，我们可以定义左导数

$$f'_-(x_0)=\lim_{h\to 0^-}\frac{f(x_0+h)-f(x_0)}{h}.\tag{14-21}$$

右导数和左导数统称为单侧导数. 显然，若函数 $y=f(x)$ 在 x_0 的某个邻域内有定义，则 $f'(x_0)$ 存在的充要条件是 $f'_+(x_0)$ 与 $f'_-(x_0)$ 都存在且相等.

如果 $f(x)$ 在区间 I 的每个点可导(区间端点只要求相应的单侧可导)，则称其在区间 I 点点可导. 根据函数点式可导的上述定义和前述一致可导的定义，显然有

定理 14.8　若函数 $f(x)$ 在区间 $[a,\ b]$ 上一致可导，则 $f(x)$ 在区间 $[a,\ b]$ 上点点可导，且两种意义下的导数相等. 一般地，若函数 $f(x)$ 在区间 I 上连续可导，则 $f(x)$ 在区间 I 上点点可导，且两种意义下的导数相等.

这样一来，初等函数点式导数的计算就和前面所讲的方法相同，没有必要再罗列出来了. 容易推出，点式可导函数的导数计算法则也

和区间上连续可导函数的导数计算法则相同．各种教科书对此均有叙述，此处不再重复．

【例 14.1】 设$f(x)=\begin{cases}x\sin\dfrac{1}{x} & (x\neq 0),\\ 0 & (x=0).\end{cases}$问$f(x)$在$(-\infty,+\infty)$上是否点点可导？

解 因为$f(x)$在$(-\infty,0)$和$(0,+\infty)$上都是连续可导的，故对任意$x_0\neq 0$，点式导数$f'(x_0)$存在且容易求出有

$$f'(x_0)=\left(x\sin\frac{1}{x}\right)'\bigg|_{x=x_0}=\sin\frac{1}{x_0}-\frac{1}{x_0}\cos\frac{1}{x_0}, \qquad (14\text{-}22)$$

当$x=0$时按点式可导定义若$f'(0)$存在应有

$$f'(0)=\lim_{x\to 0}\frac{f(x)-f(0)}{x-0}=\lim_{x\to 0}\left(\sin\frac{1}{x}\right), \qquad (14\text{-}23)$$

但极限$\lim\limits_{x\to 0}\sin\dfrac{1}{x}$不存在，故$f'(0)$不存在，即$f(x)$在$(-\infty,+\infty)$上不是点点可导的（图 14-4）．

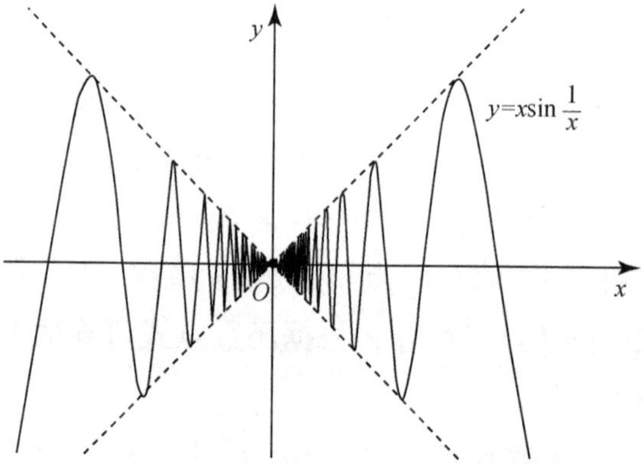

图 14-4 函数$f(x)=x\sin\dfrac{1}{x}$的图像

【例 14.2】 设$f(x)=\begin{cases}x^2\sin\dfrac{1}{x} & (x\neq 0),\\ 0 & (x=0).\end{cases}$问$f(x)$在$[-100,100]$

上是否点点可导？

解　因为$f(x)$在$[-100,0)$和$(0,100]$上都是连续可导的，故对任意$x_0\neq0$，点式导数$f'(x_0)$存在且容易求出有

$$f'(x_0)=\left(x^2\sin\frac{1}{x}\right)'\bigg|_{x=x_0}=2x_0\sin\frac{1}{x_0}-\cos\frac{1}{x_0}. \tag{14-24}$$

当$x=0$时按点式可导定义有

$$f'(0)=\lim_{x\to0}\frac{f(x)-f(0)}{x-0}=\lim_{x\to0}x\sin\frac{1}{x}=0, \tag{14-25}$$

可见$f(x)$在$[-100,100]$上点点可导(图 14-5).

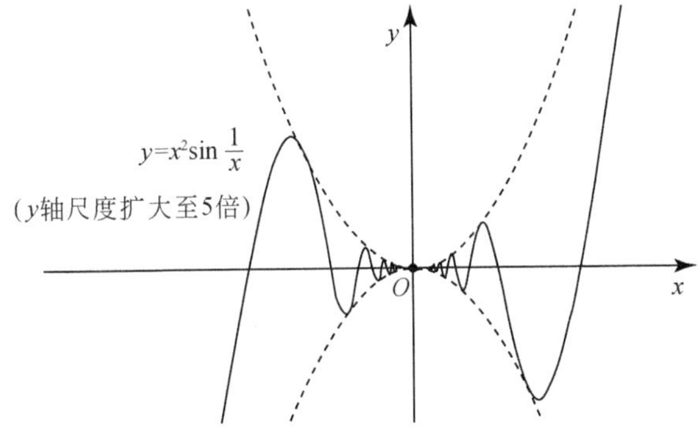

图 14-5　函数$y=x^2\sin\dfrac{1}{x}$的图像

前面证明了，闭区间上点点连续的函数必一致连续(定理 14.6)。但从例 14.2 看出，闭区间上点点可导的函数并不见得一致可导．一般说来，区间I上点点可导的函数不见得连续可导，即导数不一定连续．事实上，从(14-24)式容易证明$f'(x)$在$x=0$处左右极限都不存在；而一致可导函数的导数应当一致连续，$\lim\limits_{x\to0}f'(x)$应当存在．

但是，下面的定理说明，区间上点点可导的函数仍有重要用处．

定理 14.9(区间上点点可导函数的估值定理)　设$f(x)$在区间I上点点可导，其在点x处的点式导数为$g(x)$，则$g(x)$是$f(x)$在区间I上的乙函数．亦即对I上任意两点u和v，总有$[u,v]$上的两点p和q，使得

$$g(p) \leqslant \frac{f(v)-f(u)}{v-u} \leqslant g(q). \tag{14-26}$$

证明 先证明有 $p \in [u, v]$ 满足(14-26)式的左边不等式.

记 $[u, v]$ 为 Δ_1，记 $f(x)$ 在 Δ_1 上的平均变化率为 k. 若已有 Δ_n，取其中点将 Δ_n 分成两个区间，由差商分化定理(定理2.1)，两者中必有一个使 $f(x)$ 在其上的平均变化率不大于在 Δ_n 上的平均变化率，记其为 Δ_{n+1}. 如此继续下去，得到无穷个区间构成的区间套：

$$\Delta_1 \supseteq \Delta_2 \supseteq \cdots \supseteq \Delta_n \supseteq \Delta_{n+1} \supseteq \cdots, \tag{14-27}$$

显然在每个 Δ_n 上 $f(x)$ 的平均变化率不大于 k，且当 $n \to +\infty$ 时 Δ_n 的长度趋于0. 由区间套定理(定理11.8)，有唯一的点 p 属于每个区间 Δ_n. 下面证明 $f'(p)=g(p)$ 满足(14-26)式.

用反证法. 若不然，则有

$$g(p) > k = \frac{f(v)-f(u)}{v-u}. \tag{14-28}$$

由点式可导定义，有

$$\lim_{h \to 0} \frac{f(p+h)-f(p)}{h} = g(p), \tag{14-29}$$

根据极限的保号性，存在 $\delta > 0$，使得当 $0 < |h| < \delta$ 时有

$$\frac{f(p+h)-f(p)}{h} > k. \tag{14-30}$$

于是当 Δ_n 的长度小于 δ 时，由 $p \in \Delta_n$ 和上列不等式可知 $f(x)$ 在 Δ_n 上的平均变化率大于 k，此与 Δ_n 的构成方式矛盾. 这证明了 $f'(p)=g(p)$ 满足不等式(14-26)的左半部分.

为了证明(14-26)式的右半部分，可考虑 $J(x) = -f(x)$，则 $J'(x) = -g(x)$. 根据已经证明的结论，有 $q \in [u, v]$，使得

$$-g(q) \leqslant \frac{J(v)-J(u)}{v-u} = \frac{f(u)-f(v)}{v-u}, \tag{14-31}$$

两端同乘 -1，就得到(14-26)式的右半部分，定理证毕.

有了这个定理，点式导数也可以用来判定函数的增减. 而且立刻得到一个重要事实：

定理 14.10 若 $f(x)$ 在区间 I 上点点可导，且其点式导数 $g(x)$ 在

区间 I 上点点连续，则 $f(x)$ 在区间 I 上连续可导，其导数就是 $g(x)$.

道理很简单．由定理 14.10 可知 $g(x)$ 是 $f(x)$ 在区间 I 上的乙函数，由定理 14.6 可知 $g(x)$ 在 I 的任意闭子区间上一致连续．于是，由定理 2.5 及区间 I 上连续可导的定义，即得所要结论．

导数的一个重要应用是判定函数的增减性．前面都是在区间上考虑，例如若 $f'(x)$ 在 $[u, v]$ 上为正，则 $f(x)$ 在 $[u, v]$ 上递增．有了点式导数的概念，能不能考虑函数在一点的增减性和此点导数的联系呢?

定义 14.5（函数在一点处的增减性）　设 $f(x)$ 在 $x=u$ 的某邻域 Δ 有定义，且对任意不等于 u 的 $x\in\Delta$ 恒有 $\dfrac{f(x)-f(u)}{x-u}>0$，则称 $f(x)$ 在 $x=u$ 处递增，若恒有 $\dfrac{f(x)-f(u)}{x-u}<0$，则称 $f(x)$ 在 $x=u$ 处递减．

将此定义和函数的点式导数定义联系起来，并使用极限的保号性，立刻推出

定理 14.11　设函数 $f(x)$ 在 x_0 可导，则当 $f'(x_0)>0$ 时，$f(x)$ 在 x_0 处递增，当 $f'(x_0)<0$ 时，$f(x)$ 在 x_0 处递减．

注意 $f(x)$ 在 x_0 处递增和在 x_0 邻域递增是不同的．后者蕴涵前者，反之则不然．

14.4　微分中值定理

前面，作为区间上的连续函数的介值定理（定理 11.3）的推论，对于区间上连续可导函数证明了拉格朗日中值定理：若 $F(x)$ 在区间 I 连续可导，则对任意 $[a, b]\subseteq I$，存在 $c\in[a, b]$，使得 $F(b)-F(a)=F'(c)(b-a)$．这个等式称为拉格朗日中值公式，也叫微分中值定理．

事实上，可以在较弱的条件下证明拉格朗日中值公式．为此先证明

定理 14.12（罗尔定理）　若函数 $f(x)$ 满足下列条件：

(i) 在闭区间 $[a, b]$ 连续；

(ii) 在开区间 (a, b) 点点可导；

(iii) $f(a)=f(b)$.

则存在 $c\in(a, b)$，使得 $f'(c)=0$.

图 14-6 表明了罗尔定理的几何意义：点点可导的一段连续曲线上，如果曲线的两端点高度相等，则至少存在一条水平切线.

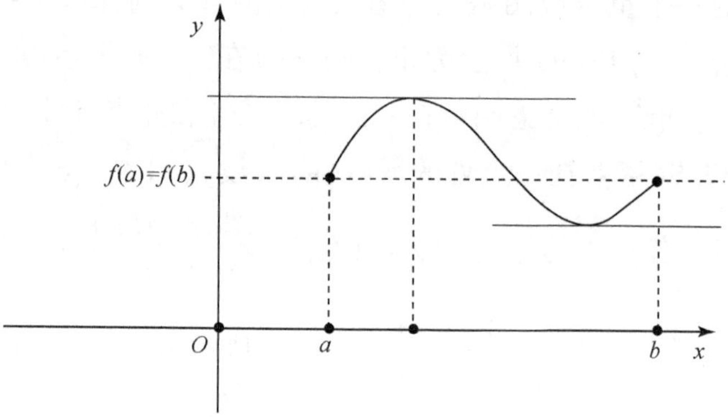

图 14-6 罗尔定理示意图

证明 因为 $f(x)$ 在 $[a, b]$ 连续，所以有最大值与最小值，若两者相等，则 $f(x)$ 在 $[a, b]$ 上为常数，结论显然. 若两者不等，则最大值与最小值中至少有一个在 (a, b) 内某点 c 处取得，从而 c 是 $f(x)$ 的极值点，由定理 14.11，$f(x)$ 在点 c 处的导数既不能为正也不能为负，故得 $f'(c)=0$，即所欲证.

利用罗尔定理，容易推出拉格朗日中值定理：

定理 14.13（拉格朗日中值定理） 若 $f(x)$ 满足下列条件：

(i) 在 $[a, b]$ 连续；

(ii) 在 (a, b) 可导.

则在 (a, b) 内至少存在一点 c，使得

$$f'(c)=\frac{f(b)-f(a)}{b-a}. \tag{14-32}$$

证明 构造辅助函数

$$F(x)=f(x)-\frac{f(b)-f(a)}{b-a}\cdot x. \tag{14-33}$$

容易验证 $F(x)$ 满足罗尔定理的条件，从而存在 $c\in(a, b)$，使得

$F'(c)=0$，即 $f'(c)-\dfrac{f(b)-f(a)}{b-a}=0$，证毕.

在传统的微积分书中，拉格朗日中值定理有广泛的用途. 本书建立的估值定理，可以代替拉格朗日中值定理.

现在给出一个形式更一般的微分中值定理.

定理 14.14（柯西中值定理）　设函数 $f(x)$ 和 $g(x)$ 满足：

(i) 在 $[a, b]$ 上连续；

(ii) 在 (a, b) 内可导，且 $g'(x)$ 恒不为 0.

则存在 $c\in(a, b)$，使得

$$\frac{f(b)-f(a)}{g(b)-g(a)}=\frac{f'(c)}{g'(c)}. \tag{14-34}$$

证明　构造辅助函数

$$F(x)=f(x)-\frac{f(b)-f(a)}{g(b)-g(a)}\cdot g(x), \tag{14-35}$$

易知 $F(x)$ 满足罗尔定理的条件，故存在 $c\in(a, b)$，使得

$$F'(c)=f'(c)-\frac{f(b)-f(a)}{g(b)-g(a)}g'(c)=0, \tag{14-36}$$

从而得到所要的结论.

显然，取 $g(x)=x$ 时柯西中值定理成为拉格朗日中值定理，而拉格朗日中值定理中若 $f(a)=f(b)$，就成为罗尔定理. 三者统称为微分中值定理. 微分中值定理有丰富的应用，此处从略. 值得指出的是，使用微分中值定理之处，估值定理可以同样发挥作用.

第 15 章
趋于无穷的量的比较

没有最大，只有更大，
没有最小，只有更小.

15.1 无穷大和无穷小的阶

数学中说到的无穷有两种.

一种是无穷集的无穷. 例如“全体自然数之集是无穷集”，“全体实数之集是无穷集”，等等. 这样的无穷叫做“实无穷”，意思是我们认为这样的集合确实存在；全体自然数已经集合在一起了，全体实数已经集合在一起了.

另一种是无穷大或无穷小的无穷. 例如“当 n 趋于无穷时，$\frac{1}{n}$ 趋于 0”，“当 $x \to 0$ 时，$\frac{1}{x}$ 趋于无穷”，等等. 这样的无穷叫做“潜无穷”，意思是指“无穷”仅仅是发展的趋势，是可望而不可即的地平线.

在微积分中，研究的主要是潜无穷，即在一个确定过程中变量的变化趋势. 离开了具体的过程，无穷大和无穷小就没有意义.

数列有无穷大和无穷小，函数也有无穷大和无穷小. 但数列也可以看成函数，所以只说函数的无穷大和无穷小就够了.

无穷大和无穷大可以比较谁更大，无穷小和无穷小可以比较谁更小. 这比较，必须在同一个过程中进行.

例如，已经知道 $\lim\limits_{x\to 0}\dfrac{1}{x}=\infty$，又知道 $\lim\limits_{x\to\infty}x^3=\infty$，但这两个无穷是不能比较的，因为过程不同.

下面提到的"某极限过程"，可以是 $x\to x_0, x\to x_0^+, x\to x_0^-, x\to\infty$，$x\to+\infty, x\to-\infty$ 中任一种极限过程；在后三种情形，x 也可以只取整数值.

定义 15.1（无穷大的比较）　设在某极限过程中有 $f(x)\to\infty$ 和 $g(x)\to\infty$，且存在实数 A，使得

$$\frac{f(x)}{g(x)}\to A, \tag{15-1}$$

则当 $A\neq 0$ 时称 $f(x)$ 与 $g(x)$ 为此过程中的同阶无穷大，$A=1$ 时特别称 $f(x)$ 与 $g(x)$ 为等价无穷大，记作 $f(x)\sim g(x)$. 而当 $A=0$ 时称 $g(x)$ 是比 $f(x)$ 高阶的无穷大，或 $f(x)$ 是比 $g(x)$ 低阶的无穷大.

完全类似，有

定义 15.2（无穷小的比较）　设在某极限过程中有 $f(x)\to 0$ 和 $g(x)\to 0$，且存在实数 A，使得

$$\frac{f(x)}{g(x)}\to A, \tag{15-2}$$

则当 $A\neq 0$ 时称 $f(x)$ 与 $g(x)$ 为此过程中的同阶无穷小，$A=1$ 时特别称 $f(x)$ 与 $g(x)$ 为等价无穷小，记作 $f(x)\sim g(x)$. 而当 $A=0$ 时称 $f(x)$ 是比 $g(x)$ 高阶的无穷小，或 $g(x)$ 是比 $f(x)$ 低阶的无穷小.

定义 4.1 介绍过 $\mathrm{O}(1)$ 和 $\mathrm{o}(1)$ 的记号，现在做进一步的推广：

定义 15.3　设在某极限过程中有

$$\frac{f(x)}{g(x)}\to 0, \tag{15-3}$$

则记作

$$f(x)=\mathrm{o}(g(x)); \tag{15-4}$$

若存在数 M，使得

$$\left|\frac{f(x)}{g(x)}\right| < M, \tag{15-5}$$

则记作

$$f(x) = O(g(x)). \tag{15-6}$$

这样，在某个极限过程中当 $f(x)$ 和 $g(x)$ 都是无穷大时，等式 $f(x)=o(g(x))$ 表示 $g(x)$ 是比 $f(x)$ 高阶的无穷大；当 $f(x)$ 和 $g(x)$ 都是无穷小时，$f(x)=o(g(x))$ 却表示 $f(x)$ 是比 $g(x)$ 高阶的无穷小．当 $g(x)$ 为非零常数时，$f(x)=o(g(x))$ 就是 $f(x)=o(1)$，$f(x)=O(g(x))$ 就是 $f(x)=O(1)$．

容易检验下列的运算规律：

(i) $O(g(x))+O(g(x))=O(g(x))$；

(ii) $o(g(x))+o(g(x))=o(g(x))$；

(iii) $O(g(x))+o(g(x))=O(g(x))$；

(iv) $O(g(x))\cdot o(g(x))=o(g(x))$；　　(15-7)

(v) $O(g(x))\cdot O(f(x))=O(g(x)f(x))$；

(vi) $o(g(x))\cdot o(f(x))=o(g(x)f(x))$；

(vii) 若 $f(x)=o(g(x))$，则 $O(f(x))+O(g(x))=O(g(x))$；

(viii) 若 $f(x)=o(g(x))$，则 $o(f(x))+o(g(x))=o(g(x))$．

使用这种记法，常常比较直观而且方便．

【例 15.1】 在 $n\to+\infty$ 的过程中，比较三个无穷大列 $\{n\}$，$\{\sqrt{n}\}$ 和 $\{\sqrt{n^2-100}\}$．

解 (1) 因为

$$\frac{\sqrt{n}}{n}=\frac{1}{\sqrt{n}}=o(1), \tag{15-8}$$

即 $\sqrt{n}=o(n)$，说明 n 是比 $\sqrt{n}$ 高阶的无穷大．

(2) 因为

$$\lim_{n\to+\infty}\frac{\sqrt{n^2-100}}{n}=\lim_{n\to+\infty}\sqrt{1-\frac{100}{n^2}}=1, \tag{15-9}$$

说明 n 与 $\sqrt{n^2-100}$ 是等价的无穷大.

(3) 因为

$$\frac{\sqrt{n}}{\sqrt{n^2-100}}=\frac{\sqrt{n}}{n}\cdot\frac{n}{\sqrt{n^2-100}}=o(1)\cdot O(1)=o(1),\tag{15-10}$$

即 $\sqrt{n}=o(\sqrt{n^2-100})$ ，说明 $\sqrt{n^2-100}$ 是比 $\sqrt{n}$ 高阶的无穷大.

上面例子中，等价的无穷大和其他无穷大比较时有相同的结论，这可以扩展为一般的规则.

定理 15.1(等价无穷大量或无穷小量的替换定理)　设在某极限过程中 $f(x)$ 和 $g(x)$ 同为无穷大量或无穷小量，且 $f(x)\sim g(x)$ ，则

(i) 若 $f(x)h(x)\to A$ ，则 $g(x)h(x)\to A$ ；

(ii) 若 $\dfrac{h(x)}{f(x)}\to A$ ，则 $\dfrac{h(x)}{g(x)}\to A$.

此定理由等价无穷的定义结合极限的乘、除运算法则容易得到. 注意对极限中的相加或相减部分不能随意用等价无穷代替.

为了使用上述定理的方便，应当熟悉一些常见的无穷大和无穷小的等价关系.

在 $x\to\infty$ 过程中，多项式 $a_nx^n+a_{n-1}x^{n-1}+\cdots+a_0$ 与它的最高次项 a_nx^n 是等价的无穷大($n>0$, $a_n\neq 0$).

在 $x\to 0$ 过程中,常数项为 0 的多项式 $a_nx^n+a_{n-1}x^{n-1}+\cdots+a_{k+1}x^{k+1}+a_kx^k$ 与它的最低次项 a_kx^k 是等价的无穷小($k>0$, $a_k\neq 0$).

从求导公式可知，在 $x\to 0$ 的过程中，与 x 等价的无穷小有 $\sin x$, $\tan x$, e^x-1 , $\ln(1+x)$, $\dfrac{(1+x)^k-1}{k}$ 等. 一般说来，若 $f(x)$ 在 $x=0$ 处可导且 $f(0)=0$ ，则 $f(x)$ 与 $f'(0)x$ 是等价无穷小；而当 $f'(0)=1$ 时 $f(x)$ 与 x 是等价无穷小.

【例 15.2】　在 $x\to 0$ 时，比较两个无穷小量 $1-\cos x$ 和 x 的阶.

解　因为

$$\lim_{x\to 0}\frac{1-\cos x}{x}=\lim_{x\to 0}\frac{2\sin^2\frac{x}{2}}{x}=\lim_{x\to 0}\frac{2\left(\frac{x}{2}\right)^2}{x}=\lim_{x\to 0}\frac{x}{2}=0\ ,\qquad(15\text{-}11)$$

所以在 $x\to 0$ 时 $1-\cos x=o(x)$. 即 $1-\cos x$ 是比 x 高阶的无穷小.

事实上，从 $1-\cos x=2\sin^2\frac{x}{2}$ 和 $\sin\frac{x}{2}\sim\frac{x}{2}$ 立刻知道，$1-\cos x$ 是与 $\frac{x^2}{2}$ 等价的无穷小.

15.2 洛必达法则

按定义 15.1 和定义 15.2，要确定两个无穷大或两个无穷小是否同阶，就要将它们相比求极限.

在某个极限过程中，若 $f(x)$ 和 $g(x)$ 都趋于零或者都趋于无穷大，则商 $\frac{f(x)}{g(x)}$ 的极限可能存在、也可能不存在，我们把这种形式的极限称为"不定式极限"，并用符号 $\frac{0}{0}$ 或 $\frac{\infty}{\infty}$ 表示.

例如，$\lim\limits_{x\to 0}\frac{\sin x}{x}$，$\lim\limits_{x\to 0}\frac{1-\cos x}{x^2}$，$\lim\limits_{x\to +\infty}\frac{e^x}{x^2}$ 等都是不定式极限.

在一点求导数实际上也是求不定式极限，可见不定式极限和导数有关. 下面是几个利用导数求不定式极限的定理，统称为洛必达法则.

定理 15.2（$x\to x_0$ 过程的洛必达法则） 若 $f(x)$ 与 $g(x)$ 满足下列条件：

(i) 在 $(a-\delta, a)\cup(a, a+\delta)$ 可导（$\delta>0$），且 $g'(x)\neq 0$；

(ii) $\lim\limits_{x\to x_0}f(x)=0$，$\lim\limits_{x\to x_0}g(x)=0$；

(iii) $\lim\limits_{x\to x_0}\frac{f'(x)}{g'(x)}=A$ （A 为实数，或 $\pm\infty$，或 ∞）.

则

$$\lim_{x\to x_0}\frac{f(x)}{g(x)}=\lim_{x\to x_0}\frac{f'(x)}{g'(x)}=A.\qquad(15\text{-}12)$$

证明　定义 $f(x_0)=g(x_0)=0$，则 $f(x)$ 和 $g(x)$ 在点 x_0 连续．对 $x\in(x_0-\delta, x_0)\cup(x_0, x_0+\delta)$，在区间 $[x_0, x]$（或 $[x, x_0]$）上应用柯西中值定理，有 c 介于 x 与 x_0 之间，使得

$$\frac{f(x)-f(x_0)}{g(x)-g(x_0)}=\frac{f'(c)}{g'(c)}. \tag{15-13}$$

由 $f(x_0)=g(x_0)=0$ 即得

$$\frac{f(x)}{g(x)}=\frac{f'(c)}{g'(c)}. \tag{15-14}$$

当 $x\to x_0$ 时，有 $c\to x_0$，故得

$$\lim_{x\to x_0}\frac{f(x)}{g(x)}=\lim_{x\to x_0}\frac{f'(c)}{g'(c)}=\lim_{c\to x_0}\frac{f'(x)}{g'(x)}=A. \tag{15-15}$$

在上述定理中，极限过程可换成 $x\to x_0^+$，$x\to x_0^-$，$x\to\pm\infty$，$x\to\infty$，都可得同样的结论．

应用洛必达法则，可以利用两个函数导数商的极限来求两个函数商的极限．如果分子和分母求导后仍然是 0 比 0 的不定式，可以再次使用洛必达法则，直到求出结果或不再满足定理的条件为止．

【例 15.3】　求 $\lim\limits_{x\to 0}\dfrac{x-\sin x}{x^3}$.

解　容易检验 $f(x)=x-\sin x$ 与 $g(x)=x^3$ 在点 $x_0=0$ 的邻域内满足定理 15.2 的条件，反复用洛必达法则，可得

$$\lim_{x\to 0}\frac{x-\sin x}{x^3}=\lim_{x\to 0}\frac{1-\cos x}{3x^2}=\lim_{x\to 0}\frac{\sin x}{6x}=\frac{1}{6}. \tag{15-16}$$

【例 15.4】　求 $\lim\limits_{x\to 0}\dfrac{e^x-e^{-x}-2x}{x-\sin x}$.

解　连续使用洛必达法则三次，可得

$$\lim_{x\to 0}\frac{e^x-e^{-x}-2x}{x-\sin x}=\lim_{x\to 0}\frac{e^x+e^{-x}-2}{1-\cos x}=\lim_{x\to 0}\frac{e^x-e^{-x}}{\sin x}$$

$$=\lim_{x\to 0}\frac{e^x+e^{-x}}{\cos x}=2.$$

对于 $\dfrac{\infty}{\infty}$ 型的不定式，有相应的定理．

定理 15.3 若$f(x)$和$g(x)$满足

(i) 在$(a-\delta, a)\cup(a, a+\delta)$可导($\delta>0$)，且$g'(x)\neq 0$；

(ii) $\lim\limits_{x\to x_0}f(x)=\infty$，$\lim\limits_{x\to x_0}g(x)=\infty$；

(iii) $\lim\limits_{x\to x_0}\dfrac{f'(x)}{g'(x)}=A$ （A为实数，或$\pm\infty$，或∞）.

则

$$\lim_{x\to x_0}\frac{f(x)}{g(x)}=\lim_{x\to x_0}\frac{f'(x)}{g'(x)}=A. \tag{15-17}$$

当极限过程换成$x\to x_0^+$，$x\to x_0^-$，$x\to\pm\infty$，$x\to\infty$时，只要相应地修正条件中的邻域，便可得同样的结论. 证明从略.

【例 15.5】 对于固定的正整数n，求$\lim\limits_{x\to+\infty}\dfrac{(\ln x)^n}{x}$.

解 这是$\dfrac{\infty}{\infty}$型不定式，反复使用洛必达法则n次，可得

$$\lim_{x\to+\infty}\frac{(\ln x)^n}{x}=\lim_{x\to+\infty}\frac{n(\ln x)^{n-1}}{x}=\lim_{x\to+\infty}\frac{n(n-1)(\ln x)^{n-2}}{x}=\cdots$$
$$=\lim_{x\to+\infty}\frac{n!\ln x}{x}=\lim_{x\to+\infty}\frac{n!}{x}=0.$$

可见$\ln x$即使自乘若干次，和x相比仍然是低阶的无穷大.

【例 15.6】 设n为正整数，$\lambda>0$，求$\lim\limits_{x\to+\infty}\dfrac{x^n}{e^{\lambda x}}$.

解 这是$\dfrac{\infty}{\infty}$型不定式，反复使用洛必达法则n次，可得

$$\lim_{x\to+\infty}\frac{x^n}{e^{\lambda x}}=\lim_{x\to+\infty}\frac{nx^{n-1}}{\lambda e^{\lambda x}}=\cdots=\lim_{x\to+\infty}\frac{n!}{\lambda^n e^{\lambda x}}=0.$$

由此可见，在$x\to+\infty$时尽管对数函数$\ln x$、幂函数x^n和指数函数e^x均为无穷大量，但增大的速度差别很大，幂函数增大的速度远比对数函数快，而指数函数增大的速度又远比幂函数快.

不定式还有$0\cdot\infty$，$\infty-\infty$，1^∞，0^0，∞^0等类型，经过简单变换都可化为以上两种基本类型. 各种书中有丰富论述，此处略举数例，可见一斑.

【例 15.7】　求 $\lim\limits_{x\to 0^+} x\ln x$.

解　这是 $0\cdot\infty$ 型不定式，将乘积化为除的形式，变为 $\frac{\infty}{\infty}$ 型不定式.

$$\lim_{x\to 0^+} x\ln x = \lim_{x\to 0^+}\frac{\ln x}{\frac{1}{x}} = \lim_{x\to 0^+}\frac{\frac{1}{x}}{-\frac{1}{x^2}} = \lim_{x\to 0^+}(-x) = 0.$$

【例 15.8】　求 $\lim\limits_{x\to\frac{\pi}{2}}(\sec x - \tan x)$.

解　这是 $\infty-\infty$ 型不定式，通分化为 $\frac{0}{0}$ 型的不定式.

$$\lim_{x\to\frac{\pi}{2}}(\sec x - \tan x) = \lim_{x\to\frac{\pi}{2}}\left(\frac{1}{\cos x} - \frac{\sin x}{\cos x}\right) = \lim_{x\to\frac{\pi}{2}}\frac{1-\sin x}{\cos x} = \lim_{x\to\frac{\pi}{2}}\frac{-\cos x}{-\sin x} = 0.$$

【例 15.9】　求 $\lim\limits_{x\to 0^+} x^x$.

解　这是 0^0 型不定式，先将 x^x 变形为 $x^x = e^{x\ln x}$，则

$$\lim_{x\to 0^+} x^x = \lim_{x\to 0^+} e^{x\ln x} = e^{\lim\limits_{x\to 0^+} x\ln x} = e^{\lim\limits_{x\to 0^+}\frac{\ln x}{\frac{1}{x}}} = e^0 = 1.$$

【例 15.10】　求 $\lim\limits_{x\to 0^+}(\cot x)^{\frac{1}{\ln x}}$.

解　这是 ∞^0 型不定式，类似上例有

$$\lim_{x\to 0^+}(\cot x)^{\frac{1}{\ln x}} = \lim_{x\to 0^+} e^{\frac{\ln\cot x}{\ln x}} = e^{\lim\limits_{x\to 0^+}\frac{\ln\cot x}{\ln x}}$$

$$= e^{\lim\limits_{x\to 0^+}\frac{-\tan x\cdot\csc^2 x}{\frac{1}{x}}} = e^{\lim\limits_{x\to 0^+}\left(-\frac{1}{\cos x}\cdot\frac{x}{\sin x}\right)} = e^{-1}.$$

用洛必达法则求极限如果失效，不能认为极限不存在，应当结合其他方法继续探索．对于数列的不定式极限，常可以用 x 代替 n，化成相应形式的函数极限而得到结果．

第 16 章 函数项级数

各种各样千变万化的曲线，
原来是由很少几类函数叠加而成.

16.1 函数项级数的概念和性质

温故可以知新. 观察第 12 章的等式 (12-38)

$$\sum_{k=0}^{\infty} \frac{x^n}{n!} = e^x, \tag{16-1}$$

其左端无穷级数的每一项都是 x 的函数. 推而广之，就有

定义 16.1 设 $\{u_n(x)\}$ 是定义在 I 上的函数列，表达式

$$u_1(x) + u_2(x) + u_3(x) + \cdots + u_n(x) + \cdots \tag{16-2}$$

称为定义在 I 上的函数项级数，简记为 $\sum_{n=1}^{\infty} u_n(x)$. 函数项级数 $\sum_{n=1}^{\infty} u_n(x)$ 的前 n 项和数列 $\{s_n(x)\}$, 其中

$$s_n(x) = u_1(x) + u_2(x) + u_3(x) + \cdots + u_n(x) \tag{16-3}$$

称为函数项级数 (16-2) 的部分和.

和数项级数一样，收敛性问题是函数项级数的首要问题.

定义 16.2 设 $\sum_{n=1}^{\infty} u_n(x)$ 为 I 上的函数项级数，$s_n(x)$ 为其部分和．若对 $x_0 \in I$ 数项级数 $\sum_{n=1}^{\infty} u_n(x_0)$ 收敛，即 $\lim_{n\to\infty} s_n(x_0)$ 存在，则称函数项级数 $\sum_{n=1}^{\infty} u_n(x)$ 在点 x_0 收敛，x_0 称为该函数项级数的收敛点．否则称其在 x_0 发散．$\sum_{n=1}^{\infty} u_n(x)$ 全体收敛点的集合称为该函数项级数的收敛域．而全体发散点的集合称为发散域．对收敛域中任一点 x，数项级数 $\sum_{n=1}^{\infty} u_n(x)$ 有一确定的和 $s(x)$，它是收敛域上的 x 的函数，称为函数项级数 $\sum_{n=1}^{\infty} u_n(x)$ 的和函数，并写成

$$s(x) = \sum_{n=1}^{\infty} u_n(x)$$

或

$$s(x) = u_1(x) + u_2(x) + u_3(x) + \cdots + u_n(x) + \cdots. \qquad (16\text{-}4)$$

显然，对于函数项级数的前 n 项的部分和 $s_n(x)$，在收敛域上有

$$\lim_{n\to\infty} s_n(x) = s(x). \qquad (16\text{-}5)$$

称 $r_n(x) = s(x) - s_n(x) = \sum_{k=n+1}^{\infty} u_k(x)$ 为 $\sum_{n=1}^{\infty} u_n(x)$ 的余项．对于收敛域上的每一点 x 有

$$\lim_{n\to\infty} r_n(x) = 0. \qquad (16\text{-}6)$$

根据上述定义可知，函数项级数在某点上的收敛性的问题，实质上是数项级数的收敛问题，这样就可用数项级数的收敛性判别法来处理函数项级数的收敛性问题．

事实上，前面已经处理过这样的问题．如在例 12.5 中讨论过级数 $\sum_{n=1}^{\infty} nx^n = x + 2x^2 + 3x^3 + \cdots$ 的收敛性．当时先就 $x > 0$ 的情形，证明了 $0 < x < 1$ 时级数收敛而 $x \geqslant 1$ 时级数发散．后来进一步指出，该级数当 $|x| < 1$ 时收敛，否则发散．用现在的语言说，该级数收敛域为 $(-1, 1)$．当时处理这个问题用了比值判别法．类似的例子也可以这

样处理.

【例 16.1】 求级数 $\sum_{n=1}^{\infty}\frac{(-1)^n}{n}\left(\frac{1}{1+x}\right)^n$ 的收敛域.

解 由比值判别法，有

$$\lim_{n\to\infty}\frac{|u_{n+1}(x)|}{|u_n(x)|}=\frac{n}{n+1}\frac{1}{|1+x|}=\frac{1}{|1+x|}. \tag{16-7}$$

当 $\frac{1}{|1+x|}<1$ 时，即 $x>0$ 或 $x<-2$，级数绝对收敛.

当 $\frac{1}{|1+x|}>1$ 时，即 $-2<x<0$，级数发散或无定义.

当 $\frac{1}{|1+x|}=1$ 时，$x=0$ 时，级数 $\sum_{n=1}^{\infty}\frac{(-1)^n}{n}$ 收敛；$x=-2$ 时，级数 $\sum_{n=1}^{\infty}\frac{1}{n}$ 发散.

综上，级数 $\sum_{n=1}^{\infty}\frac{(-1)^n}{n}\left(\frac{1}{1+x}\right)^n$ 的收敛域为 $(-\infty,-2)\cup[0,+\infty)$.

如果仅仅考察收敛性，函数项级数的研究就和数项级数差不多. 但函数有更丰富的性质，如连续性、可微性、可积性等. 所以对函数项级数研究起来内容就更丰富了.

有限个连续函数的和仍是连续函数. 无限个连续函数的和是否一定连续呢？这是对于函数项级数要进一步研究的重要问题.

【例 16.2】 讨论下列函数项级数的和函数的连续性：

$$x+(x^2-x)+(x^3-x^2)+\cdots+(x^n-x^{n-1})+\cdots. \tag{16-8}$$

解 此级数的部分和为

$$s_n(x)=x+(x^2-x)+(x^3-x^2)+\cdots+(x^n-x^{n-1})=x^n, \tag{16-9}$$

易知其和函数 $s(x)$ 仅仅在 $(-1,1]$ 上有定义. 且有

$$s(x)=\lim_{n\to\infty}s_n(x)=\begin{cases}0 & (-1<x<1),\\ 1 & (x=1).\end{cases} \tag{16-10}$$

可见和函数 $s(x)$ 在 $(-1,1)$ 上连续，但在 $x=1$ 处是间断的.

这表明，即使函数项级数的每一项都在区间 I 上连续，并且级数

在 I 上收敛，但其和函数却不一定在 I 上连续. 自然要问，为了从级数每一项的连续性得出它的和函数的连续性，要有什么条件? 为回答这个问题，下面引入函数项级数的一致收敛性概念.

定义 16.3(函数项级数的一致收敛性)　设函数项级数 $\sum_{n=1}^{\infty} u_n(x)$ 在区间 I 上收敛于和函数 $s(x)$. 如果存在一个 d 数列 $\{d_n\}$，使得对一切 $x \in I$ 有

$$|r_n(x)| = |s(x) - s_n(x)| < d_n, \tag{16-11}$$

则称此级数在区间 I 上一致收敛于和函数 $s(x)$，也称函数列 $\{s_n(x)\}$ 在区间 I 上一致收敛于 $s(x)$.

注意，d 数列 $\{d_n\}$ 是非增且无正下界的正数列. 什么叫做“无正下界”? 就是任意的 $\varepsilon > 0$ 都不是 $\{d_n\}$ 的下界. 既然 ε 不是 $\{d_n\}$ 的下界，就必存在自然数 N，使得 $d_N < \varepsilon$. 再由 $\{d_n\}$ 非增，当 $n > N$ 时就有 $d_n \leqslant d_N < \varepsilon$. 这样，就容易理解传统的 ε-N 语言的等价定义了.

定义 16.3*(函数项级数一致收敛性的 ε-N 定义)　设函数项级数 $\sum_{n=1}^{\infty} u_n(x)$ 在区间 I 上收敛于 $s(x)$，如果对任给的 $\varepsilon > 0$，都存在着一个与 x 无关的自然数 N，使得当 $n > N$ 时，对区间 I 上一切 x 恒有

$$|r_n(x)| = |s(x) - s_n(x)| < \varepsilon, \tag{16-12}$$

则称 $\sum_{n=1}^{\infty} u_n(x)$ 在区间 I 上一致收敛于和 $s(x)$，此时也称函数列 $\{s_n(x)\}$ 在区间 I 上一致收敛于 $s(x)$.

如果 $\sum_{n=1}^{\infty} |u_n(x)|$ 在区间 I 上一致收敛，则称 $\sum_{n=1}^{\infty} u_n(x)$ 在 I 上绝对一致收敛. 在区间 I 上绝对一致收敛的函数项级数，既绝对收敛又一致收敛.

下面将根据是否方便使用两个定义中的一个.

【例 16.3】　讨论级数 $\sum_{n=1}^{\infty}\left(\frac{x^n}{n} - \frac{x^{n+1}}{n+1}\right)$ 在区间 $[-1, 1]$ 上的一致收敛性

解　直接算出

$$s_n(x)=\sum_{k=1}^{n}\left(\frac{x^k}{k}-\frac{x^{k+1}}{k+1}\right)=x-\frac{x^{n+1}}{n+1},\tag{16-13}$$

当 $x\in[-1,1]$ 时，有

$$\lim_{n\to\infty}s_n(x)=\lim_{n\to\infty}\left(x-\frac{x^{n+1}}{n+1}\right)=x=s(x).\tag{16-14}$$

由于

$$|s_n(x)-s(x)|=\frac{|x|^{n+1}}{n+1}\leqslant\frac{1}{n+1}\leqslant\frac{1}{n},\tag{16-15}$$

而 $\left\{\frac{1}{n}\right\}$ 是 d 数列，由定义 16.3 可知此级数在 $[-1,1]$ 上一致收敛.

下面我们介绍一个较为方便的判别法.

定理 16.1（魏尔斯特拉斯判别法） 如果函数项级数 $\sum_{n=1}^{\infty}u_n(x)$ 在区间 I 上满足条件 $|u_n(x)|\leqslant a_n$，且正项级数 $\sum_{n=1}^{\infty}a_n$ 收敛，则该函数项级数在区间 I 上绝对一致收敛.

证明 因正项级数 $\sum_{n=1}^{\infty}a_n$ 收敛，故存在 d 数列 $\{d_n\}$，使得

$$\sum_{n=m+1}^{\infty}a_n<d_m.\tag{16-16}$$

由条件和定理 12.12 可知 $\sum_{n=1}^{\infty}u_n(x)$ 对每个 $x\in I$ 都绝对收敛，设其和为 $s(x)$，则有

$$\left|s(x)-\sum_{n=1}^{m}u_n(x)\right|=\left|\sum_{n=m+1}^{\infty}u_n(x)\right|\leqslant\sum_{n=m+1}^{\infty}|u_n(x)|\leqslant\sum_{n=m+1}^{\infty}a_n<d_{m+1}.\tag{16-17}$$

按定义 16.3，函数项级数 $\sum_{n=1}^{\infty}u_n(x)$ 在区间 I 上一致收敛.

【例 16.4】 讨论下列级数的一致收敛性：

(1) $$\frac{\cos x}{1^2}+\frac{\cos 2^2x}{2^2}+\cdots+\frac{\cos n^2x}{n^2}+\cdots.\tag{16-18}$$

(2) $$\sum_{n=1}^{\infty}\frac{x}{1+n^4x^2}.\tag{16-19}$$

解　(1) 因为对一切 $x\in(-\infty,+\infty)$ 和正整数 n 有

$$\left|\frac{\cos n^2 x}{n^2}\right| \leqslant \frac{1}{n^2}\quad (n=1,2,\cdots), \tag{16-20}$$

而正项级数 $\sum_{n=1}^{\infty}\frac{1}{n^2}$ 收敛，故由魏尔斯特拉斯判别法(定理 16.1)，所讨论的级数在 $(-\infty,+\infty)$ 内一致收敛.

(2) 因为 $1+n^4x^2 \geqslant 2n^2|x|$，所以

$$\left|\frac{x}{1+n^4x^2}\right| \leqslant \frac{1}{2n^2}\quad (x\in(-\infty,+\infty)), \tag{16-21}$$

而级数 $\sum_{n=1}^{\infty}\frac{1}{2n^2}$ 收敛，故所讨论的级数在 $(-\infty,+\infty)$ 上一致收敛.

从下面证明的一致收敛级数的基本性质，可见一致收敛概念是抓住了要害.

定理 16.2　如果级数 $\sum_{n=1}^{\infty}u_n(x)$ 的各项 $u_n(x)$ 在区间 $[a,b]$ 上都连续，且级数在区间 $[a,b]$ 一致收敛于 $s(x)$，则 $s(x)$ 在 $[a,b]$ 上连续.

证明　对 $s(x)$ 使用 14.2 中引入的振幅函数概念

$$\omega(h)=\sup\{|s(u)-s(v)|:|u-v|\leqslant h,\{u,v\}\subset[a,b]\}. \tag{16-22}$$

显然 $\omega(h)$ 非负不减，记其最大下界为 ω_0，叫做函数 $s(x)$ 在区间 $[a,b]$ 上的最大局部振幅.

如果 $\omega_0=0$，则 $s(x)$ 在区间 $[a,b]$ 上一致连续，反之亦然.

如果 $\omega_0>0$，下面来推出矛盾：

记级数 $\sum_{n=1}^{\infty}u_n(x)$ 的部分和为 $s_n(x)$. 由 $\sum_{n=1}^{\infty}u_n(x)$ 在区间 $[a,b]$ 一致收敛于 $s(x)$，存在 d 数列 $\{d_n\}$，使得

$$|s(x)-s_n(x)|<d_n. \tag{16-23}$$

又由题设各项 $u_n(x)$ 在区间 $[a,b]$ 上都连续，故部分和 $s_n(x)$ 也连续，从而 $s_n(x)$ 的最大局部振幅为 0. 由(16-23)式，$s(x)$ 的最大局部振幅 ω_0 不能大于 $2d_n$，从而 $d_n>0.4\omega_0$，这与 d 数列无正下界矛盾.

定理获证.

推论 16.1 在定理 16.2 的条件下，有

$$\lim_{x\to x_0}\sum_{n=1}^{\infty}u_n(x)=\sum_{n=1}^{\infty}\lim_{x\to x_0}u_n(x), \tag{16-24}$$

即极限运算与无穷求和运算可交换顺序.

定理 16.3 设 $\sum\limits_{n=1}^{\infty}u_n(x)$ 的各项都在 $[a, b]$ 上连续，且级数 $\sum\limits_{n=1}^{\infty}u_n(x)$ 在区间 $[a, b]$ 上一致收敛于 $s(x)$，则对 $[a, b]$ 上任意两点 $x\geqslant x_0$ 有 $\int_{x_0}^{x}s(t)\mathrm{d}t$ 存在，且级数 $\sum\limits_{n=1}^{\infty}u_n(x)$ 在 $[a, b]$ 上可以逐项积分，即

$$\int_{x_0}^{x}s(t)\mathrm{d}t=\int_{x_0}^{x}\left(\sum_{n=1}^{\infty}u_n(t)\right)\mathrm{d}t=\sum_{n=1}^{\infty}\int_{x_0}^{x}u_n(t)\mathrm{d}t, \tag{16-25}$$

且上式右端的级数在 $[a, b]$ 上也一致收敛.

证明 不妨设 $x>x_0$. 由定理 16.3 知 $s(x)$ 在 $[a, b]$ 上连续，故在闭区间 $[a, b]$ 上可积. 因为级数 $\sum\limits_{n=1}^{\infty}u_n(x)$ 在区间 $[a, b]$ 上一致收敛于 $s(x)$，故存在 d 数列 $\{d_n\}$，使得 $|s_n(x)-s(x)|<d_n$，从而

$$\begin{aligned}\left|\int_{x_0}^{x}s(x)\mathrm{d}x-\int_{x_0}^{x}s_n(x)\mathrm{d}x\right| &= \left|\int_{x_0}^{x}(s(x)-s_n(x))\mathrm{d}x\right|\\ &\leqslant \int_{x_0}^{x}d_n\mathrm{d}t=(x-x_0)d_n. \end{aligned}\tag{16-26}$$

显然 $(x-x_0)d_n$ 是 d 数列，根据极限定义有

$$\lim_{n\to\infty}\int_{x_0}^{x}s_n(t)\mathrm{d}t=\int_{x_0}^{x}s(t)\mathrm{d}t, \tag{16-27}$$

即有

$$\int_{x_0}^{x}s(t)\mathrm{d}t=\int_{x_0}^{x}\left(\sum_{n=1}^{\infty}u_n(t)\right)\mathrm{d}t=\sum_{n=1}^{\infty}\int_{x_0}^{x}u_n(t)\mathrm{d}t, \tag{16-28}$$

这表明在满足定理 16.2 的条件下，积分与求和可交换顺序.

下面探讨函数项级数逐项求导的问题.

定理 16.4 设级数 $\sum\limits_{n=1}^{\infty}u_n(x)$ 在区间 $[a, b]$ 一致收敛于 $s(x)$，它

的各项 $u_n(x)$ 都有连续的导数 $u'_n(x)$，并且 $\sum_{n=1}^{\infty} u'_n(x)$ 在 $[a, b]$ 上一致收敛，则级数 $\sum_{n=1}^{\infty} u_n(x)$ 在 $[a, b]$ 上也一致收敛，且 $s(x)$ 有连续导数

$$s'(x) = \left(\sum_{n=1}^{\infty} u_n(x)\right)' = \sum_{n=1}^{\infty} u'_n(x). \tag{16-29}$$

证明　设 $\sum_{n=1}^{\infty} u'_n(x) = r(x)$，由题设级数 $\sum_{n=1}^{\infty} u'_n(x)$ 满足定理 16.3 的条件，因而有

$$\begin{aligned}\int_{x_0}^{x} r(x)\mathrm{d}x &= \int_{x_0}^{x}\sum_{n=1}^{\infty} u'_n(x)\mathrm{d}x = \sum_{n=1}^{\infty}\int_{x_0}^{x} u'_n(x)\mathrm{d}x = \sum_{n=1}^{\infty}(u_n(x) - u_n(x_0)) \\ &= \sum_{n=1}^{\infty} u_n(x) - \sum_{n=1}^{\infty} u_n(x_0) = s(x) - s(x_0).\end{aligned} \tag{16-30}$$

因为 $\sum_{n=1}^{\infty} u'_n(x)$ 在 $[a, b]$ 上一致收敛且各 $u'(x)$ 连续，故 $r(x)$ 连续，从而

$$r(x) = \frac{\mathrm{d}}{\mathrm{d}x}\int_{x_0}^{x} r(x)\mathrm{d}x = \frac{\mathrm{d}}{\mathrm{d}x}(s(x) - s(x_0)) = \frac{\mathrm{d}s(x)}{\mathrm{d}x},$$

这就是所要的结论.

此定理表明，在满足定理 16.4 的条件时，求导运算与求和运算可以交换顺序.

必须注意，级数一致收敛并不保证可以逐项求导，关键是各项的导数连续且一致收敛.

下面讨论一些重要的函数项级数类，也就有了函数项级数的成批的丰富的例子.

16.2　幂级数的性质

幂级数是函数项级数中最简单、最重要的一类级数，函数在 $x = 0$ 展开的泰勒级数，即麦克劳林级数就是幂级数，其形式为

$$\sum_{n=0}^{\infty} a_n x^n = a_0 + a_1 x + a_2 x^2 + \cdots + a_n x^n + \cdots, \qquad (16\text{-}31)$$

这里常数 a_0, a_1, a_2, $\cdots$ 称为幂级数的系数.

根据泰勒公式，可以得到大量的幂级数的例子.

研究函数项级数，首先要确定其收敛域. 幂级数的收敛域总是非空的，因为当 $x=0$ 时幂级数 $\sum_{n=0}^{\infty} a_n x^n$ 必收敛于 a_0. 一般说来有

定理 16.5(阿贝尔定理)　若级数 $\sum_{n=0}^{\infty} a_n x_0^n$ 收敛，则当 $0<u<|x_0|$ 时，幂级数 $\sum_{n=0}^{\infty} a_n x^n$ 在 $[-u,u]$ 上绝对一致收敛；反之，若 $\sum_{n=0}^{\infty} a_n x_0^n$ 发散，则当 $|x|>|x_0|$ 时，幂级数 $\sum_{n=0}^{\infty} a_n x^n$ 发散.

证明　设 $\sum_{n=0}^{\infty} a_n x_0^n$ 收敛，则存在正数 M，使得 $|a_n x_0^n|<M$ 对一切非负整数 n 成立. 若有 $0<u<|x_0|$，则 $x_0 \neq 0$，这时存在小于 1 的正数 q，使得 $u=q|x_0|$，从而

$$|a_n u^n| = |a_n q^n x_0^n| = |a_n x_0^n| \cdot q^n < M \cdot q^n. \qquad (16\text{-}32)$$

因 $0<q<1$ 时，等比级数 Mq^n 收敛，由比较判别法知级数 $\sum_{n=0}^{\infty} |a_n u^n|$ 收敛. 又由于当 $x\in[-u, u]$ 时有 $|a_n x^n| \leqslant |a_n u^n|$，由定理 16.1(魏尔斯特拉斯判别法)可知幂级数 $\sum_{n=0}^{\infty} a_n x^n$ 在 $[-u, u]$ 上绝对一致收敛.

定理的第二部分结论显然是第一部分结论的推论，证毕.

由定理 16.5 立刻得到如下推论：

推论 16.2　幂级数 $\sum_{n=0}^{\infty} a_n x^n$ 的收敛域有下列三种情形：

(i) $\sum_{n=0}^{\infty} a_n x^n$ 的收敛域仅有一点即 $x=0$;

(ii) $\sum_{n=0}^{\infty} a_n x^n$ 的收敛域为 $(-\infty, +\infty)$，且在任意闭区间上一致收敛;

(iii) 存在 $R>0$，使得当 $|x|<R$ 时幂级数绝对收敛；当 $|x|>R$ 时幂级数发散；当 $|x|=R$ 时，幂级数可能收敛也可能发散；当 $0<u<R$ 时，幂级数在 $[-u, u]$ 上绝对一致收敛.

上述推论中的正数 R 称为幂级数的收敛半径，$(-R, R)$ 称为幂级数的收敛区间. 幂级数收敛域 D 可能就是收敛区间，也可能比收敛区间多出一个或两个端点.

为方便，当幂级数只在 $x=0$ 处收敛时规定收敛半径 $R=0$；如果对一切 x 都收敛，则规定收敛半径 $R=+\infty$. 约定 $\frac{1}{0}=\infty$ 且 $\frac{1}{\infty}=0$.

下面来寻求确定幂级数的收敛半径的方法.

定理 16.6　设幂级数 $\sum_{n=0}^{\infty} a_n x^n$ 的所有系数 $a_n \neq 0$, 且

$$\lim_{n\to\infty}\left|\frac{a_n}{a_{n+1}}\right| = \rho \quad (\rho \text{ 可能是 } \infty), \tag{16-33}$$

则此幂级数的收敛半径 $R=\rho$.

对级数 $\sum_{n=0}^{\infty} |a_n x^n|$ 应用比值判别法即可证明此定理，过程从略.

类似地，也可以用根值判别法来求收敛半径. 此时若 $\lim_{n\to\infty}\sqrt[n]{|a_n|}=\rho$ 存在或为无穷，则收敛半径 $R=\frac{1}{\rho}$.

要确定一个幂级数的收敛域，一般先求出其收敛半径. 若收敛半径是一个非零实数，还要讨论其收敛区间两端是否收敛.

【例 16.5】　确定下列幂级数的收敛域：

(1) $\sum_{n=1}^{\infty}(-1)^n \frac{x^n}{n}$；

(2) $\sum_{n=1}^{\infty}(-nx)^n$；

(3) $\sum_{n=1}^{\infty}\frac{x^n}{n!}$.

解　(1) 用比值法容易求出其收敛半径为 1.

当 $x=1$ 时，级数为 $\sum_{n=1}^{\infty}\frac{(-1)^n}{n}$，收敛.

当 $x=-1$ 时，级数为 $\sum_{n=1}^{\infty}\frac{1}{n}$，发散.

故所求收敛域为 $(-1,1]$.

（2）因为 $\rho=\lim_{n\to\infty}\sqrt[n]{|a_n|}=\lim_{n\to\infty}n=+\infty$，收敛半径 $R=0$，级数只在 $x=0$ 处收敛.

（3）用比值法容易求出收敛半径 $R=+\infty$，收敛域为 $(-\infty,+\infty)$.

定理 16.6 中要求幂级数 $\sum_{n=0}^{\infty}a_nx^n$ 的所有系数 $a_n\neq 0$. 如果有些系数为 0 怎么处理?

一个办法是略去等于 0 的项，直接利用比值判别法或者根值判别法来判别幂级数的收敛性.

更彻底的办法，是利用定义 12.6 引进的数列上极限的概念.

定理 16.7 幂级数 $\sum_{n=0}^{\infty}a_nx^n$ 的收敛半径等于数列 $\{|a_n|^{\frac{1}{n}}\}$ 的上极限的倒数.

此定理证明见于许多数学分析教程，此处从略.

【例 16.6】 求幂级数 $\sum_{n=1}^{\infty}\frac{x^{2n-1}}{2^n}$ 的收敛域.

解 题设级数的系数列 $\frac{1}{\sqrt{2}}\sum_{n=1}^{\infty}a_nx^n$，其中 $a_n=\frac{1-(-1)^n}{2}\cdot 2^{-\frac{n}{2}}$，容易求得 $\{|a_n|^{\frac{1}{n}}\}$ 为

$$\frac{1}{\sqrt{2}},\ 0,\ \frac{1}{\sqrt{2}},\ 0,\ \frac{1}{\sqrt{2}},\ 0,\ \cdots,\ \frac{1}{\sqrt{2}},\ 0,\ \cdots, \tag{16-34}$$

故 $\{|a_n|^{\frac{1}{n}}\}$ 的上极限为 $\frac{1}{\sqrt{2}}$，所以收敛半径 $R=\sqrt{2}$.

由于 $x=\pm\sqrt{2}$ 时，级数发散，故收敛域为 $(-\sqrt{2},\sqrt{2})$.

设幂级数 $\sum_{n=0}^{\infty}a_nx^n$ 和 $\sum_{n=0}^{\infty}b_nx^n$ 的收敛半径分别为 R_1 和 R_2，记 $R=\min\{R_1,R_2\}$，则根据常数项级数的相应运算性质知，这两个幂级数相

加减或相乘时得到收敛半径为 R 的幂级数．相除时情形比较复杂，当分母的首项非零时虽然其商仍是幂级数，但收敛半径可能小得多．

由于 $\lim\limits_{n\to\infty}\sqrt[n]{n}=1$，所以幂级数 $\sum\limits_{n=0}^{\infty}a_nx^n$ 和它逐项求导得到的幂级数 $\sum\limits_{n=1}^{\infty}na_nx^{n-1}$ 有同样的收敛半径．从此可以推出幂级数在其收敛区间内可以逐项求导，也可以逐项求积．

应用泰勒公式，容易把许多函数展开成幂级数．再利用四则运算和求导求积，可以得到更多函数的幂级数．

幂级数把函数用最基本的算术运算表示出来，因而有广泛的应用．用它可以计算函数的近似值、计算函数的定积分、研究函数的性质，以及寻求满足某些条件的函数等．

16.3　三角级数

在自然界和工程技术领域中，有大量周期性现象．四季循环、日夜更替、潮水涨落、活塞往复、弹簧振动、声音传播、电磁感应、波浪起伏，凡此种种，都涉及周期性的变化或运动．

最简单的周期性现象是简谐振动，它可以用下列一般正弦函数来描述：

$$y=A\sin(\omega x+\varphi).\tag{16-35}$$

这里 A 为振幅，ω 为振动频率，φ 为初始相位角．自变量 x 表示时间，而 y 表示振动物体的位置或状态．

物理学家和数学家早就发现，许多周期性的变化或运动可以表示为一系列简谐振动之和．用数学语言表达，即周期函数 $f(x)$ 可用一系列正弦函数所组成的级数来表示，亦即

$$f(x)=A_0+\sum_{n=1}^{\infty}A_n\sin(nx+\varphi_n),\tag{16-36}$$

其中 A_0，A_n，$\varphi_n(n=1,2,3,\cdots)$ 都是常数．

泰勒级数只能够表示无穷多次可微的函数．而形如(16-36)式的

级数能够表达的函数要广泛得多．它甚至能够表达具有不连续点的函数．例如，周期矩形波函数可以展开成级数

$$\sum_{n=1}^{\infty}\frac{\sin(2n-1)x}{2n-1},$$

图 16-1 中画出了此级数前 10 个部分和函数的曲线，其中第 10 个用粗线表示．

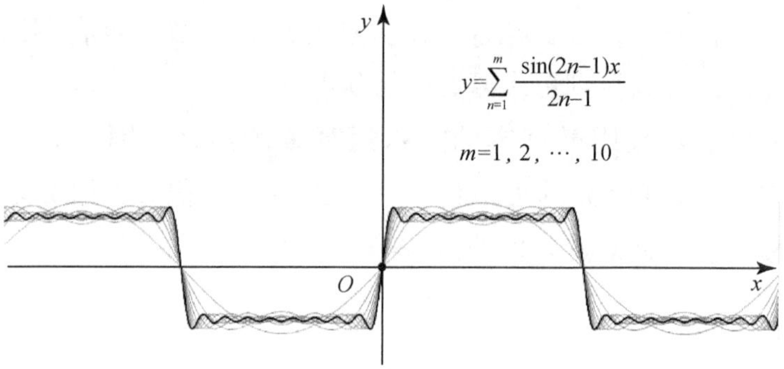

图 16-1　正弦波叠加成为方波

类似地，锯齿波函数也可以展开为一系列正弦函数之和 $\sum_{n=1}^{\infty}\frac{\sin nx}{n}$. 如图 16-2.

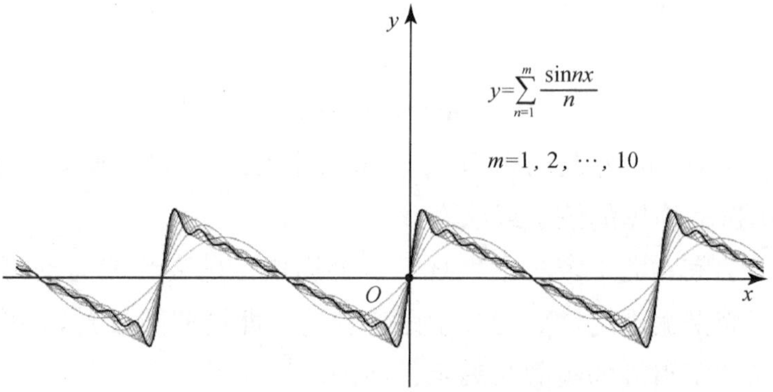

图 16-2　正弦波叠加成为锯齿波

将（16-36）式用正弦和角公式展开，可得形为

$$\frac{a_0}{2}+\sum_{n=1}^{\infty}(a_n\cos nx+b_n\sin nx) \tag{16-37}$$

的函数项级数，其中 a_0 以及 a_n 和 b_n 是某些与 x 无关的常数．一般地，形如（16-37）式的级数称为三角级数．19 世纪初，法国数学家傅里叶对三角级数及其应用作了开创性的研究，所以三角级数也称为傅里叶级数．

研究三角级数，当然要考虑其收敛性问题，以及如何把一个函数展开成三角级数的问题．

为此，引进函数系的正交性的概念．

定义 16.4　设函数列 $\{f_n(x)\}$ 中的每个函数都在 $[a, b]$ 上有定义，如果其中任何两个不同函数的乘积在 $[a, b]$ 上积分等于零，而任一个函数的平方在 $[a, b]$ 上积分不等于零，则称函数列 $\{f_n(x)\}$ 是 $[a, b]$ 上的正交函数系．

在三角级数（16-35）中出现的三角函数，连同常函数 1，组成的函数列

$$1,\ \cos x,\ \sin x,\ \cos 2x,\ \sin 2x,\ \cdots,\ \cos nx,\ \sin nx\cdots \tag{16-38}$$

叫做三角函数系．三角函数系的一个重要性质就是正交性．

定理 16.8　三角函数系是 $[-\pi, \pi]$ 上的正交函数系．

证明　按定义应当证明下列诸式：

(i) $\int_{-\pi}^{\pi}\cos nx\mathrm{d}x=0\quad(n=1,2,3,\cdots)$；

(ii) $\int_{-\pi}^{\pi}\sin nx\mathrm{d}x=0\quad(n=1,2,3,\cdots)$；

(iii) $\int_{-\pi}^{\pi}\sin mx\sin nx\mathrm{d}x=0\quad(m\neq n,\ m,\ n=1,2,3,\cdots)$；

(iv) $\int_{-\pi}^{\pi}\cos mx\cos nx\mathrm{d}x=0\quad(m\neq n,\ m,\ n=1,2,3,\cdots)$；

(v) $\int_{-\pi}^{\pi}\sin mx\cos nx\mathrm{d}x=0\quad(m,\ n=1,2,3,\cdots)$；

(vi) $\int_{-\pi}^{\pi}\cos^2 nx\mathrm{d}x\neq 0\quad(n=1,2,3,\cdots)$；

(vii) $\int_{-\pi}^{\pi}\sin^2 nx\mathrm{d}x\neq 0\quad(n=1,2,3,\cdots)$.

以上等式中，前两个是显然的．为验证等式（iii），用积化和差公式可得

$$\int_{-\pi}^{\pi}\sin mx\sin nx\mathrm{d}x=\frac{1}{2}\int_{-\pi}^{\pi}[\cos(m-n)x-\cos(m+n)x]\mathrm{d}x$$
$$=\frac{1}{2}\left[\frac{\sin(m-n)x}{m-n}-\frac{\sin(m+n)x}{m+n}\right]\Bigg|_{-\pi}^{\pi}=0$$
$$(m\neq n,\ m,\ n=1,2,3\cdots).\tag{16-39}$$

等式(vi)和(v)证明方法类似，从略．对于(vii)则有

$$\int_{-\pi}^{\pi}\sin^2 nx\mathrm{d}x=\int_{-\pi}^{\pi}\frac{1-\cos 2nx}{2}\mathrm{d}x=\frac{x}{2}\Bigg|_{-\pi}^{\pi}=\pi\quad(n=1,2,3,\cdots),\tag{16-40}$$

类似地有 $\int_{-\pi}^{\pi}\cos^2 nx\mathrm{d}x=\pi\quad(n=1,2,3,\cdots)$．定理得证．

下面讨论如何把函数 $f(x)$ 展成三角级数．首先确定三角级数的系数，然后讨论三角级数的收敛性．如果收敛，再考虑它的和函数与 $f(x)$ 是否相同，如果在某个范围相同，则在这个范围内函数 $f(x)$ 可以展开成这样的三角级数．

如果周期为 2π 的周期函数 $f(x)$ 能展开成三角级数，即

$$f(x)=\frac{a_0}{2}+\sum_{k=1}^{\infty}(a_k\cos kx+b_k\sin kx),\tag{16-41}$$

利用三角函数系的正交性容易求系数 a_0，a_n，b_n $(n=1,2,3,\cdots)$．

先求 a_0．为此在(16-41)式的两端从 $-\pi$ 到 π 逐项积分得

$$\int_{-\pi}^{\pi}f(x)\mathrm{d}x=\int_{-\pi}^{\pi}\frac{a_0}{2}\mathrm{d}x+\sum_{k=1}^{\infty}\left(a_k\int_{-\pi}^{\pi}\cos kx\mathrm{d}x+b_k\int_{-\pi}^{\pi}\sin kx\mathrm{d}x\right).\tag{16-42}$$

等式右端除第一项外，其余各项都为零，所以求得

$$a_0=\frac{1}{\pi}\int_{-\pi}^{\pi}f(x)\mathrm{d}x.\tag{16-43}$$

为求 $a_n(n\geqslant 1)$，用 $\cos nx$ 乘(16-41)式，从 $-\pi$ 到 π 逐项积分．根据

三角函数系的正交性，等式右端除第 n 项外，其余各项均为零，所以

$$\int_{-\pi}^{\pi} f(x)\cos nx\mathrm{d}x = a_n\int_{-\pi}^{\pi}\cos^2 nx\mathrm{d}x = a_n\pi, \tag{16-44}$$

从而得

$$a_n = \frac{1}{\pi}\int_{-\pi}^{\pi} f(x)\cos nx\mathrm{d}x \quad (n = 1, 2, 3, \cdots). \tag{16-45}$$

类似地，用 $\sin nx$ 乘（16-41）式，再从 $-\pi$ 到 π 逐项积分得

$$b_n = \frac{1}{\pi}\int_{-\pi}^{\pi} f(x)\sin nx\mathrm{d}x \quad (n = 1, 2, 3, \cdots). \tag{16-46}$$

注意当 $n=0$ 时(16-45)式的表达式给出 a_0，故所求系数为

$$\begin{cases} a_n = \dfrac{1}{\pi}\displaystyle\int_{-\pi}^{\pi} f(x)\cos nx\mathrm{d}x \quad (n = 0, 1, 2, 3, \cdots), \\ b_n = \dfrac{1}{\pi}\displaystyle\int_{-\pi}^{\pi} f(x)\sin nx\mathrm{d}x \quad (n = 1, 2, 3, \cdots). \end{cases} \tag{16-47}$$

以下称由(16-47)式确定的系数 a_0，a_n，$b_n(n=1, 2, 3, \cdots)$ 为函数 $f(x)$ 的傅里叶系数．将这些系数代入(16-41)式的右端，所得的三角级数

$$\frac{a_0}{2}+\sum_{n=1}^{\infty}(a_n\cos nx + b_n\sin nx) \tag{16-48}$$

称为函数 $f(x)$ 的傅里叶级数．

那么，$f(x)$ 满足什么条件可以展开成傅里叶级数？这是有关三角级数的一个基本问题．

下面是傅里叶级数收敛的一个充分条件．

定理 16.9（三角级数收敛定理，或狄利克雷充分条件）　设 $f(x)$ 是周期为 2π 的周期函数．如果 $f(x)$ 在一个周期内连续或只有有限个第一类间断点，并且至多只有有限个极值点，则 $f(x)$ 的傅里叶级数收敛，并且

（i）当 x 是 $f(x)$ 的连续点，级数收敛于 $f(x)$；

（ii）当 x 是 $f(x)$ 的间断点，收敛于 $\dfrac{f(x-0)+f(x+0)}{2}$．

此定理的证明从略．有兴趣的读者可以查阅大学数学专业用的微

积分教材．

从定理 16.9 可见，函数展开成三角级数的条件要比展开成幂级数的条件宽松得多．

【例 16.7】 将定义在 $(-\infty, +\infty)$ 上的以 2π 为周期的函数

$$f(x)=\begin{cases}-\dfrac{\pi}{4} & (x\in[-\pi, 0)),\\ \dfrac{\pi}{4} & (x\in[0, \pi))\end{cases} \tag{16-49}$$

展开成傅里叶级数．

解 先求 $f(x)$ 的傅里叶系数

$$a_n=\frac{1}{\pi}\int_{-\pi}^{\pi}f(x)\cos nx\mathrm{d}x=\frac{1}{\pi}\int_{-\pi}^{0}\left(-\frac{\pi}{4}\right)\cos nx\mathrm{d}x+\frac{1}{\pi}\int_{0}^{\pi}\frac{\pi}{4}\cos nx\mathrm{d}x=0$$

$(n=0, 1, 2, 3, \cdots)$,

$$b_n=\frac{1}{\pi}\int_{-\pi}^{\pi}f(x)\sin nx\mathrm{d}x=\frac{1}{\pi}\int_{-\pi}^{0}\left(-\frac{\pi}{4}\right)\sin nx\mathrm{d}x+\frac{1}{\pi}\int_{0}^{\pi}\frac{\pi}{4}\sin nx\mathrm{d}x \tag{16-50}$$

$$=\frac{1}{2n}(1-\cos n\pi)=\frac{1}{2n}[1-(-1)^n]$$

$$=\begin{cases}\dfrac{1}{n} & (n=1,3,5,\cdots),\\ 0 & (n=2,4,6,\cdots),\end{cases}$$

于是 $f(x)$ 的傅里叶级数为

$$\sum_{n=1}^{\infty}\frac{\sin(2n-1)x}{2n-1}=\sin x+\frac{\sin 3x}{3}+\frac{\sin 5x}{5}+\cdots+\frac{\sin(2n-1)x}{2n-1}+\cdots. \tag{16-51}$$

函数 $f(x)$ 满足收敛定理（定理 16.9）的条件，它在点 $x=k\pi$（k 为整数）处有第一类的间断点，其他点连续，因此当 $x=k\pi$ 时，函数 $f(x)$ 的傅里叶级数收敛到 $\dfrac{f(k\pi-0)+f(k\pi+0)}{2}=0$，在其他点 x 级数收敛到 $f(x)$，即函数 $f(x)$ 的傅里叶级数的和函数为

$$s(x)=\begin{cases}f(x) & (x\neq k\pi),\\ 0 & (x=k\pi).\end{cases}\tag{16-52}$$

这正是图 16-1 所示的几个正弦波叠加所得的矩形波. 图 16-3 画出了和函数 $s(x)$与$f(x)$ 的傅里叶级数的前七项之和的图像.

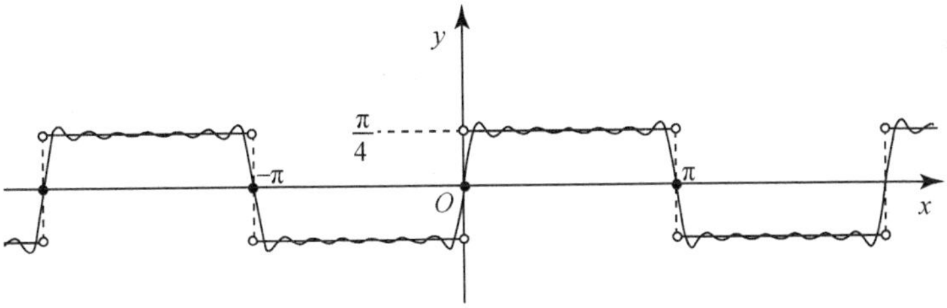

图 16-3　矩形波函数和它的傅里叶级数部分和

注意在此例中的$f(x)$,它 在有限区间上除了有限个点的值之外是奇函数, 由此容易推出它的傅里叶系数 $a_n=0(n=0,1,2,\cdots)$. 这样的三角级数只含正弦函数的项, 叫做正弦级数; 类似地, 如果一个函数在有限区间上除了有限个点的值之外是偶函数, 则它的傅里叶系数 $b_n=0(n=1,2,3,\cdots)$, 这样的三角级数只含余弦函数的项, 叫做余弦级数. 在计算傅里叶系数之前先观察一下函数的奇偶性, 有时可以显著地减少计算工作量.

图 16-2 画出了收敛于锯齿波函数的三角级数的前面几个部分和. 下面给出具体的计算.

【例 16.8】 将$(-\infty,\infty)$上周期为2π 的周期函数

$$f(x)=\frac{1}{2}(\pi-x)\quad(x\in(0,2\pi])\tag{16-53}$$

展开成傅里叶级数.

解 所给函数满足三角级数收敛定理的条件, 而且在有限区间上除有限个点之外是奇函数, 故其傅里叶系数 $a_n=0(n=0,1,2,\cdots)$, 它是正弦级数. 下面只要计算其傅里叶系数 b_n:

$$b_n=\frac{1}{\pi}\int_0^{2\pi}f(x)\sin nx\mathrm{d}x=\frac{1}{\pi}\int_0^{2\pi}\frac{1}{2}(\pi-x)\sin nx\mathrm{d}x$$

$$= \frac{1}{2\pi}\left(\frac{-\pi\cos nx}{n} + \frac{x\cos nx}{n} - \frac{\sin nx}{n^2}\right)\Big|_0^{2\pi} = \frac{1}{n}. \qquad (16\text{-}54)$$

于是，所求的傅里叶级数为

$$s(x) = \sum_{n=1}^{\infty} \frac{\sin nx}{n}, \qquad (16\text{-}55)$$

此处当 $x = 2k\pi$（k 整数）时 $s(x)=0$，对其他 x 的值则有 $s(x) = f(x)$. 由三角级数收敛定理知道确实有(16-55)式成立.

图 16-4 画出了(16-55)式中和函数 $s(x)$与$f(x)$ 的傅里叶级数的前七项之和的图像.

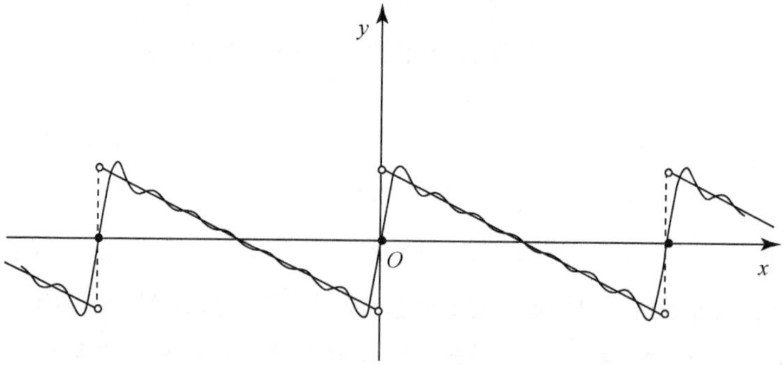

图 16-4 锯齿波函数和它的傅里叶级数部分和

【例 16.9】 将（$-\infty$，$+\infty$）上周期为 2π 的周期函数

$$f(x) = \frac{x^2}{2\pi} \quad (x\in[-\pi, \pi]) \qquad (16\text{-}56)$$

展开成傅里叶级数.

解 注意到$f(x)$是偶函数，故傅里叶系数 $b_n = 0$，只要计算 a_n 即可.

$$a_0 = \frac{1}{\pi}\int_{-\pi}^{\pi} f(x)\,dx = \frac{1}{\pi}\int_{-\pi}^{\pi}\frac{x^2}{2\pi}dx = \frac{1}{2\pi^2}\left(\frac{x^3}{3}\right)\Big|_{-\pi}^{\pi} = \frac{1}{2\pi^2}\cdot\frac{2\pi^3}{3} = \frac{\pi}{3},$$

$$a_n = \frac{1}{\pi}\int_{-\pi}^{\pi} f(x)\cos nx\,dx = \frac{1}{\pi}\int_{-\pi}^{\pi}\frac{x^2\cos nx\,dx}{2\pi} \qquad (16\text{-}57)$$

$$= \frac{1}{2\pi^2}\left[\frac{x^2\sin nx}{n} + \frac{2x\cos nx}{n^2} - \frac{2\sin nx}{n^3}\right]_{-\pi}^{\pi} = \frac{1}{2\pi^2}\cdot\frac{4\pi\cos n\pi}{n^2}$$

$$= \begin{cases} -\dfrac{2}{n^2\pi} & (n=1, 3, 5, \cdots), \\ \dfrac{2}{n^2\pi} & (n=2, 4, 6, \cdots). \end{cases} \quad (16\text{-}58)$$

由题设条件和三角级数收敛定理，得到展开式

$$f(x) = \frac{\pi}{6} + \frac{2}{\pi}\sum_{n=1}^{\infty}\frac{(-1)^n \cos nx}{n^2}. \quad (16\text{-}59)$$

在图 16-5 中只画出前三项和的曲线，已经相当接近了.

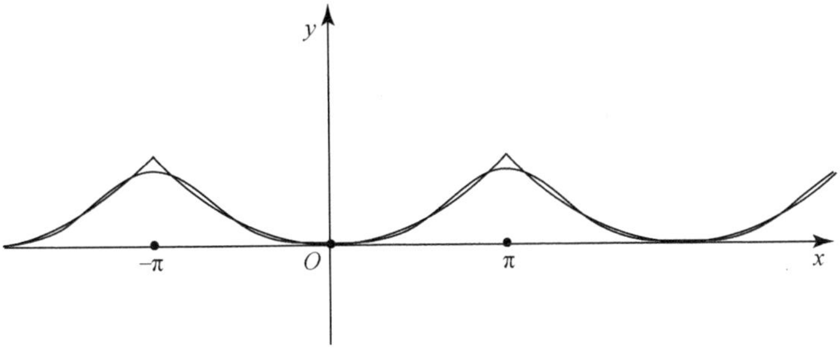

图 16-5　在 $[-\pi, \pi]$ 上的抛物线及其傅里叶级数前三项和

利用展开式（16-59），可以求出一些数项级数的和，例如当 $x=0$ 时，$f(0)=0$，于是由这个展开式得出

$$0 = \frac{\pi}{6} + \frac{2}{\pi}\sum_{n=1}^{\infty}\frac{(-1)^n}{n^2}, \quad (16\text{-}60)$$

从而有

$$\frac{\pi^2}{12} = \sum_{n=1}^{\infty}\frac{(-1)^{n+1}}{n^2} = 1 - \frac{1}{4} + \frac{1}{9} - \frac{1}{16} + \frac{1}{25} - \frac{1}{36} + \cdots. \quad (16\text{-}61)$$

利用三角级数，可以得到不少类似有趣的结果.

上面讨论的都是以 2π 为周期的周期函数. 对于周期为 $2w$ 的更一般的周期函数，经过变量代换就可以得到其傅里叶级数.

定理 16.10　设周期为 $2w$ 的周期函数 $f(x)$ 满足收敛定理的条件，则它的傅里叶级数展开式为

$$f(x)=\frac{a_0}{2}+\sum_{n=1}^{\infty}\left(a_n\cos\frac{n\pi x}{w}+b_n\sin\frac{n\pi x}{w}\right), \tag{16-62}$$

其中

$$\begin{cases} a_n=\dfrac{1}{w}\displaystyle\int_{-w}^{w}f(x)\cos\frac{n\pi x}{w}\mathrm{d}x \quad (n=0,1,2,\cdots), \\ b_n=\dfrac{1}{w}\displaystyle\int_{-w}^{w}f(x)\sin\frac{n\pi x}{w}\mathrm{d}x \quad (n=1,2,3,\cdots). \end{cases} \tag{16-63}$$

定理的证明从略.

利用欧拉公式 $e^{i\theta}=\cos\theta+i\sin\theta$，还可以把傅里叶级数转换成复数形式，因为复数形式较为简洁，它被多个科学技术领域采用.

傅里叶级数有广泛的应用，对它的研究还引出了一系列深刻的理论成果.

第 17 章
黎曼积分与可积性

两只眼睛看世界，
享受远山近水立体层次感；
两种方式讲积分，
体验深刻而丰富的数学哲理.

17.1　黎曼积分的概念和黎曼可积性

在 6.1 中定义了函数在区间上的积分系统和定积分．这样的定义自然地把积分和甲乙函数的概念联系起来，使微分和积分获得了统一的数学模型，轻松导出微积分基本定理.

在历史上，对微分和积分关系的认识，却经历了漫长的艰难过程.

积分的原始思想来源于安蒂丰(Antiphon，约公元前 480 ~ 前 411)提出的计算圆面积的“穷竭法”．经过欧多克索斯(Eudoxus，约公元前 400 ~ 前 347)和阿基米德(Archimeds，约公元前 287 ~ 前 212)的深入研究，“穷竭法”发展成为相当严密的理论，得到了一系列计算面积和体积的公式．之后，不少杰出的科学家曾使用类似的思想计算面积、体积、长度和其他的物理量．其中有中国的刘徽、祖冲之、祖暅，希腊的帕普斯，荷兰的斯蒂文，意大利的伽利略，德国的开普勒，瑞士的古尔丁等. 直到1635年，意大利数学家卡瓦列利的名著《用新方法促成的连续不可分几何学》中，系统地提出了基于“不可分求和原理”计算面积等几何量的方法. 卡瓦列利的方法是后来的定积分概念的雏形，在他的书中也有了用无穷小概念求极值的微分的萌芽. 在卡瓦列利的积分概念雏形的基础上，经过费马、罗伯瓦、托里拆利、沃利斯、帕斯卡、惠更斯、巴罗、格雷戈里等大师级数学家的努力，直到牛顿、莱布尼茨集其大成的工作，才形成了现代模样的积分运算. 而真正严谨的定积分概念，即现在大学里讲的定积分概念，是1854年才由黎曼提出并详细论述的. 这个概念的形成，经历了长达2000年的时光，渗透着数十位卓越的数学家的心血.

微分概念的萌芽，如上所述，仍始于1635年卡瓦列利的工作，比积分思想的提出晚了1700多年. 过了30多年，牛顿和莱布尼茨发现了微分和积分的联系. 又过了近200年，才完成了严谨的论证.

花费一些篇幅介绍黎曼积分概念，讨论黎曼积分概念和本书提出的积分系统与定积分概念的关系，是值得做的事情.

在定理6.6和定理6.7中，为了证明积分系统的唯一性，也就是曲边梯形面积的确定性，把曲边梯形所在的区间分成许多小段，从而达到了论证的目的.

联系着曲边梯形面积的这种分割计算方法，就容易理解下面黎曼的定积分概念了.

定义17.1(黎曼积分) 设$f(x)$在$[a, b]$上有定义，在区间$[a, b]$内任意插入$n-1$个分点

$$a = x_0 < x_1 < x_2 < \cdots < x_{n-1} < x_n = b, \tag{17-1}$$

记小区间$\Delta_k = [x_{k-1}, x_k]$，$k = 1, 2, \cdots, n$，其长度为$\Delta x_k = x_k - x_{k-1}$. 在各个小区间上取点$\xi_k \in [x_{k-1}, x_k]$并作和式

$$\sum_{k=1}^{n} f(\xi_k)\Delta x_k. \tag{17-2}$$

此和称为$f(x)$在$[a, b]$上（对应于分法$T = \{\Delta_k\}$和样本点$\{\xi_k\}$）的黎曼和，也称积分和.

对应于分法 $T=\{\Delta_k\}$ 和样本点 $\{\xi_k\}$，可以构造一个在 $(x_{k-1}, x_k]$ 上取常数值 ξ_k 的函数，叫做对应于 $(T, \{\xi_k\})$ 的阶梯函数．对应的黎曼和，就是这个阶梯函数在 $[a, b]$ 上的曲边梯形的面积．

记 $\lambda(T)=\max\limits_{1\leqslant k\leqslant n}\{\Delta x_k\}$ ，如果不论对 $[a, b]$ 上怎样的分法 T，也不论 ξ_k 在 $[x_{k-1}, x_k]$ 上怎样的取法，只要当 $\lambda(T)\to 0$ 时，上述黎曼和存在确定的极限 J，则称 $f(x)$ 在 $[a, b]$ 上黎曼可积（在不至于混淆时简称可积），极限值

$$J=\lim_{\lambda(T)\to 0}\sum_{k=1}^{n} f(\xi_k)\Delta x_k \tag{17-3}$$

称为 $f(x)$ 在 $[a, b]$ 上的黎曼积分（或不至于混淆时也称定积分），记为

$$(\mathrm{R})\int_a^b f(x)\,\mathrm{d}x\,, \tag{17-4}$$

其中，f 称为被积函数，x 称为积分变量，$f(x)\mathrm{d}x$ 称为被积表达式，$[a, b]$称为积分区间，a 和 b 分别称为这个定积分的下限和上限．在不至于混淆的情形下，积分记号前面的(R) 可以略去．

前面只谈到过数列的极限和函数的极限，而(17-3)式中的和式既不是数列也不是函数，该如何理解呢?

用极限的 ε-δ 语言，(17-3)式的含义可以表达为：

对任给的 $\varepsilon>0$ ，总存在正数 δ，使得对 $[a, b]$ 的任意分法 $T=\{\Delta_k\}$和对应于 T 的样本点 $\{\xi_k\}$ ，只要 $\lambda(T)<\delta$ ，就有

$$\left|\sum_{k=1}^{n} f(\xi_k)\Delta x_k - J\right| < \varepsilon\,. \tag{17-5}$$

如果用本书中的说法，(17-3)式可以简单表述为：

存在一个 d 函数 $d(x)$ ，使得对 $[a, b]$ 的任意分法 $T=\{\Delta_k\}$和对应于 T 的任取的样本点 $\{\xi_k\}$，总有

$$\left|\sum_{k=1}^{n} f(\xi_k)\Delta x_k - J\right| < d(\lambda(T))\,. \tag{17-6}$$

图 17-1 中画出了 $[a, b]$ 上的一个函数 $f(x)$ 的曲线，区间 $[a, b]$ 的一个分法 T 、一组样本点．图中各小矩形的面积就是对应的黎曼和

中的各项，这些矩形面积的总和就是对应于此分法和样本点的黎曼和．直观看来，若分点足够密集，则不论如何取样本点，黎曼和都将非常接近这个曲边梯形的面积．

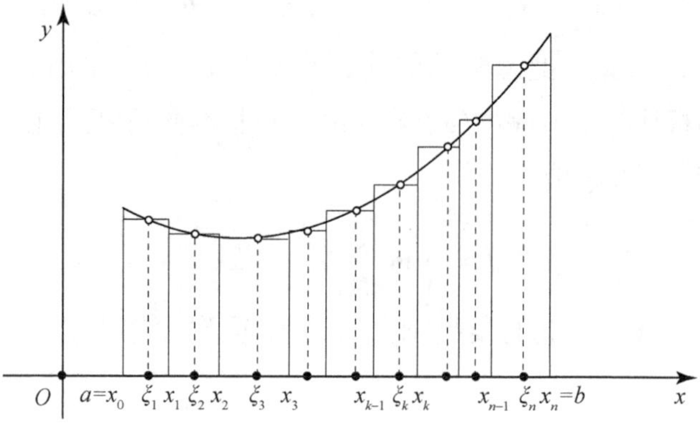

图 17-1　黎曼和示意

根据定义易知，在 $[a, b]$ 上黎曼可积的函数 f 必有界，即 $[a, b]$ 上的无界函数不是黎曼可积的．以下只讨论 f 在 $[a, b]$ 上有界的情形．

设 $T=\{\Delta_k|k=1,2,\cdots,n\}$ 为对 $[a, b]$ 的任一分割．因 f 有界，它在每个 Δ_k 上有最小上界和最大下界

$$M_k=\sup_{x\in\Delta_k}f(x),\ m_k=\inf_{x\in\Delta_k}f(x)\quad(k=1,2,\cdots,n).\tag{17-7}$$

对应于分法 $T=\{\Delta_k\}$，可以构造一个在 $(x_{k-1},x_k]$ 上取常数值 M_k 的阶梯函数，叫做对应于 T 的上函数；同样可以构造一个在 $(x_{k-1},x_k]$ 上取常数值 m_k 的阶梯函数，叫做对应于 T 的下函数；两个阶梯函数在 $[a, b]$ 上的曲边梯形的面积就是

$$S(T)=\sum_{k=1}^{n}M_k\Delta x_k,\ s(T)=\sum_{k=1}^{n}m_k\Delta x_k,\tag{17-8}$$

分别称为 f 关于分法 T 的上和与下和．对任意的 $\xi_k\in\Delta_k$，$k=1,2,\cdots,n$，显然有

$$s(T)\leqslant\sum_{i=1}^{n}f(\xi_k)\Delta x_k\leqslant S(T).\tag{17-9}$$

与黎曼和不同，上和与下和只与分割有关，而与点集 $\{\xi_k\}$ 无关．由不等式（17-9）可见，通过讨论上和与下和当 $\lambda\to0$ 时的性态，可以揭示

f在 $[a,b]$ 上是否可积.

定理 17.1　设$f(x)$ 在 $[a, b]$ 上有定义，对应于 $[a, b]$ 上的分法 T, 其上和与下和分别为 $S(T)$ 与 $s(T)$，则有：

(i) 当添加分点时，上和 $S(T)$ 不增，下和 $s(T)$ 不减；

(ii) 对任意两个分法 T_1 和 T_2, 总有 $S(T_1) \geqslant s(T_2)$.

证明　(i) 是显然的.

(ii) 把 T_1 和 T_2 的分点并在一起作分法 T，由 (i)

$$S(T_1) \geqslant S(T) \geqslant s(T) \geqslant s(T_2),$$

定理得证.

定义 17.2　设$f(x)$ 在 $[a, b]$ 上有定义，对应于 $[a, b]$ 上的分法 T, 其上和与下和分别为 $S(T)$ 与 $s(T)$. 所有分法的上和之集的最大下界 S，叫做f在 $[a, b]$ 上的上积分；所有分法的下和之集的最小上界 s, 叫做f在 $[a, b]$ 上的下积分.

显然有 $S(T) \geqslant S \geqslant s \geqslant s(T)$.

定理 17.2　设$f(x)$ 在 $[a, b]$ 上有定义，仍记 $[a, b]$ 上的分法 $T = \{\Delta_k\}$ 和 $\lambda(T) = \max\limits_{1\leqslant k\leqslant n}\{\Delta x_k\}$，其上、下和分别为 $S(T)$ 与 $s(T)$，则有

$$\lim_{\lambda(T)\to 0} S(T) = S,\ \lim_{\lambda(T)\to 0} s(T) = s. \tag{17-10}$$

证明　要证 $\lim\limits_{\lambda(T)\to 0} S(T) = S$，只要对于任意的 $\varepsilon > 0$ 找出 $\delta > 0$，使得当 $\lambda(T) < \delta$ 时，总有 $S(T) - S < \varepsilon$ 即可.

因为所有分法的上和之集的最大下界为 S，故存在一个分法 T_1，使得

$$0 \leqslant S(T_1) - S < \frac{1}{2}\varepsilon. \tag{17-11}$$

设分法 T_1 有 N 个分点，并设函数$f(x)$ 在 $[a,b]$ 上的总振幅（即上、下确界之差，见 14.2 节）为 A. 下面指出，当

$$\lambda(T) < \frac{\varepsilon}{2NA} \tag{17-12}$$

时就有 $S(T) - S < \varepsilon$. 为此将 T 的上函数 $H(x)$ 与 T_1 的上函数 $H_1(x)$ 比较. 考虑分法 T 的小区间 Δ，若 Δ 内不含 T_1 的分点，显然 Δ 上有

$H(x) \leqslant H_1(x)$；因而仅当Δ内含T_1的分点时才可能有$H(x) > H_1(x)$.由于T_1有N个分点而小区间Δ的长度小于$\lambda(T)$，故这样的小区间长度总和小于$N\lambda(T)$. 在这些区间上有$H(x) - H_1(x) < A$，结合(17-12)式得

$$S(T) - S(T_1) < N\lambda(T)A < \frac{\varepsilon}{2}. \tag{17-13}$$

再由(17-11)式得

$$0 \leqslant S(T) - S = S(T) - S(T_1) + S(T_1) - S < \varepsilon, \tag{17-14}$$

这证明了$\lim\limits_{\lambda(T)\to 0} S(T) = S$，类似地可证$\lim\limits_{\lambda(T)\to 0} s(T) = s$. 定理证毕.

有了上面的准备，可以给函数的黎曼可积性提供一个充分必要条件了.

定理 17.3 设函数f在$[a, b]$上有界，则下列三个条件等价：

(i) 函数f在$[a, b]$上的上积分等于其下积分；

(ii) 函数f在$[a, b]$上黎曼可积；

(iii) 对任意$\varepsilon > 0$，存在$[a, b]$的分法T，使得$S(T) - s(T) < \varepsilon$.

证明 (i)⇒(ii)：若$S = s$，由定理 17.2 得

$$\lim_{\lambda(T)\to 0} S(T) = \lim_{\lambda(T)\to 0} s(T) = S = s; \tag{17-15}$$

由(17-9)式可知

$$\lim_{\lambda(T)\to 0} \sum_{k=1}^{n} f(\xi_k)\Delta x_k = J = S = s.$$

(ii)⇒(iii)：对任意$\varepsilon > 0$，由$\lim\limits_{\lambda(T)\to 0} \sum\limits_{k=1}^{n} f(\xi_k)\Delta x_k = J$，存在分法$T$，使得对任意的样本点组$\{\xi_k\}$有

$$J - \frac{\varepsilon}{2} < \sum_{k=1}^{n} f(\xi_k)\Delta x_k < J + \frac{\varepsilon}{2}, \tag{17-16}$$

从而有

$$J - \frac{\varepsilon}{2} < s(T),\ S(T) < J + \frac{\varepsilon}{2}, \tag{17-17}$$

这推出$S(T) - s(T) < \varepsilon$.

(iii)⇒(i)：因为$S(T) \geqslant S \geqslant s \geqslant s(T)$，由$S(T) - s(T) < \varepsilon$推出

$S-s<\varepsilon$；因为 $\varepsilon>0$ 可以任意小，推出 $S-s=0$.

定理得证.

注意到非负数 $\omega_i=M_i-m_i$ 是 f 在 Δ_i 上的振幅，故有

$$S(T)-s(T)=\sum_{i=1}^{n}\omega_i\Delta x_i, \tag{17-18}$$

以下称上列和式为分法 T 的振幅和，记作 $\omega(T)$. 因此由上述定理得

定理 17.4　函数 f 在 $[a, b]$ 上黎曼可积的充要条件是：任给 $\varepsilon>0$，总存在一个相应的分割 T，使得

$$\omega(T)=\sum_{i=1}^{n}\omega_i\Delta x_i<\varepsilon. \tag{17-19}$$

由此容易得到

推论 17.1　若函数 f 在 $[a, b]$ 上黎曼可积，则它在 $[a, b]$ 的任意子区间 $[u, v]$ 上黎曼可积；反过来，若存在 $c\in(a, b)$，使得 f 在 $[a, c]$ 和 $[c, b]$ 上都黎曼可积，则 f 在 $[a, b]$ 上黎曼可积.

推论 17.2　若 f 为 $[a, b]$ 上的连续函数，则 f 在 $[a, b]$ 上黎曼可积.

推论 17.3　如果 f 在 $[a, b]$ 上有界且只有有限个间断点，则 f 在 $[a, b]$ 上黎曼可积.

推论 17.4　若 f 是 $[a, b]$ 上的单调函数，则 f 在 $[a, b]$ 上黎曼可积.

这些推论的证明从略.

从这些推论看，黎曼可积性和函数的连续性有一定的联系. 下面的定理给出一些初步的信息.

定理 17.5　若 f 在 $[a, b]$ 上黎曼可积，则 f 在 (a, b) 内有连续点.

证明　由定理 17.4，对任意的 $\varepsilon>0$，存在分法 T，使得

$$\sum_{i=1}^{n}\omega_i\Delta x_i<(b-a)\varepsilon, \tag{17-20}$$

于是存在某个正整数 $k\leqslant n$，使得 $\omega_k<\varepsilon$，即 f 在 $\Delta_k=[x_{k-1}, x_k]$ 上的振幅小于 ε. 记 $D_1=\Delta_k=[x_{k-1}, x_k]=[a_1, b_1]$；因为 f 在 D_1 上黎曼可积，

故存在 D_1 内的区间 $D_2=[a_2,b_2]$，使得 f 在 D_2 上的振幅小于 $\frac{\varepsilon}{2}$；依此类推可得一串区间 $D_n=[a_n,b_n]$：

$$a_1<a_2<\cdots<a_n<a_{n+1}<\cdots<b_{n+1}<b_n<\cdots<b_2<b_1, \tag{17-21}$$

使得 f 在 D_n 上的振幅小于 $\frac{\varepsilon}{n}$. 考虑 $\{a_n\}$ 的最小上界 c，它是所有 D_n 的公共点，易知 f 在点 c 处的振幅为 0（关于函数在一点处的振幅，参看 14.2 节），从而 f 在点 c 连续. 证毕.

17.2　黎曼可积性与积分系统唯一性的关系

在上一节对黎曼可积性讨论的基础上，不难理清黎曼积分与 6.1 节中引进的定积分之间的关系.

定理 17.6　若函数 f 在 $[a,b]$ 上黎曼可积，则 f 在 $[a,b]$ 上的积分系统如果存在，必然唯一.

证明　函数 f 在 $[a,b]$ 上黎曼可积，于是在 $[a,b]$ 的任意子区间 $[u,v]$ 上也可积. 由定理 17.3，函数 f 在 $[u,v]$ 上的上、下积分相等.

设 $S(u,v)$ 是 f 在 $[a,b]$ 上的积分系统，则对 $[u,v]$ 上的任一个分法 T 的小区间 $\Delta_k=[x_{k-1},x_k]$，由积分系统的中值性有

$$m_k(x_k-x_{k-1})\leqslant S(x_k,x_{k-1})\leqslant M_k(x_k-x_{k-1}). \tag{17-22}$$

利用积分系统可加性对 k 求和得 $s(T)\leqslant S(u,v)\leqslant S(T)$，从而 $S(u,v)$ 处于 f 在 $[u,v]$ 上的上、下积分之间. 但 f 在 $[u,v]$ 上的上、下积分相等，因此 $S(u,v)$ 的值唯一确定. 证毕.

上述定理还没有回答 f 在 $[a,b]$ 上的积分系统是否存在的问题. 下面就来回答这个问题.

定理 17.7　设函数 f 在 $[a,b]$ 上有界，$[u,v]\subseteq[a,b]$. 记 $H(u,v)$ 为 f 在 $[u,v]$ 上的上积分，$L(u,v)$ 为 f 在 $[u,v]$ 上的下积分；

取 $\lambda\in[0,1]$，令

$$S(u,v)=\lambda H(u,v)+(1-\lambda)L(u,v), \tag{17-23}$$

并约定 $S(u,v)=-S(v,u)$；则当 $1>\lambda>0$ 或 $H(a,b)=L(a,b)$ 时，$S(u,v)$ 是 f 在 $[a,b]$ 上的一个积分系统.

证明　这样定义的 $S(u,v)$ 显然满足可加性，要证明的是中值性. 下面来证存在 $[u,v]$ 上的点 p 和 q，使得其满足

$$f(p)\leqslant\frac{S(u,v)}{v-u}\leqslant f(q). \tag{17-24}$$

为方便记 $S(u,v)=k(v-u)$. 分别记 f 在 $[u,v]$ 上的最小上界和最大下界为 M 和 m.

若 $M=m$，因当 $0\leqslant\lambda\leqslant1$ 时有 $m(v-u)\leqslant L(u,v)\leqslant S(u,v)\leqslant H(u,v)\leqslant M(v-u)$，从而 $m\leqslant k=\dfrac{S(u,v)}{v-u}\leqslant M$，这推出 $m=k=M$，结论显然.

若 $M>m$ 且 $k\in(m,M)$，结论也显然. 这是因为若 $f(x)<k$ 在 $[u,v]$ 上恒真，则由最小上界定义得 $M\leqslant k$，这与 $k\in(m,M)$ 矛盾，故必存在 $[u,v]$ 上的点 q，使得 $k\leqslant f(q)$；同理存在 $[u,v]$ 上的点 p，使得 $f(p)\leqslant k$.

要讨论的是 $k\geqslant M>m$ 和 $k\leqslant m<M$ 两种情形. 下面就前一种情形给出证明，后一种情形可用类似方法处理.

在 $k\geqslant M>m$ 的情形，只要证明存在 $[u,v]$ 上的点 q，使得 $f(q)\geqslant k$ 即可.

因为上积分是上和的最大下界，故对于任一个分法 $T=\{\Delta_i\}$ 有

$$\begin{aligned}S(T)&=\sum_{i=1}^{n}M_i\Delta_i\geqslant H(u,v)\geqslant\lambda H(u,v)+(1-\lambda)L(u,v)\\&=k(v-u).\end{aligned} \tag{17-25}$$

由于 $M\geqslant M_i$，故

$$M(v-u)=\sum_{k=1}^{n}M\Delta_i\geqslant\sum_{k=1}^{n}M_i\Delta_i\geqslant k(v-u), \tag{17-26}$$

结合假设 $k\geqslant M$ 得 $M=k$，从而上两式中的 $\geqslant$ 号均可取等号，这推出

$$H(u,v)=\lambda H(u,v)+(1-\lambda)L(u,v)=k(v-u) \quad (17\text{-}27)$$

和

$$\sum_{k=1}^{n}(M-M_i)\Delta_i=0. \quad (17\text{-}28)$$

条件 $1>\lambda>0$ 结合(17-27)式或条件 $H(a,b)=L(a,b)$ 均能推出 $H(u,v)=L(u,v)$，由定理17.5，f 在 $[u,v]$ 上有连续点 $x=q$；由(17-28)式有 $M=M_i$，即 f 在 $[u,v]$ 的任意子区间上的上确界均为 $M=k$. 显然有 $f(q)=k$；即所欲证.

现在可以理清黎曼可积性和积分系统的关系了.

定理17.8 设函数 $f(x)$ 在 $[a,b]$ 上有界，则 $f(x)$ 在 $[a,b]$ 上黎曼可积的充分必要条件是它在 $[a,b]$ 上有唯一的积分系统 $S(u,v)$；且此时有

$$S(u,v)=\int_u^v f(x)\,dx=(R)\int_u^v f(x)\,dx. \quad (17\text{-}29)$$

证明 充分性：若 $f(x)$ 在 $[a,b]$ 上黎曼可积，则它在 $[a,b]$ 的任意子区间 $[u,v]$ 上黎曼可积. 记 $f(x)$ 在 $[u,v]$ 上的黎曼积分为 $R(u,v)$. 由定理17.3可知其 $f(x)$ 在 $[u,v]$ 上的上积分 $H(u,v)$、下积分 $L(u,v)$ 和黎曼积分 $R(u,v)$ 相等. 由定理17.7从 $H(a,b)=L(a,b)$ 推出 $H(u,v)$ 是 $f(x)$ 在 $[a,b]$ 上的积分系统；再由定理17.6推出 $f(x)$ 在 $[a,b]$ 上的积分系统之唯一性.

必要性：若 $f(x)$ 在 $[a,b]$ 上不是黎曼可积的，由定理17.3可知 $H(a,b)>L(a,b)$. 由定理17.7，当 $\lambda\in(0,1)$ 时，$S(u,v)=\lambda H(u,v)+(1-\lambda)L(u,v)$ 是 $f(x)$ 在 $[a,b]$ 上的积分系统，对于不同的 λ 得到不同的积分系统，可见 $f(x)$ 在 $[a,b]$ 上的积分系统不是唯一的.

综上，定理获证.

于是，今后不再区别定积分和黎曼积分，在黎曼积分前面也不必标记（R）了.

【黎曼积分的补充：黎曼可积函数的间断点不能太多】

从定理17.5知道黎曼可积函数必有连续点. 再早一些知道在闭区间上点点连续的函数黎曼可积，但是仅在有限个点处间断的函数也是

黎曼可积的．这自然引出一个问题：函数的连续点多到什么程度就黎曼可积呢？换句话，间断点少到什么程度就黎曼可积呢？

这个问题，通常是在实变函数论中引入勒贝格测度后才得以解决的．考虑到这是许多学习微积分的老师和同学感兴趣的问题，而一般书刊很少谈到，就借此机会提供一个较直观而初等的解答．

直观看来，黎曼可积函数的间断点不能太多．什么叫做不能太多？下面给出一个定义．

定义 17.3(0 长度集)　设 M 是直线上的点集．若对任意给定的 $\varepsilon>0$，都能找到一列开区间 $\{\Delta_k\}$ 覆盖了 M，并且其中任意有限个区间的长度之和小于 ε，就称 M 是 0 长度集，或称 M 具有 0 长度．

以下若一列区间 $\{\Delta_k\}$ 中任意有限个区间的长度之和小于 C，则称区间 $\{\Delta_k\}$ 总长不大于 C．

有穷点集显然是 0 长度集．

任意无穷数列 $\{a_n\}$ 也是 0 长度集．事实上，可以用长度小于 0.4ε 的开区间覆盖 a_1，用长度小于 0.2ε 的开区间覆盖 a_2，用长度小于 0.1ε 的开区间覆盖 a_3，依此每次将区间长度减半，得到一列总长不超过 0.8ε 区间覆盖了 $\{a_n\}$．

全部有理数可以按分子分母的绝对值之和自小而大排成一列，所以有理数集是 0 长度集．

有穷个 0 长度集之并是 0 长度集．仔细想想便可知道，一列无穷个 0 长度集之并也是 0 长度集．

下面的目标是证明黎曼可积函数的所有间断点组成 0 长度集．前面指出过（14.2 节），函数 f 在一点连续就是它在此点处的振幅为 0，从而 f 的间断点就是它的振幅不为 0 的点．以下为简便，称函数 f 在点 x 处的振幅为 x 的振幅．

为了证明主要的结果，需要一些辅助定理．

定理 17.9　设 $f(x)$ 在 $[a,b]$ 上有定义，α 为任意正数．$f(x)$ 在 $[a,b]$ 上的所有振幅不小于 α 的点的集记作 M，则 M 是闭集．

证明　只要指出 $f(x)$ 在 $[a,b]$ 上的所有振幅小于 α 的点组成开集即可.

如果$f(x)$在含点u的每个开区间上的振幅都不小于α，这些振幅的最大下界也不小于α，从而u的振幅也不小于α. 故若u的振幅小于α，必存在含u的开区间Δ，使得$f(x)$在Δ上的振幅小于α，从而开区间Δ中每点的振幅均小于α. 这证明所有振幅小于α的点组成开集.

定理 17.10 设$f(x)$在$[a, b]$上有定义，α为任意正数. $f(x)$在$[a, b]$上的所有振幅不小于α的点的集记作M. 若一列开区间$\{\Delta_k\}$覆盖了M，则在这些区间中必有有限个覆盖了M.

证明 由定理17.9知M是闭集，再应用定理11.7*(一般的有限覆盖定理)，即得所要的结论.

定理 17.11 设$f(x)$是$[a, b]$上的有界函数，则$f(x)$在$[a, b]$上黎曼可积的充分必要条件是其在$[a, b]$上的全部间断点组成0长度集.

证明 对于$k>0$，记M_k为所有振幅不小于$\frac{1}{k}$的点组成的集合. 则$f(x)$在$[a, b]$上全部间断点之集M可以表为

$$M=\bigcup_{k=1}^{\infty} M_k . \tag{17-30}$$

为证明条件的必要性，设M不具有0长度. 于是必存在某个正整数p，使得M_p不具有0长度，从而存在正数δ，使得任意一组覆盖了M_p的开区间的长度之和不小于δ. 这样，对于$[a, b]$的任一个分法$T=\{\Delta_k\}$ $(k=1, \cdots, n)$，其内部包含了M_p中的点的小区间总长之和也不会小于δ(因为可以用总长任意小的有限个开区间覆盖T的所有的分点). 用ω_k表示f在Δ_k上的振幅，就有

$$\sum_{k=1}^{n} \omega_k \Delta x_k \geqslant \frac{\delta}{p} . \tag{17-31}$$

由定理17.4可知f在$[a, b]$上不是黎曼可积的.

下面证充分性. 设M为0长度集；由定理17.4，只要证明对任给的$\varepsilon>0$，总存在分法$T=\{\Delta_k\}$ $(k=1, \cdots, n)$，使得其振幅和

$$\omega(T)=\sum_{k=1}^{n} \omega_k \Delta x_k<\varepsilon \tag{17-32}$$

就可以了. 设f在$[a,b]$上的振幅为A，令

$$\alpha=\frac{\varepsilon}{4(b-a)},\ \delta=\frac{\varepsilon}{4A}. \tag{17-33}$$

取足够大的正整数 q，使得 $q\alpha>1$，则 M_q 具有 0 长度，故有一列总长不超过 δ 的开区间 $\{D_k\}$ 覆盖了 M_q. 由定理 17.10，可以从其中取出 m 个区间 $E_1, E_2, \cdots, E_m$ 覆盖了 M_q. 设这些区间的端点自小而大顺次为 $y_1, y_2, \cdots, y_{2m}$.

从 $[a, b]$ 中去掉开区间 $E_1, E_2, \cdots, E_m$，得到 $[a, b]$ 的闭子集 B，它由有限个闭区间或点构成. 闭子集 B 中的点 x 处振幅小于 $\frac{1}{q}<\alpha$，故对每个 x 存在一个以它为中心的闭区间 B_x，使得 f 在 B_x 上的振幅小于 2α. 根据定理 11.7*(一般的有限覆盖定理)，在 $\{B_x\}$ 中存在有限个区间 $B_1, B_2, \cdots, B_k$ 覆盖了闭子集 B. 设这些区间的端点自小而大顺次为 $z_1, z_2, \cdots, z_{2k}$. 把 $y_1, y_2, \cdots, y_{2m}$ 和 $z_1, z_2, \cdots, z_{2k}$ 放在一起得到一个分法 $T=\{\Delta_i\}$，下面证明

$$\omega(T)=\sum_{i=1}^{n}\omega_i\Delta x_i<\varepsilon. \tag{17-34}$$

根据分法 $T=\{\Delta_i\}$ 的构成可知，这些小区间 Δ_i 可以分成两类：

第一类中的 Δ_i 除端点外包含于某个 D_j，故这些 Δ_i 的长度之和不超过 D_j 的长度之和 δ，结合(17-33)式可知在上列和式 $\omega(T)$ 中对应于这些 Δ_i 的项之和不超过

$$\delta A=\frac{\varepsilon}{4A}\cdot A=\frac{\varepsilon}{4}. \tag{17-35}$$

第二类中的 Δ_i 不包含于任一个 D_j，它必定包含于某个 B_j. 这些 Δ_i 长度之和当然不超过 $(b-a)$，而 f 在每个 Δ_i 上的振幅小于 2α，结合(17-33) 式可知在上列和式 $\omega(T)$ 中对应于这些 Δ_i 的项之和不超过

$$2\alpha(b-a)=2\cdot\frac{\varepsilon}{4(b-a)}\cdot(b-a)=\frac{\varepsilon}{2}. \tag{17-36}$$

综合(17-35)式与(17-36)式得到

$$\omega(T)=\sum_{i=1}^{n}\omega_i\Delta x_i<\frac{\varepsilon}{2}+\frac{\varepsilon}{4}<\varepsilon, \tag{17-37}$$

这完成了充分性的证明. 定理证毕.

定理 17.11 说明，黎曼可积函数（或者说本书第 6 章定义下的可积函数）的不连续点确实“不多”. 定理 17.3 和定理 17.4 给出的可积充要条件，是用一个不容易把握的极限过程的状态来表述的. 定理 17.11 却把可积性和函数本身的具体性质密切联系起来.

第 18 章
初识微分方程

自然界大量的运动和变化，
可以用微分方程来描述.

18.1　多元函数的微分和偏导数

通常说的函数只有一个自变量，是一元函数. 其实从小学开始学数学以来，更多是在和多元函数打交道. 最早学习的运算是加法，$z=x+y$ 就是一个二元函数；类似地，减法、乘法、除法都是二元函数；根据矩形的长和宽计算面积、周长，也是二元函数；根据梯形的上底、下底和高求面积，就是三元函数了. 多元函数虽然很多，但一元函数比较简单. 先学一元函数再学多元函数，学起来就顺畅得多.

一元函数是实数集到实数集的映射，多元函数是有序数组集合到实数集的映射. 其定义类似，无非是把定义域从数集推广到数组集.

比一元函数稍微复杂一点的是二元函数，它是有序数对集合到实数集的映射. 一个实数可以表示数直线上的一个点，一个有序数对在直角坐标系中可以表示平面上的一个点，所以二元函数可以看成是平面上的点集到实数集的映射.

定义 18.1　设 D 为平面上的一个非空点集，如果对任一点 $P=$

$(x, y) \in D$，按照某种法则 f 都有唯一确定的实数 z 与之对应，则称 f 是 D 上的一个二元函数，记为 $z = f(x, y)$．点集 D 称为该函数的定义域，x 和 y 称为自变量，z 称为因变量或函数值．数集 $\{z \mid z = f(x, y), (x, y) \in D\}$ 为该函数的值域．

类似地，可定义三元及三元以上函数，当 $n \geqslant 2$ 时，n 元函数 $u = f(x_1, x_2, \cdots, x_n)$ 称为多元函数．

多元函数的定义域一般比一元函数复杂．常见的多元函数一般用表达式给出．如果不说明定义域，意思是定义域为使得函数表达式有意义的变量范围．

【例 18.1】 确定下列二元函数的定义域 D：

(1) $z = f(x, y) = \sin \dfrac{1}{x} + \cos \dfrac{1}{y}$；

(2) $z = \sqrt{x} + \sqrt{y}$；

(3) $g(x, y) = \dfrac{\sqrt{3 - x^2 - y^2} + \sqrt{x^2 + y^2 - 1}}{\sqrt{x - y^2}}$．

解 (1) $D = \{(x, y) \mid xy \neq 0\}$；

(2) $D = \{(x, y) \mid x \geqslant 0 \text{ 且 } y \geqslant 0\}$；

(3) $D = \{(x, y) \mid x > y^2 \text{ 且 } 1 \leqslant x^2 + y^2 \leqslant 3\}$．

其中 (3) 是有边界的圆环域和抛物线 $x = y^2$ 内域的交集．如图 18-1．

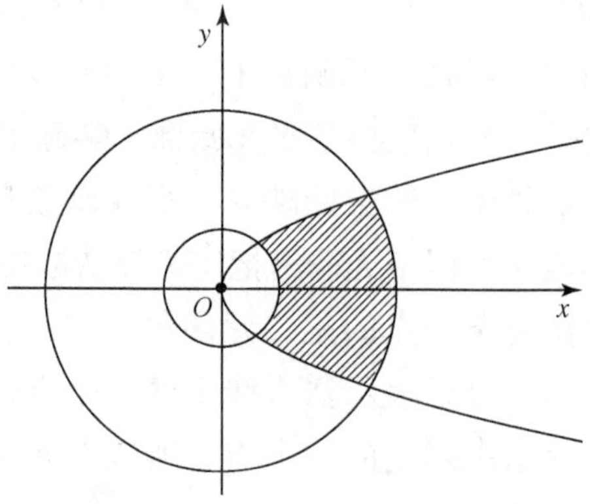

图 18-1 圆环域和抛物线内部的交集

定义域为 D 的二元函数 $z=f(x, y)$ 在空间直角坐标系中确定了一个点集合 $\{(x, y, f(x, y)) \mid (x, y) \in D\}$，这个点集合叫做 $z=f(x, y)$ 的图像或 $f(x, y)$ 的曲面．例如，图 18-2 是二元函数 $z=f(x, y)=\sqrt{25-x^2-\frac{3y^2}{4}}$ $(-2 \leqslant x \leqslant 3, -3 \leqslant y \leqslant 4)$ 的曲面，曲面在 $z=0$ 平面上的投影直观地表示出函数 $f(x, y)$ 的定义域．

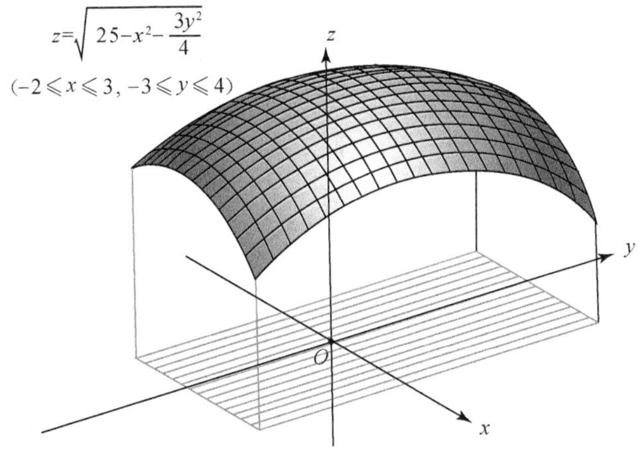

图 18-2　二元函数 $z=f(x, y)$ 的曲面

下面讨论多元函数的偏导数和微分．

在我们对一元函数 $f(x)$ 求导时，有时 $f(x)$ 的表达式中含有字母参数，例如 $f(x)=ax^2+bx+c$. 这里 a，b 和 c 也是可以变化的，但在对 x 求导时就暂时把它们看成常量，仅仅考虑 x 的变化，得到 $f'(x)=2ax+b$．这个 $f(x)$ 其实可以写成多元函数的样子，即 $f(x)=f(x, a, b, c)=ax^2+bx+c$．这时也可以对 a 求导，得到 x^2．能不能写成 $f'(x, a, b, c)=x^2$ 呢？显然不行，因为会混淆．办法是把求导变量标示出来．习惯的写法是对 x 求导写成 f_x，对 a 求导写成 f_a，如 $f_x(x, a, b, c)=2ax+b$，$f_a(x, a, b, c)=x^2$，$f_b(x, a, b, c)=x$．不管有多少变元，对一个变量求导时其他变元就看成是暂时不变的参数．这样就有了偏导数的概念．

定义 18.2　在二元函数 $f(x, y)$ 中取 $y=v$ 得到含参数 v 的 x 的函

数，记作 $g(x)=f(x,v)$，如果 $g'(u)$ 存在，则称其为 $f(x,y)$ 在点 (u,v) 处对 x 的偏导数，或 $f(x,y)$ 对 x 的偏导数在点 (u,v) 处的值，记作

$$\left.\frac{\partial f}{\partial x}\right|_{(u,v)}=f_x(u,v)=\left.\frac{\mathrm{d}f(x,v)}{\mathrm{d}x}\right|_{x=u}.\qquad(18\text{-}1)$$

类似地，在 $f(x,y)$ 中令 $x=u$ 得到一元函数 $h(y)=f(u,y)$，如果 $h(y)$ 对 y 的导数在 $y=v$ 处存在，即 $h'(v)$ 存在，称其为 $f(x,y)$ 在点 (u,v) 处对 y 的偏导数；或 $f(x,y)$ 对 y 的偏导数在点 (u,v) 处的值，记作

$$\left.\frac{\partial f}{\partial y}\right|_{(u,v)}=f_y(u,v)=\left.\frac{\mathrm{d}f(u,y)}{\mathrm{d}y}\right|_{y=v}.\qquad(18\text{-}2)$$

类似地可以定义一般多元函数的偏导数．三元函数有 3 个偏导数，n 元函数有 n 个偏导数．

这里实际上没有什么新的运算．在计算机上，求一元函数的导数和求多元函数的偏导数是同样的命令，只要给出函数表达式并指出求导变量即可，如图 18-3，图中 Diff 是求导命令，括弧内前一部分是被求导函数表达式，逗点后面是求导变量．

```
Diff(3x^2,x);
>>6x#

Diff(ax^3+x,x);
>>3x^2a+1#

Diff(wx^2+y x+z,x);
>>2xw+y#
```

```
Diff(wx^2+y x+z,y);
>>x#

Diff(wx^2+y x+z,w);
>>x^2#

Diff(wx^2+y x+z,z);
>>1#
```

图 18-3　求导数和求偏导数命令相同

在 2.4 节引进过一元函数的微分的概念，即 $\mathrm{d}f(x)=f'(x)\mathrm{d}x$，这里 $\mathrm{d}x=\Delta x=h$ 是变量 x 的增量．这个概念可以推广到多元函数．所谓二元函数 $z=f(x,y)$ 的全微分就是

$$\mathrm{d}z=\mathrm{d}f(x,y)=f_x(x,y)\mathrm{d}x+f_y(x,y)\mathrm{d}y,\qquad(18\text{-}3)$$

这里 $\mathrm{d}x$ 和 $\mathrm{d}y$ 分别是两个变量的相互独立的增量，并假定表达式中的

偏导数存在.

类似地，三元函数 $w=f(x,y,z)$ 的全微分就是

$$dw = df(x,y,z) = f_x(x,y,z)dx + f_y(x,y,z)dy + f_z(x,y,z)dz, \tag{18-4}$$

依此类推可写出一般多元函数的全微分.

【例 18.2】 写出下列二元或三元函数的全微分:

(1) $z=f(x,y)=xy$;

(2) $w(x,y,z)=xy^2+yz^2+zx^2$;

(3) $z=g(x,y)=\sin(x^2+y^2)$.

解 (1) $dz=df(x,y)=f_x(x,y)dx+f_y(x,y)dy=ydx+xdy$;

(2) 计算得 $w_x(x,y,z)=2xz+y^2$, $w_y(x,y,z)=2xy+z^2$, $w_z(x,y,z)=2yz+x^2$, 故

$$\begin{aligned} dw(x,y,z) &= d(xy^2+yz^2+zx^2) \\ &= (2xz+y^2)dx+(2xy+z^2)dy+(2yz+x^2)dz; \end{aligned}$$

(3)
$$\begin{aligned} dz &= dg(x,y) = d\sin(x^2+y^2) \\ &= 2x\cos(x^2+y^2)dx + 2y\cos(x^2+y^2)dy \\ &= 2\cos(x^2+y^2)(xdx+ydy). \end{aligned}$$

如果把此例 (1) 中的 $f(x,y)=xy$ 看成长宽分别为 x 和 y 的矩形的面积，图 18-4 直观地说明了全微分 $df(x,y)$ 的意义. 图中矩形的长宽分别增加 dx 和 dy，矩形实际增加的面积可以分为三块：横线阴影部

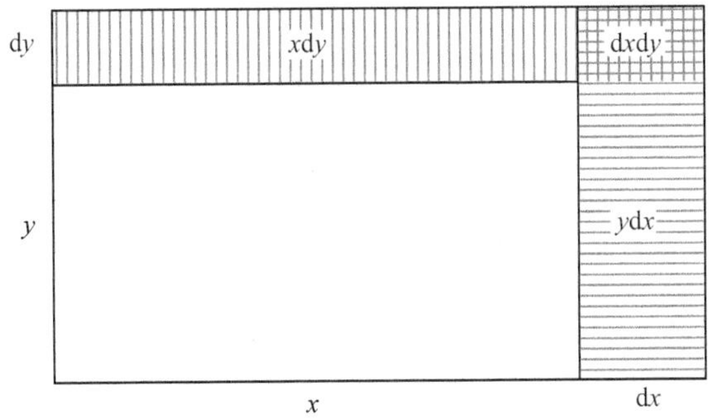

图 18-4　全微分的直观表示

分为 $y\mathrm{d}x$，竖线阴影部分为 $x\mathrm{d}y$，右上角方格阴影部分为 $\mathrm{d}x\mathrm{d}y$. 当 $\mathrm{d}x$ 和 $\mathrm{d}y$ 都很小时，矩形实际增加的面积与 $f(x, y) = xy$ 的全微分 $y\mathrm{d}x + x\mathrm{d}y$ 之差 $\mathrm{d}x\mathrm{d}y$ 相对来说是很小的，也就是说，可以用全微分来近似地代替函数的增量. 可以证明，对偏导数“连续”的情形这都是成立的. 常见微积分书中都有这方面的论述，本书不再就此继续讨论了.

18.2 微分方程的概念

对于一个函数 $y = f(x)$，可以提出两类基本的问题.

知道了自变量 x 要求函数值 y，叫做函数值计算问题.

知道了函数值 y 要求自变量 x，叫做方程求解问题. 例如求 x，使其满足 $c = f(x)$,就是一个方程. 这里，$c = f(x)$ 是含有未知数的等式，所以说含有未知数的等式叫方程.

有时要求的不仅仅是一个数，而是一个函数. 例如，已知 $F(x)$，要求它的反函数，也就是要找一个函数 $g(x)$ 满足 $F(g(x)) = x$. 等式 $F(g(x)) = x$ 是含有未知函数的等式，可以叫做函数方程. 例如求满足条件 $f(f(x)) = 2x$ 的函数 $f(x)$，求满足条件 $g(x + y) = g(x)g(y)$ 的函数 $g(x)$，都是函数方程求解问题.

如果等式中含有未知函数的导数或微分，就叫微分方程. 微分方程中的未知函数是一元函数时，称为常微分方程；若未知函数是多元函数时，则称为偏微分方程. 微分方程是最重要、应用最广泛的一类函数方程，大量自然现象和科学技术问题，要用微分方程来描述.

【例 18.3】 下列微分方程中，分别用 y，$f(x)$，$S(t)$，$u(x, t)$ 表示未知函数，指出哪些是常微分方程，哪些是偏微分方程.

(1) $y' = x^3 + \sin x + 1$；　　(2) $\mathrm{d}y + (5x + 2)\mathrm{d}x = 0$；

(3) $y''' + 2y'' + y^2 + 3x = 0$；　　(4) $f''(x) + \ln x - 2x = 0$；

(5) $(S'(t))^2 + 2t - 1 = 0$；　　(6) $3t^2S'(t) + 2S(t) - 7 = 0$；

(7) $u_x(x, t) = u_t(x, t) + \sin t$.

解 以上方程中(7)为偏微分方程；其余都是常微分方程.

本书以下只讨论常微分方程.

微分方程中未知函数导数或微分的最高阶数，称为该方程的阶数. 在例 18.3 中，方程(1),(2),(5),(6)为一阶常微分方程，方程(4)为二阶常微分方程，方程(3)为三阶常微分方程，方程(7)则为一阶偏微分方程.

一般 n 阶常微分方程的表示形式为 $F(x, y, y', y'', \cdots, y^{(n)})=0$. 这里 F 是一个已知的 $n+2$ 元函数. 本书中只讨论形如 $y^{(n)}=f(x, y', y'', \cdots, y^{(n-1)})$ 的微分方程中较简单的几种.

若微分方程中所含未知函数及未知函数的各阶导数或微分均为一次的，则称为线性微分方程，否则称为非线性微分方程.

在例 18.3 中，除方程(3)和(5)为非线性微分方程外，其余的均为线性微分方程.

18.3　简单的一阶常微分方程

满足微分方程的函数，也就是代入方程能使等式成立的函数，称为该方程的解.

例如，$y=x^2+\sin x$ 是微分方程 $y'=2x+\cos x$ 的一个解. 显然，对任意的常数 C，$y=x^2+\sin x+C$ 也是该方程的解.

可见，微分方程常常有无穷多解. 像 $y=f(x)=x^2+\sin x+C$ 这样带有任意常数的一族解叫做微分方程 $y'=2x+\cos x$ 的通解. 如果对解附带一些条件，例如要求 $f(\pi)=0$，这时可以确定 $C=-\pi^2$ 而得到一个确定的函数 $y=x^2+\sin x-\pi^2$，叫做该方程的一个特解.

微分方程的每个解是一个函数，函数的图像称为解曲线或积分曲线，无穷多个解构成一族曲线，叫做该方程的积分曲线簇.

微分方程的求解方法五花八门，有直接积分的方法、代数方程的方法、幂级数的方法、变换的方法和近似计算方法等. 本书只介绍某些一阶、二阶微分方程的初等求解方法.

一阶微分方程一般形式为 $F(x, y, y')=0$，这里仅仅讨论能够写

成 $y'=f(x, y)$ 形式的方程中五类情形.

(1) $y'=f(x)$.

这是最简单的微分方程，直接求不定积分便可得方程的解. 从略.

(2) $y'=f(x)g(y)$.

这类方程也称为变量可分离的方程. 这时用 $\frac{dy}{dx}$ 表示导数的优点就显示出来了. 方程写成 $\frac{dy}{dx}=f(x)g(y)$，再变成 $\frac{1}{g(y)}dy=f(x)dx$, 两边积分就得到 $\int\frac{1}{g(y)}dy=\int f(x)dx+C$. 如何继续解出 $y=f(x)$ 形式，就不是微分方程问题了. 这种解法叫做分离变量法.

【例 18.4】 求微分方程 $\frac{dy}{dx}=\frac{1+y}{1+x}$ 的通解.

解 用分离变量法得

$$\frac{1}{1+y}dy=\frac{1}{1+x}dx, \tag{18-5}$$

两边积分得

$$\ln(1+y)=\ln(1+x)+C^*. \tag{18-6}$$

为进一步解出 y, 两端取指数函数得

$$1+y=(1+x)e^{C^*}, \tag{18-7}$$

最后求得 $y=e^{C^*}(1+x)-1$，记 $C=e^{C^*}$，得通解 $y=C(1+x)-1$.

一般情形最后常常不能把 y 解出来，甚至不能把两端的原函数写出来，就称这种解不出来的等式为原方程的隐式通解. 总之，化成不含导数或微分的形式，就算把微分方程问题解决了.

(3) $\frac{dy}{dx}=f\left(\frac{y}{x}\right)$.

这类方程称为齐次方程.

作代换 $y=ux$，于是 $dy=xdu+udx$，方程化为 $xdu+udx=f(u)dx$，移项后得 $xdu=(f(u)-u)dx$，这就化为上述（2）的情形. 应用分离变量的方法求解，再用 $u=\frac{y}{x}$ 回代即可.

【例 18.5】 求微分方程 $\frac{dy}{dx}=1-\frac{y}{x}$ 的通解.

解　令 $y=ux$，则原方程化为 $x\mathrm{d}u=(1-2u)\mathrm{d}x$，分离变量求积分得

$$\int\frac{\mathrm{d}u}{1-2u}=\int\frac{\mathrm{d}x}{x}, \tag{18-8}$$

积分后为

$$-\frac{\ln(1-2u)}{2}=\ln x+C_1, \tag{18-9}$$

两端取指数整理得

$$\frac{1}{1-2u}=Cx^2, \tag{18-10}$$

用 $u=\frac{y}{x}$ 回代，最后解出通解为

$$y=\frac{1}{2}\left(x-\frac{1}{Cx}\right). \tag{18-11}$$

(4) $\frac{\mathrm{d}y}{\mathrm{d}x}+p(x)y=q(x)$.

这是一阶线性微分方程，当右端为 0 时，方程变为

$$\frac{\mathrm{d}y}{\mathrm{d}x}+p(x)y=0, \tag{18-12}$$

这是可分离变量的方程. 分离变量后两端积分得 $\ln y=-\int p(x)\mathrm{d}x+C_1$，两端取指数得到方程（18-12）的解

$$y=C\mathrm{e}^{-\int p(x)\mathrm{d}x}. \tag{18-13}$$

为了得到原来方程的解，把方程（18-13）中的常数 C 看成未知函数 $C(x)$ 代入原方程得

$$(C(x)\mathrm{e}^{-\int p(x)\mathrm{d}x})'+p(x)C(x)\mathrm{e}^{-\int p(x)\mathrm{d}x}=q(x). \tag{18-14}$$

求导后得

$$C'(x)\mathrm{e}^{-\int p(x)\mathrm{d}x}-C(x)p(x)\mathrm{e}^{-\int p(x)\mathrm{d}x}+p(x)C(x)\mathrm{e}^{-\int p(x)\mathrm{d}x}=q(x), \tag{18-15}$$

整理并积分解出

$$C(x)=\int e^{\int p(x)\,dx}q(x)\,dx+C\ , \tag{18-16}$$

于是得到原方程的通解为

$$y=\left(\int e^{\int p(x)\,dx}q(x)\,dx+C\right)e^{-\int p(x)\,dx}. \tag{18-17}$$

这种方法叫做常数变易法.

【例 18.6】 求解微分方程 $\dfrac{dy}{dx}+y\cos x=\sin x$.

解 这是一阶线性微分方程，其中 $p(x)=\cos x$，$q(x)=\sin x$，故由公式(18-17)知其通解为

$$y=\left(\int e^{\int \cos dx}\sin x\,dx+C\right)e^{-\int \cos x\,dx}=\left(\int e^{\sin x}\sin x\,dx+C\right)e^{-\sin x}. \tag{18-18}$$

(5) $\dfrac{dy}{dx}+p(x)y=q(x)y^n$.

此类方程称为伯努利方程. 当 $n=0$ 或 1 时属于情形（4）. 若 $n\neq 0$ 且 $n\neq 1$ 时作代换 $u=y^{1-n}$，则 $du=(1-n)y^{-n}dy$，即 $(1-n)dy=y^n du$，于是方程成为

$$y^n\frac{du}{dx}+(1-n)p(x)y=(1-n)q(x)y^n. \tag{18-19}$$

再用 $u=y^{1-n}$，整理得到

$$\frac{du}{dx}+(1-n)p(x)u=(1-n)q(x)\ , \tag{18-20}$$

于是问题化归于(4)的类型.

【例 18.7】 求解微分方程 $\dfrac{dy}{dx}-xy=\dfrac{1}{y^2}$.

解 这是个伯努利方程，其中 $n=-2$. 令 $u=y^3$, $du=3y^2dy$，则原方程变为

$$\frac{du}{dx}-3ux=3\ , \tag{18-21}$$

这是一阶线性方程，其中 $p(x)=-3x$，$q(x)=3$. 使用公式（18-17）得

$$u=y^3=\left(\int 3e^{-\int 3x\,dx}dx+C\right)e^{\int 3x\,dx}=\left(3\int e^{-\frac{3x^2}{2}}dx+C\right)e^{\frac{3x^2}{2}}. \tag{18-22}$$

从上面的例子看到，即使较简单的一阶微分方程的求解过程，也包含了多种技巧.

18.4　简单的二阶常微分方程

这里介绍几类比较简单的二阶常微分方程的求解思路.

一类是容易化成一阶常微分方程的二阶常微分方程.

(1) 最简单的是 $y''=f(x)$ 的类型. 连续积分两次，便可得通解.

【例 18.8】 已知 $S(0)=h$ 和 $S'(0)=v$，求满足方程 $S''=g$ 的未知函数 $S(t)$.

解 将方程 $S''=g$ 两端积分一次得 $S'(t)=gt+C$，利用条件 $S'(0)=v$ 可得 $C=v$，再积分一次得

$$S(t)=\frac{1}{2}gt^2+vt+C_1. \tag{18-23}$$

将 $t=0$ 代入得 $S(0)=C_1=h$，于是得

$$S(t)=\frac{1}{2}gt^2+vt+h, \tag{18-24}$$

这是在重力加速度为 g 时，初始高度为 h 且初速为 v 的垂直上抛物体的运动方程.

(2) 如果方程不显含未知函数 y，即 $y''=f(x, y')$，可令 $y'=u(x)$，则 $y''=\frac{du}{dx}$，于是原方程可化为一阶常微分方程 $\frac{du}{dx}=f(x, u)$.

【例 18.9】 求微分方程 $xy''+y'=0$ 的通解.

解 令 $u=y'$，则 $du=y''dx$，故原方程可化为 $xdu+udx=0$，用分离变量法求得 $u=C_1e^{-\int\frac{1}{x}dx}=\frac{C_1}{x}$. 回代 $u=y'$，得

$$\frac{dy}{dx}=\frac{C_1}{x}. \tag{18-25}$$

两边积分，得原方程的通解为 $y=C_1\ln|x|+C$.

(3) 对于不显含自变量 x 的方程，即 $y''=f(y, y')$ 型方程，可令 $y'=$

$p(y)$，由复合函数求导法则有 $y''=\frac{dp}{dy}\cdot\frac{dy}{dx}=p\frac{dp}{dy}$，于是原方程化为 $p\frac{dp}{dy}=f(y,p)$，这里 p 为未知函数，y 为自变量.

【例 18.10】 求解微分方程 $yy''-y'^2=0$.

解 令 $y'=p(y)$，则 $y''dy=pdp$，于是原方程化为 $ypdp-p^2dy=0$，整理后为 $ydp=pdy$. 分离变量解出 $\ln p=\ln y+C_1$，于是 $p=Cy$，即

$$\frac{dy}{dx}=Cy. \tag{18-26}$$

再分离变量求积分得 $\ln y=Cx+C_2$，取指数得原方程通解为 $y=C_0e^{Cx}$.

(4) 形如 $y''+py'+qy=0$ 的方程称为二阶常系数线性齐次微分方程. 常系数指 p 和 q 为常数，齐次指右端为0.

从方程的形式看出，如果 $y=f(x)$ 是方程的解，则 y 和 y' 及 y'' 相互差别似乎仅在于常数因子. 熟知的函数 $y=e^{\lambda x}$ 就具有这样性质，将其代入方程得到

$$e^{\lambda x}(\lambda^2+p\lambda+q)=0. \tag{18-27}$$

这说明，若 λ 是方程 $x^2+px+q=0$ 的根，则 $y=e^{\lambda x}$ 是方程的解. 于是称二次代数方程 $x^2+px+q=0$ 为微分方程 $y''+py'+qy=0$ 的特征方程，称它的根为该微分方程的特征根.

容易验证以下三种情形：

(i) 若 $p^2-4q>0$，则存在两个实的特征根 $\lambda_1\neq\lambda_2$，方程 $y''+py'+qy=0$ 的通解为

$$y=C_1e^{\lambda_1 x}+C_2e^{\lambda_2 x}. \tag{18-28}$$

(ii) 若 $p^2-4q=0$，特征方程有重根 λ，则方程 (18-28) 通解为

$$y=(C_1+C_2x)e^{\lambda x}. \tag{18-29}$$

(iii) 若 $p^2-4q<0$，特征方程有不同的复根 $\lambda_1=\alpha+i\beta$ 和 $\lambda_2=\alpha-i\beta$，形式计算显示 $y_1(x)=e^{(\alpha+i\beta)x}$ 与 $y_2(x)=e^{(\alpha-i\beta)x}$ 为方程 $y''+py'+qy=0$ 的解. 为得到实解，使用欧拉公式 $e^{ix}=\cos x+i\sin x$ 有

$$y_1(x)=e^{(\alpha+i\beta)x}=e^{\alpha x}(\cos\beta x+i\sin\beta x),$$

$$y_2(x)=e^{(\alpha-i\beta)x}=e^{\alpha x}(\cos\beta x-i\sin\beta x).$$

所以

$$e^{\alpha x}\cos\beta x=\frac{y_1(x)+y_2(x)}{2},\quad e^{\alpha x}\sin\beta x=\frac{y_1(x)+y_2(x)}{2i}.$$

(18-30)

显然 $e^{\alpha x}\cos\beta x$ 与 $e^{x}\sin\beta x$ 也是方程 $y''+py'+qy=0$ 的解．最后得通解

$$y=e^{\alpha x}(C_1\cos\beta x+C_2\sin\beta x).\tag{18-31}$$

称这种求解微分方程的方法为特征根法．此方法对于高阶常系数线性齐次微分方程仍然适用．

(5) 形如 $y''+py'+qy=f(x)$ 的方程称为二阶常系数线性非齐次微分方程．一般可先用上面的方法求出方程 $y''+py'+qy=0$ 的通解，再用常数变易法求得 $y''+py'+qy=f(x)$ 的通解．

当 $f(x)$ 具有某些特殊结构时，例如自变量的整数方幂、某些指数函数和三角函数的常系数线性组合时，可以用待定系数法直接代入整理后求解．这样就把微分方程归结为代数方程．

【例 18.11】 求解微分方程 $y''-5y'+6y=(x+2)e^{x}$．

解 微分方程 $y''-5y'+6y=0$ 有特征根 $\lambda_1=2$ 和 $\lambda_2=3$，故设方程的解为

$$y(x)=C_1e^{3x}+C_2e^{2x}+f(x),\tag{18-32}$$

代入方程 $y''-5y'+6y=(x+2)e^{x}$ 得

$$C_1e^{3x}(3^2-5\times3+6)+C_2e^{2x}(2^2-5\times2+6)$$
$$+f''(x)-5f'(x)+6f(x)=(x+2)e^{x}.\tag{18-33}$$

显然前两项为 0，问题化为找寻特解 $f(x)$ 使之满足

$$f''(x)-5f'(x)+6f(x)=(x+2)e^{x}.\tag{18-34}$$

设 $f(x)=(Ax+B)e^{x}$，代入后得

$$(Ax+2A+B)e^{x}-5(Ax+A+B)e^{x}+6(Ax+B)e^{x}=(x+2)e^{x}.$$

(18-35)

整理后成为

$$(2Ax-3A+2B)e^{x}=(x+2)e^{x},\tag{18-36}$$

比较同次项系数有 $2A=1$，$-3A+2B=2$，故得

$$A=\frac{1}{2},\ B=\frac{7}{4},\tag{18-37}$$

从而得

$$f(x)=\left(\frac{x}{2}+\frac{7}{4}\right)\mathrm{e}^{x},\tag{18-38}$$

于是得

$$y(x)=C_1\mathrm{e}^{3x}+C_2\mathrm{e}^{2x}+\left(\frac{x}{2}+\frac{7}{4}\right)\mathrm{e}^{x}.\tag{18-39}$$

二阶常系数线性微分方程有广泛的应用．自然界和生活中的振动现象很多，如钟摆的往复摆动、弹簧的振动、乐器中弦线的振动、机床主轴的振动、电路中的电磁振荡等，这类问题均可归于二阶常系数线性微分方程的问题来讨论．

上面讨论的微分方程都能够解出来．其实很多微分方程的解不能用初等函数或其积分来表达，这就要发展各种近似计算的理论与方法，以及根据方程特点研究解的性质的理论与方法．这些研究发展成为丰富广阔的领域，有着强大的生命力．

从这个角度可以看出，微积分仅仅是高等数学的开始，是“数学分析”这门巨大的数学分支的基础．

参考文献

波利亚 G. 1984. 数学与猜想（中译本第二卷）. 李心灿等译. 北京：科学出版社

陈文立. 2005. 新微积分学（上册）. 广州：广东高等教育出版社

华罗庚. 1979. 高等数学引论（第一册）. 北京：科学出版社

拉克斯. 1980. 微积分及其应用与计算（第二版）. 侯成军等译. 北京：人民教育出版社

李心灿. 2007. 微积分的创立者及其先驱（第三版）. 北京：高等教育出版社

林群. 1997-06-27. 数学也能看图识字. 光明日报

林群. 1999. 画中漫游微积分. 南宁：广西师范大学出版社

林群. 2005. 微分方程与三角测量. 北京：清华大学出版社

林群. 2006. A Rigorous Calculus to Avoid Notions and Proofs. Singapore：World Scientific Press

林群. 2009. 微积分快餐. 北京：科学出版社

林群，吴从炘. 2002. 大学文科数学. 保定：河北大学出版社

刘宗贵. 1993. 非 ε 语言一元微积分学. 贵阳：贵州教育出版社

刘宗贵. 2002. 试用非 ε 语言讲解微积分. 高等数学研究，(3)：22～24

鲁东大学函数论研究室. 2008. 高等数学新讲（上册）. 北京：科学出版社

斯皮瓦克. 1980. 微积分（上册）. 严敦正，张毓贤译. 北京：人民教育出版社

萧治经. 2004. D 语言数学分析（上册）. 广州：广东高等教育出版社

杨路，张景中. 1982. 无穷级数的和数比较判敛法. 数学通报，(7)：21～25

张景中. 1990. 数学与哲学. 长沙：湖南教育出版社

张景中. 2006. 微积分学的初等化. 华中师范大学学报（自然科学版），12：475～484

张景中. 2007. 定积分的公理化定义方法. 广州大学学报，(6)：1～5

张景中. 2008. 不用极限怎样讲微积分. 数学通报，(8)：1～10

张景中，曹培生. 1989. 从数学教育到教育数学. 成都：四川教育出版社

张景中，冯勇. 2009. 微积分基础的新视角. 中国科学（A 辑：数学），30（2）：247～256

Dovermann K H. 1999. Applied Calculus. http：//www. math. hawaii. edu/% 7Eheiner/calculus. pdf

Karcher H. 2002. Analysis Mit Gleichmaigen Fehlerschranken. Okt. http：//www. math. uni-bonn. de/people/karcher

Livshits M. 2004. Simplifying Calculus by Using Uniform Estimates. http://www.mathfoolery.org/calculus.html

Livshits M. 2008. Rethinking Calculus. A Talk in a Seminar. http://arxiv.org/abs/0905.3611

Liusternik L A, Sobolev V J. 1961. Elements of Functional Analysis. New York: Frederick Ungar Publishing Co

Sparks J C. 2005. Calculus without Limit. Bloomington, IN: USA Author House

Strang G. 1991. Calculus. Wellesley, MA: Wellesley-Cambridge Press